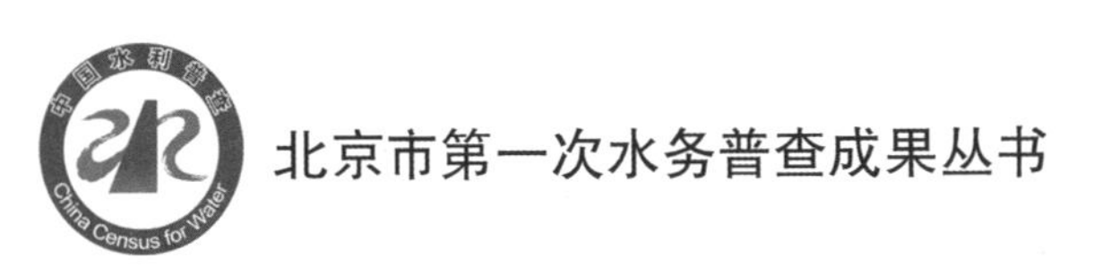

北京市第一次水务普查成果丛书

水土保持普查成果

北京市第一次水务普查工作领导小组办公室 编著

内 容 提 要

本书系统介绍了北京市第一次水务普查中水土保持情况普查成果；该普查由北京市、区（县）、乡三级水土保持工作者参与，从2010—2012年历时3年，遵循相关规范办法，采取全面调查和抽样调查形式完成的；普查成果包括土壤侵蚀情况、侵蚀沟情况、水土保持措施情况、小流域分布情况、山区小流域内主要河（沟）道水文地貌评价分级情况和山区小流域出口水质水量情况等。时期资料为2011年。

本书是北京市第一次水务普查成果丛书之一，主要供北京市各级行政人员、管理人员、工程人员在工作中参考使用，也可供各类研究学者研究应用。

图书在版编目（CIP）数据

水土保持普查成果 / 北京市第一次水务普查工作领导小组办公室编著. -- 北京 : 中国水利水电出版社, 2013.12

（北京市第一次水务普查成果丛书）

ISBN 978-7-5170-1645-8

Ⅰ. ①水… Ⅱ. ①北… Ⅲ. ①水土保持－普查 Ⅳ. ①S157

中国版本图书馆CIP数据核字(2013)第319693号

书　名	北京市第一次水务普查成果丛书 **水土保持普查成果**
作　者	北京市第一次水务普查工作领导小组办公室　编著
出版发行	中国水利水电出版社 （北京市海淀区玉渊潭南路1号D座　100038） 网址：www.waterpub.com.cn E-mail：sales@waterpub.com.cn 电话：(010) 68367658（发行部）
经　售	北京科水图书销售中心（零售） 电话：(010) 88383994、63202643、68545874 全国各地新华书店和相关出版物销售网点
排　版	中国水利水电出版社微机排版中心
印　刷	北京博图彩色印刷有限公司
规　格	210mm×285mm　16开本　12.25印张　290千字
版　次	2013年12月第1版　2013年12月第1次印刷
印　数	0001—1300册
定　价	**50.00**元

编委会名单

编 辑 部

主　　编：段淑怀

副 主 编：张　超　路炳军　陆大明　王　淼　乔　军　宋利佳

参编人员：（按姓氏笔画排名）

王亚娟　王光武　王　庆　王　红　王劲峰　王　巍

化相国　叶芝菡　叶茂盛　白国营　白雪梅　包美春

邢淑芬　师彦武　刘乔木　刘祥忠　刘展世　杨元辉

杨　坤　杨　娜　李世荣　肖　雄　何　思　何　媛

宋瑞莲　张庆水　张宝柱　赵广祥　郝　铮　胡　影

夏照华　殷社芳　章洪波　焦一之　谢　云　穆　然

前言

根据《国务院关于开展第一次全国水利普查的通知》（国发〔2010〕4号），北京市于2010年至2012年开展了第一次水务普查。本次普查的标准时点为2011年12月31日24时，时期为2011年度。

本次普查包括河湖基本情况普查、水利工程基本情况普查、经济社会用水情况调查、河湖开发治理保护情况普查、水土保持情况普查、水务行业能力建设情况普查、灌区情况普查、地下水取水井情况普查、供水设施情况普查、排水设施情况普查和水文化遗产调查共11项内容。水土保持情况普查是北京市第一次水务普查的重要内容，主要内容包括：土壤侵蚀情况、侵蚀沟情况、水土保持措施情况、小流域分布情况、山区小流域内主要河（沟）道水文地貌评价分级情况和山区小流域出口水质水量情况等。

本书共分6章。本次普查成果包括北京市土壤侵蚀面积3201.86km^2、185条侵蚀沟、4630km^{2}水土保持措施面积、1085条小流域、4258.19km河（沟）道的水文地貌分级情况、181条小流域水质水量及径流时间等情况。

水土保持情况普查的技术支撑单位是北京市水土保持工作总站，由各区（县）水务部门采取全面调查和抽样调查相结合的形式进行，在普查过程中，也同时得到了北京师范大学、北京智泽山水生态环境技术有限公司、北京地拓科技发展有限公司、北京饮水思源饮用水源保护技术中心等单位的密切协作，在此谨向参与本次普查的人员表示衷心的感谢。

本书基本数据为本次普查数据，同时还参阅和引用了其他单位及个人已有的研究成果，均已在书中注出。由于时间仓促，水平有限，书中难免有疏漏和不妥之处，敬请读者批评指正。

作者

2013年9月

目　录

第1章　土壤侵蚀情况

北京市土壤侵蚀面积 3201.86km²，其中，轻度侵蚀 1746.08km²，中度侵蚀 1031.46km²，强烈侵蚀 340.64km²，极强烈侵蚀 70.12km²，剧烈侵蚀 13.56km²。北京市土壤侵蚀分布情况见图1-1，各区（县）土壤侵蚀情况见表1-1，五大流域土壤侵蚀情况见表1-2。

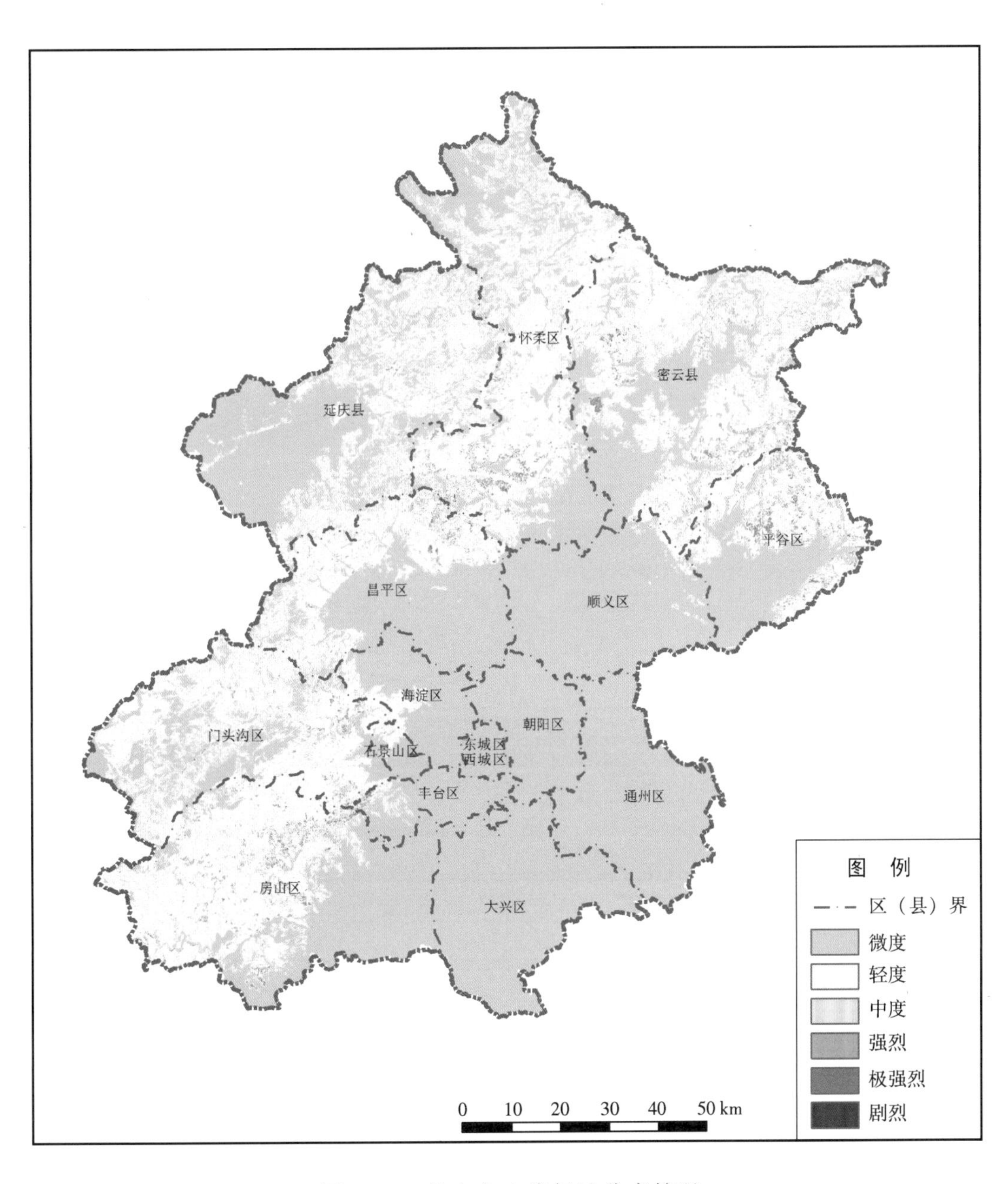

图1-1　北京市土壤侵蚀分布情况

表1-1　各区（县）土壤侵蚀情况

单位：km^2

区（县）	土壤侵蚀面积	轻度	中度	强烈	极强烈	剧烈
合计	3201.86	1746.08	1031.46	340.64	70.12	13.56
东城区	0	0	0	0	0	0
西城区	0	0	0	0	0	0
朝阳区	0.86	0.85	0.01	0	0	0
丰台区	24.40	11.37	6.61	4.53	1.80	0.09
石景山区	9.02	6.83	1.03	0.71	0.43	0.02
海淀区	14.81	9.17	3.58	1.87	0.18	0.01
门头沟区	396.44	246.47	114.32	30.61	4.91	0.13
房山区	635.07	187.49	313.65	111.61	20.90	1.42
通州区	2.11	1.97	0.08	0.05	0.01	0.00
顺义区	81.65	47.31	25.13	6.84	0.91	1.46
昌平区	180.05	128.37	44.94	5.14	0.94	0.66
大兴区	2.59	2.47	0.10	0.01	0.01	0.00
怀柔区	530.00	312.81	144.39	56.01	15.06	1.73
平谷区	280.44	126.38	107.16	42.43	3.47	1.00
密云县	703.64	402.71	207.45	66.85	19.91	6.72
延庆县	340.78	261.88	63.01	13.98	1.59	0.32

表1-2　五大流域土壤侵蚀情况

单位：km^2

流域	土壤侵蚀面积	轻度	中度	强烈	极强烈	剧烈
合计	3201.86	1746.08	1031.46	340.64	70.12	13.56
永定河	493.06	356.50	108.66	25.19	2.70	0.01
潮白河	1373.70	795.91	394.91	140.34	33.90	8.64
北运河	277.78	215.33	55.24	5.15	1.62	0.45
蓟运河	342.37	154.67	134.30	44.90	7.48	1.01
大清河	714.95	223.67	338.35	125.06	24.42	3.45

第 2 章　侵蚀沟情况

2.1　侵蚀沟分布

北京市共有侵蚀沟 185 条，长度 152.84km，均分布在延庆县境内，涉及八达岭镇、大榆树镇、井庄镇、刘斌堡乡等 8 个乡镇。侵蚀沟分布情况见图 2-1 和表 2-1。

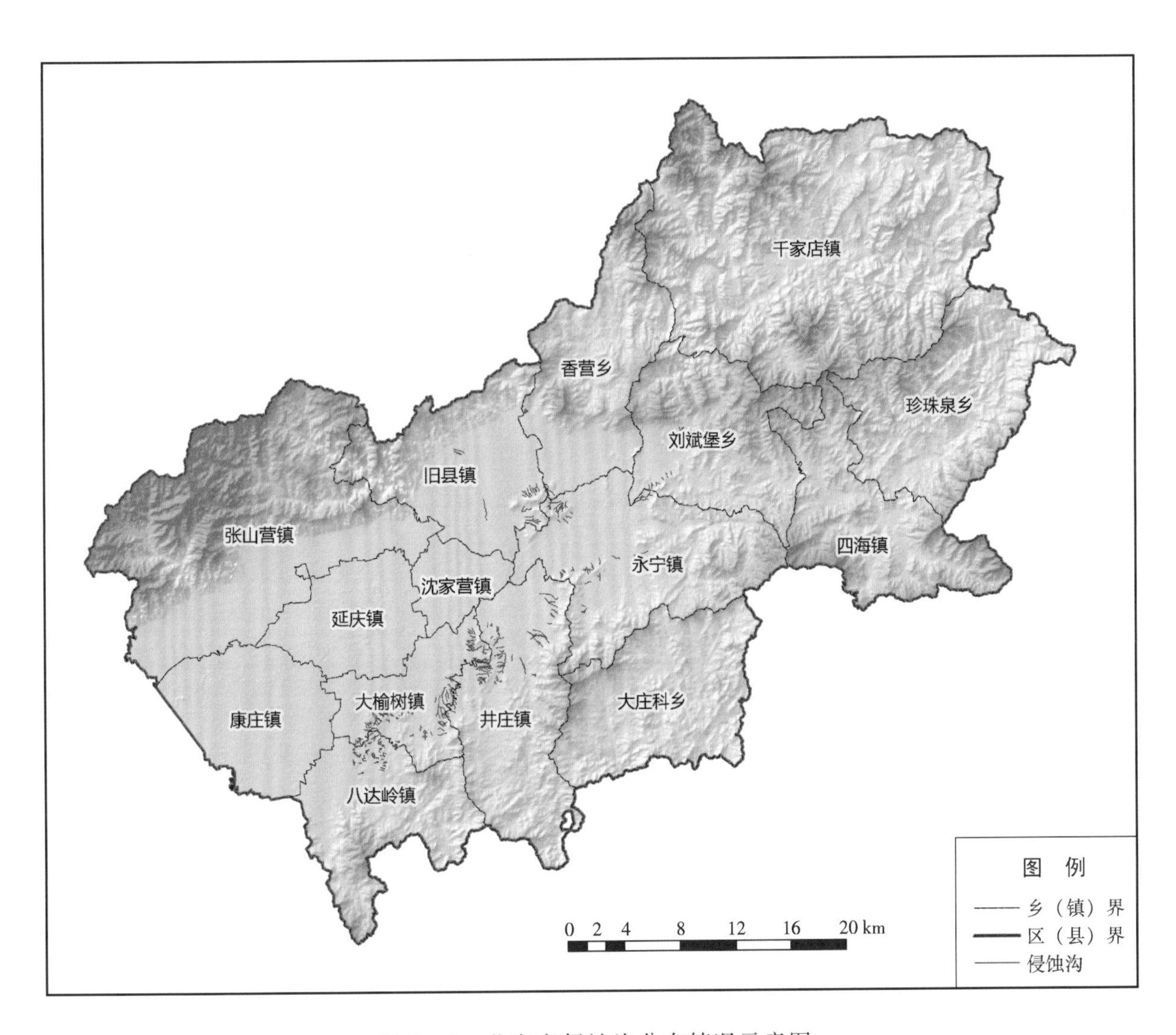

图 2-1　北京市侵蚀沟分布情况示意图

表 2-1　北京市侵蚀沟分布情况

所属乡（镇）	沟道数量（条）	沟道长度（km）	沟道面积（hm^2）
合计	185	152.84	685.74
八达岭镇	32	16.86	58.32
大榆树镇	60	53.96	304.78
井庄镇	38	35.84	145.21
旧县镇	12	12.62	59.28
刘斌堡乡	9	6.04	25.74
香营乡	3	4.74	22.72
永宁镇	30	22.07	68.18
张山营镇	1	0.70	1.51

2.2　侵蚀沟在小流域内分布

侵蚀沟分布在延庆县东曹营、井家庄、彭家窑、小泥河、东桑园等16条小流域内，侵蚀沟在小流域内的分布见表2-2。

表 2-2　北京市侵蚀沟在小流域内的分布

小流域名称	侵蚀沟数量（条）	侵蚀沟长度（km）	沟道面积（hm^2）
合计	185	152.84	685.74
东曹营	32	16.86	58.32
东桑园	18	12.73	49.61
高庙屯	16	24.35	178.79
小泥河	18	9.52	38.52
八里店	13	10.30	46.43
冯家庙	10	11.40	66.67
井家庄	23	21.49	69.97
东龙湾	3	4.15	12.07
东羊坊	3	3.49	23.68
下垙	7	6.03	27.39
山西沟	9	6.04	25.74
里仁堡	2	3.70	18.86
彭家窑	14	8.25	20.72
三里墩	8	5.31	18.56
左所屯	8	8.52	28.90
古城	1	0.70	1.51

第3章　水土保持措施情况

北京市水土保持措施面积为4630km^2，涉及丰台区、石景山区、海淀区、门头沟区、房山区、顺义区、昌平区、怀柔区、平谷区、密云县、延庆县等11个区县。其中，基本农田 55260.7hm^2，水土保持乔木林 152788.1hm^2，经济林 74109.3hm^2，种草1474.2hm^2，封禁治理179370.0hm^2，小型蓄水保土点状工程42452个以及小型蓄水保土线状工程869.3km等水保措施。水土保持措施统计汇总情况见表3-1。

表 3-1　北京市水土保持措施统计汇总情况

水土保持措施名称		区（县）名称										
		合计	丰台区	石景山区	海淀区	门头沟区	房山区	顺义区	昌平区	怀柔区	平谷区	密云县	延庆县
基本农田（hm²）	梯田	9892.9	29.9	0	32.3	417.7	646.8	4.9	340.2	2421.8	258.2	2838.6	2902.5
	坝地	0	0	0	0	0	0	0	0	0	0	0	0
	其他	45367.8	0	0	0	249.0	3511.7	67.2	1880.2	3659.5	10.7	14692.0	21297.5
水土保持林（hm²）	乔木林	152788.1	2407.7	1762.9	245.0	11415.1	17384.2	193.6	10693.0	19244.1	1030.4	54941.3	33470.8
	灌木林	0	0	0	0	0	0	0	0	0	0	0	0
经济林（hm²）		74109.3	323.8	97.2	273.0	7355.9	9720.5	533.5	15219.4	6160.7	335.4	22416.0	11673.9
种草（hm²）		1474.2	32.2	24.5	14.8	626.1	1.9	25.1	19.0	701.2	4.7	1.7	23.0
封禁治理（hm²）		179370.0	100.0	987.8	0	34620.8	2000.0	173.9	6912.0	77009.3	25193.0	14141.0	18232.2
其他（hm²）		0	0	0	0	0	0	0	0	0	0	0	0
淤地坝	数量（座）	0	0	0	0	0	0	0	0	0	0	0	0
	淤地面积（hm²）	0	0	0	0	0	0	0	0	0	0	0	0
坡面水系工程	控制面积（hm²）	0	0	0	0	0	0	0	0	0	0	0	0
	长度（km）	0	0	0	0	0	0	0	0	0	0	0	0
小型蓄水保土工程	点状（个）	42452	31	1	16	898	1260	0	122	31132	261	771	7960
	线状（km）	869.3	20.2	36.0	40.0	39.5	284.1	3.7	69.2	14.2	211.5	85.5	65.4
土地整治（hm²）		8591.2	0	5.0	0	878.2	1316.0	429.3	34.8	866.6	77.5	0	4983.8
树盘（个）		8593556	7800	1200	0	149948	2148368	5296	32214	1347672	102000	3631000	1168058
节水灌溉（hm²）		49230.0	123.8	0	9048.0	1594.9	14615.9	6.5	1537.0	3697.9	2431.4	970.0	15204.6
挡土墙（m）		464220.3	24522.0	1245.0	7500.0	37003.0	237175.0	700.3	22216.0	65985.0	19001.0	11175.0	37698.0
护坡（m）		388457.5	20797.5	8421.8	15500.0	52510.0	191272.0	2710.2	20080.0	29221.0	7870.0	4985.0	35090.0
村庄排洪沟（渠）（m）		581433.9	6499.0	36020.0	17000.0	18723.5	284100.0	3287.4	69150.0	14161.0	6130.0	20860.0	105503.0
村庄美化（m²）		6455642.5	347042.1	111745.2	70400.0	648855.0	726322.0	9340.6	492070.0	149233.6	2262570.0	85400.0	1552664.0
生活垃圾处置（个或座）		27431	759	1295	128	576	4427	150	4956	4181	715	2325	7919
田间生产道路（m）		1666873.3	4833.0	180.0	0	185958.5	493789.0	4167.0	162917.8	155915.0	167636.0	178670.0	312807.0
湿地恢复（hm²）		70759.4	0	0.3	157.6	6.5	34.0	15.8	3.0	5079.1	3.1	0	65460.0
沟（河）道清理整治（处）		1042	2	10	28	186	271	3	19	22	22	235	244
防护坝（m）		265858.3	0	200.0	0	13567.0	108671.0	0	42390.0	4390.3	10878.0	21380.0	64382.0
拦砂坝（座）		883	0	1	16	5	209	0	62	96	5	5	484
谷坊（座）		40101	0	0	0	580	1051	0	60	30101	80	753	7476
河岸带（库滨带）治理（m）		221665.5	1420.4	1647.8	0	80826.0	7350.0	7500.3	40495.0	28050.0	1586.0	34290.0	18500.0

第4章　小流域分布情况

4.1　全市

北京市共有1085条小流域，其中山区576条，平原区509条。分布情况见表4-1和图4-1。

小流域面积一般为10～50km²，按面积大小统计情况见表4-2。

表4-1　北京市小流域分布情况

区（县）	小流域数量（条）	山区				平原
		小计	其中			
			完整型	区间型	坡面型	
合计	1085	576	312	164	100	509
东城区	4	0	0	0	0	4
西城区	5	0	0	0	0	5
朝阳区	49	0	0	0	0	49
丰台区	25	6	4	1	1	19
石景山区	8	6	3	3	0	2
海淀区	41	7	6	0	1	34
门头沟区	86	86	47	19	20	0
房山区	132	86	50	22	14	46
通州区	83	0	0	0	0	83
顺义区	90	4	3	1	0	86
昌平区	81	45	25	15	5	36
大兴区	91	0	0	0	0	91
怀柔区	122	104	55	32	17	18
平谷区	60	37	21	13	3	23
密云县	123	110	54	28	28	13
延庆县	85	85	44	30	11	0

注　1. 完整型是指主沟道明显，分水线闭合，只有一个出水口的小流域。
2. 区间型是指一个狭长流域的其中一段，分水线不能自然闭合，有一个主进水口和一个出水口，主沟道为区间河段的小流域。
3. 坡面型是指由多个微流域组成的羽扇状坡面，无明显主沟道，有多个近似平行的出水口，水流直接汇入上一级沟道或河流的小流域。

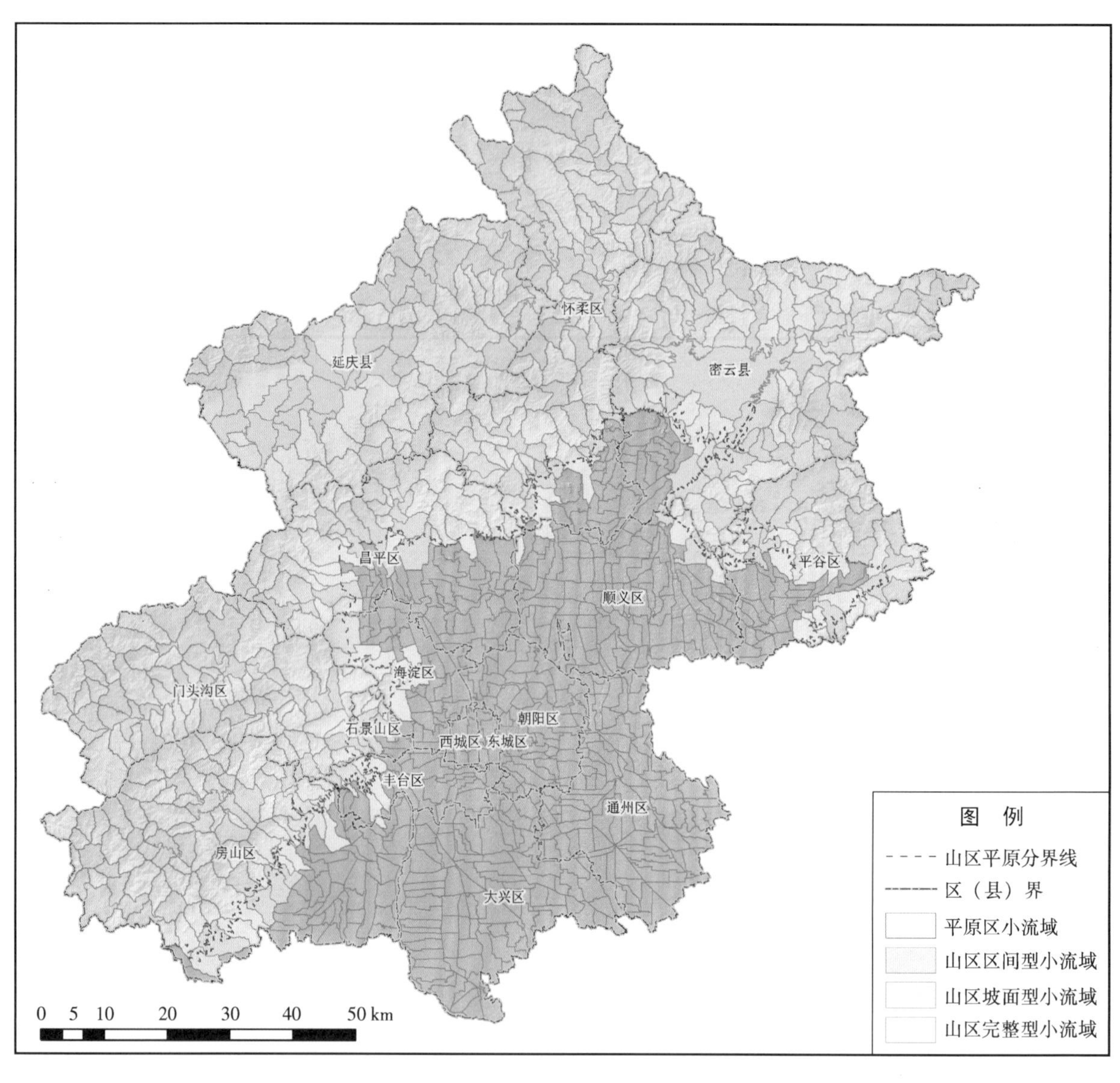

图 4－1　北京市小流域分布情况

表 4－2　北京市小流域按面积大小统计情况

单位：条

区（县）	合计	山区				平原			
		<10km²	10～30km²	30～50km²	>50km²	<10km²	10～30km²	30～50km²	>50km²
合计	1085	118	386	60	12	259	246	4	0
东城区	4	0	0	0	0	2	2	0	0
西城区	5	0	0	0	0	3	2	0	0
朝阳区	49	0	0	0	0	30	19	0	0
丰台区	25	2	4	0	0	9	8	2	0
石景山区	8	3	3	0	0	0	2	0	0
海淀区	41	0	5	2	0	24	10	0	0

续表

区（县）	合计（条）	山区				平原			
		<10km²	10～30km²	30～50km²	>50km²	<10km²	10～30km²	30～50km²	>50km²
门头沟区	86	30	44	9	3	0	0	0	0
房山区	132	15	66	4	1	22	24	0	0
通州区	83	0	0	0	0	35	48	0	0
顺义区	90	1	3	0	0	44	42	0	0
昌平区	81	10	28	6	1	20	15	1	0
大兴区	91	0	0	0	0	36	55	0	0
怀柔区	122	21	71	9	3	10	8	0	0
平谷区	60	7	27	2	1	18	4	1	0
密云县	123	24	74	11	1	6	7	0	0
延庆县	85	5	61	17	2	0	0	0	0

4.2 各区（县）

小流域划分以自然汇水关系为原则，小流域边界与行政边界不完全重合。对于跨行政界的小流域，按行政区统计面积时，将小流域面积分摊到各行政区；按行政区统计数量时，遵循面积最大原则，即小流域位于哪个行政区的面积最大，统计数量时归入该行政区。

4.2.1 东城区

东城区共有小流域4条，小流域分布情况见表4-3和图4-2。

表4-3 东城区小流域分布情况

序号	乡镇（街道）名称	条数
1	北新桥街道	1
2	和平里街道	1
3	龙潭街道	1
4	天坛街道	1
合计		4

4.2.2 西城区

西城区共有小流域5条，小流域分布情况见表4-4和图4-3。

表 4-4　西城区小流域分布情况

序　号	乡镇（街道）名称	条　数
1	白纸坊街道	1
2	金融街街道	1
3	什刹海街道	1
4	天桥街道	1
5	展览路街道	1
合　计		5

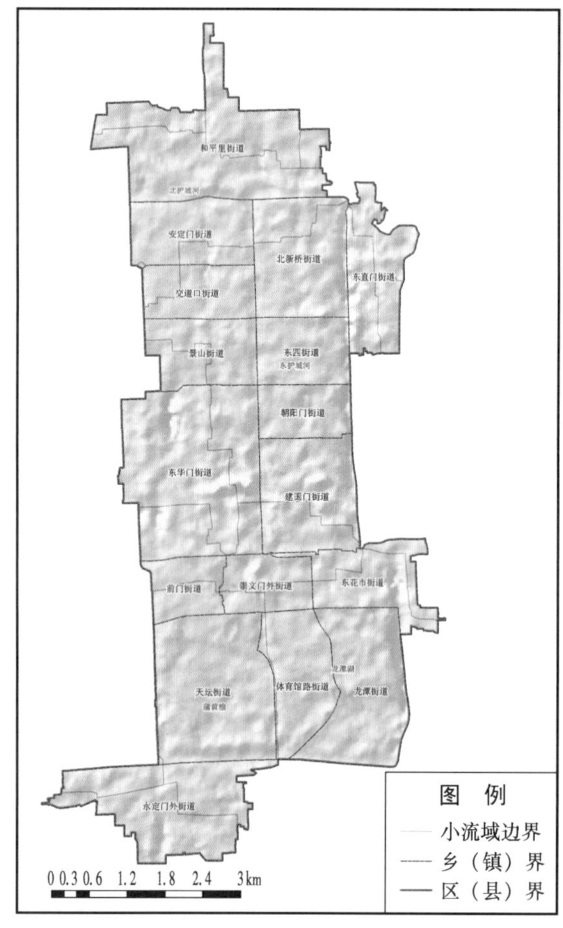

图 4-2　东城区小流域分布情况

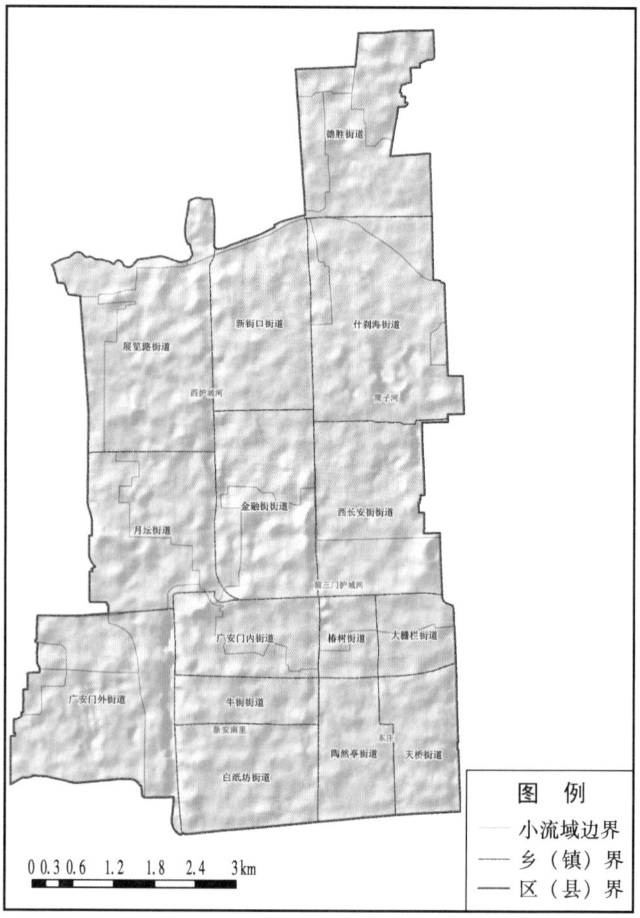

图 4-3　西城区小流域分布情况

4.2.3　朝阳区

朝阳区共有小流域 49 条，小流域分布情况见表 4-5 和图 4-4。

4.2.4　丰台区

丰台区共有小流域 25 条，小流域分布情况见表 4-6 和图 4-5。

表 4-5　朝阳区小流域分布情况

序　号	乡镇（街道）名称	条数	序　号	乡镇（街道）名称	条数
1	安贞街道	1	14	将台地区	1
2	奥运村地区	1	15	金盏地区	5
3	常营地区	1	16	来广营地区	3
4	崔各庄地区	4	17	六里屯街道	1
5	大屯地区	2	18	麦子店街道	2
6	东坝地区	4	19	平房地区	1
7	东风地区	1	20	十八里店地区	3
8	豆各庄地区	1	21	孙河地区	3
9	高碑店地区	3	22	王四营地区	3
10	管庄地区	1	23	望京街道	1
11	和平街街道	1	24	香河园街道	1
12	黑庄户地区	3	25	小红门地区	1
13	建外街道	1	合　计		49

图 4-4　朝阳区小流域分布情况

表 4-6　丰台区小流域分布情况

序　号	乡镇（街道）名称	条　数
1	大红门街道（含南苑乡）	2
2	东铁匠营街道	1
3	卢沟桥街道（含卢沟桥乡）	3
4	南苑街道	1
5	太平桥街道	1
6	宛平城地区	2
7	王佐镇	6
8	新村街道（花乡）	4
9	云岗街道	1
10	长辛店街道（含长辛店镇）	4
合　计		25

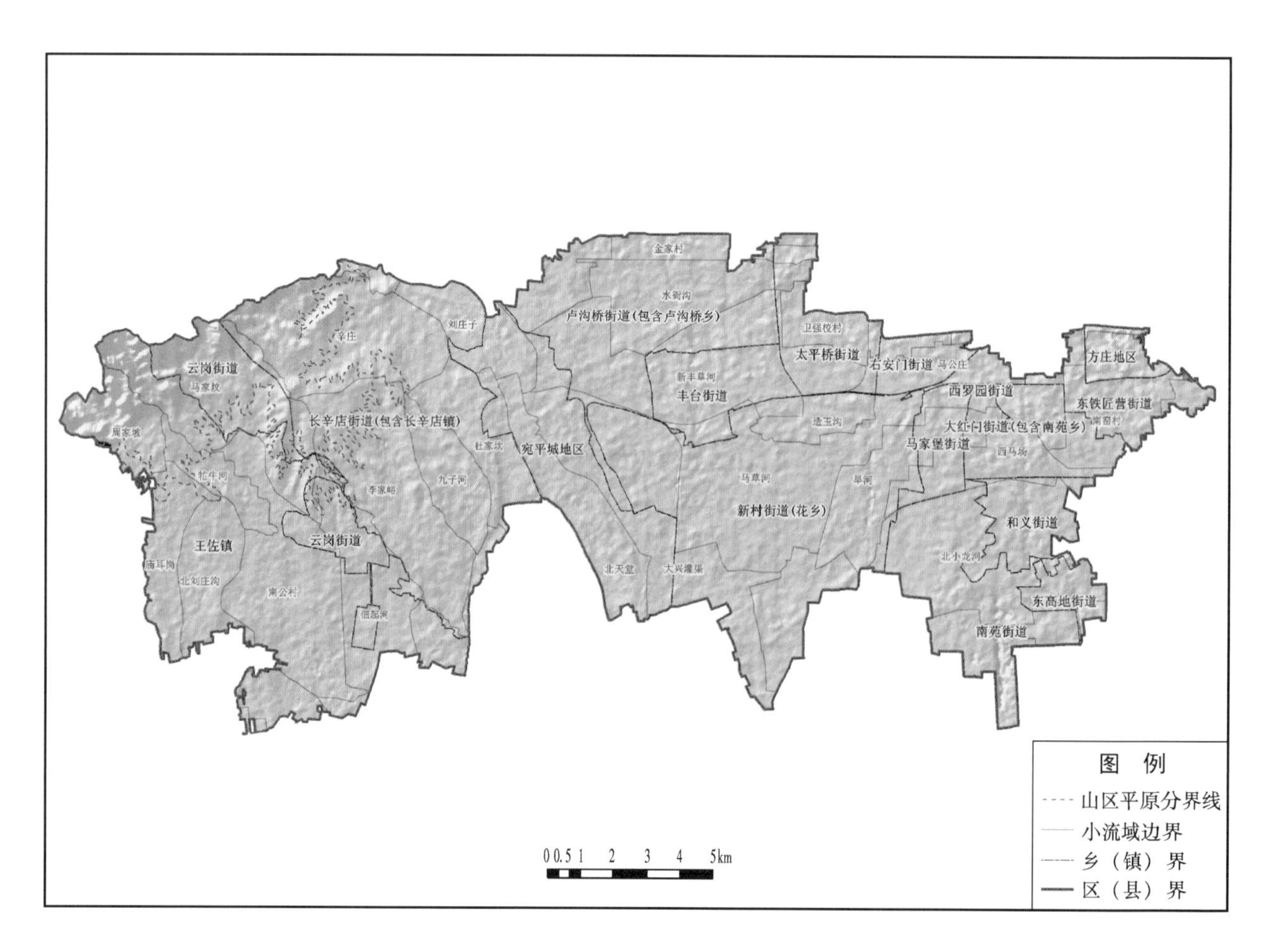

图 4-5　丰台区小流域分布情况

4.2.5　石景山区

石景山区共有小流域 8 条，小流域分布情况见表 4-7 和图 4-6。

表 4-7　石景山区小流域分布情况

序　号	乡镇（街道）名称	条数
1	古城街道	2
2	鲁谷街道	1
3	苹果园街道	2
4	五里坨街道	3
合　计		8

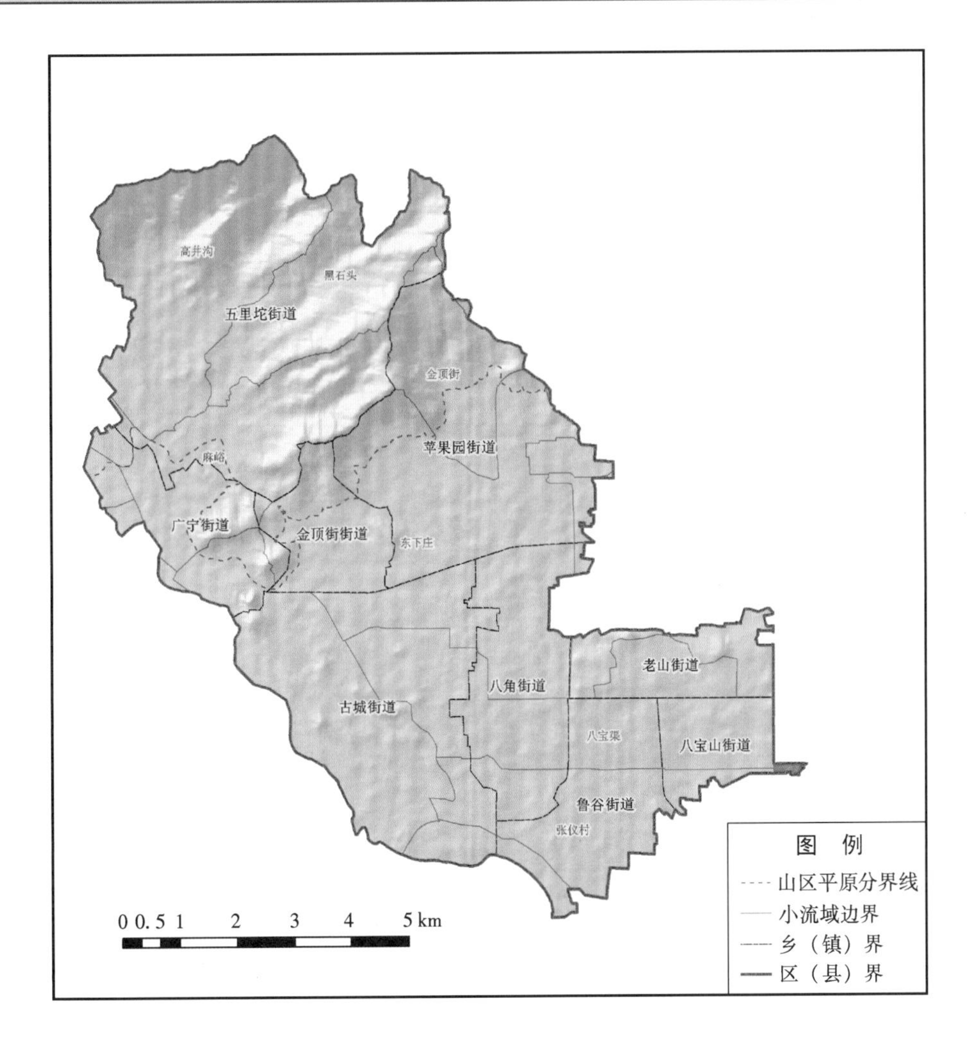

图 4-6　石景山区小流域分布情况

4.2.6　海淀区

海淀区共有小流域 41 条，小流域分布情况见表 4-8 和图 4-7。

4.2.7　门头沟区

门头沟区共有小流域 86 条，小流域分布情况见表 4-9 和图 4-8。

表 4-8　海淀区小流域分布情况

序　号	乡镇（街道）名称	条　数	序　号	乡镇（街道）名称	条　数
1	北太平庄街道	1	12	四季青镇	5
2	北下关街道	1	13	苏家坨镇	6
3	东升地区	1	14	田村路街道	1
4	甘家口街道	1	15	万柳地区	1
5	海淀街道	1	16	万寿路街道	2
6	马连洼街道	1	17	温泉镇	1
7	青龙桥街道	3	18	西北旺镇	6
8	清河街道	1	19	西三旗街道	1
9	清华园街道	1	20	学院路街道	1
10	上地街道	1	21	紫竹院街道	2
11	上庄镇	3	合　计		41

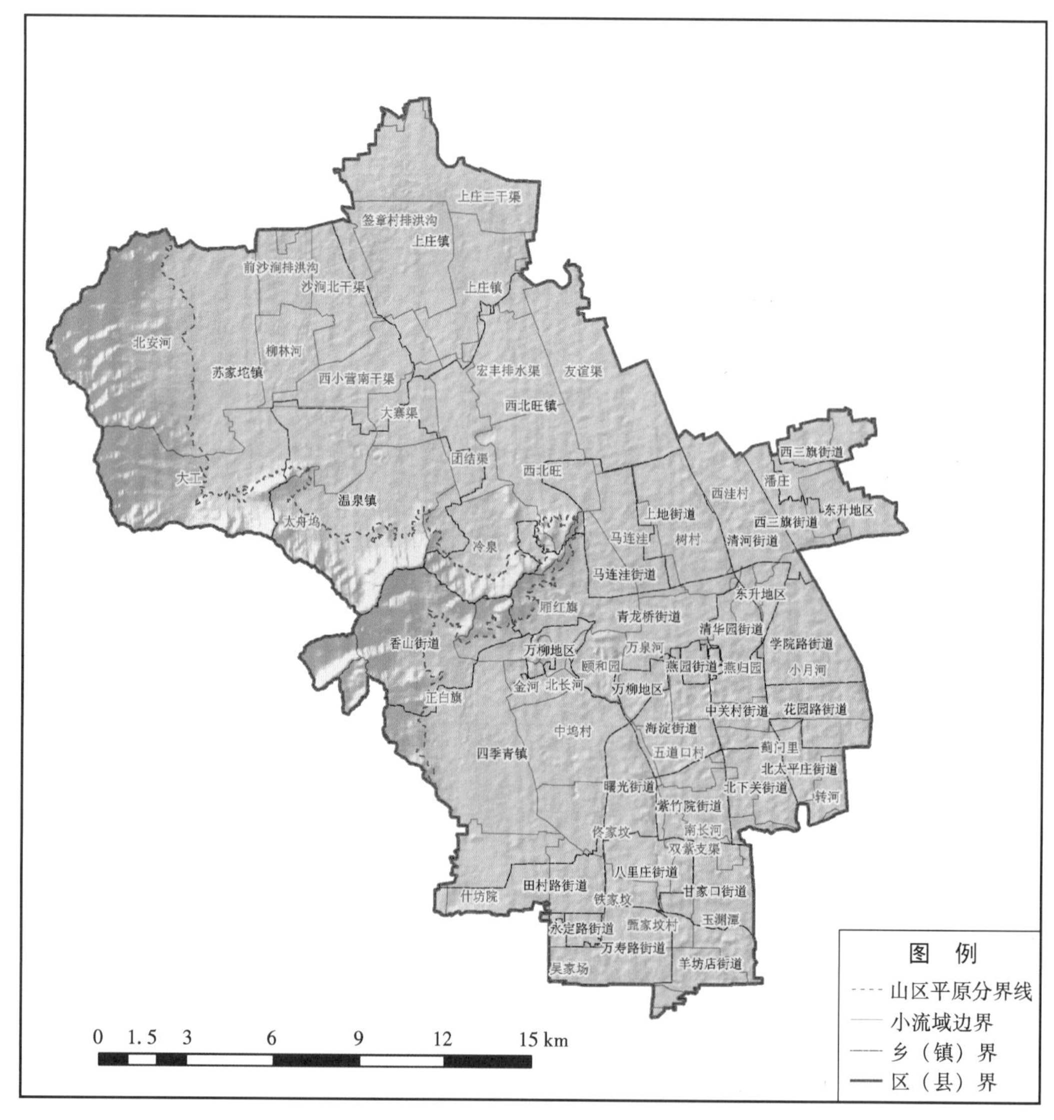

图 4-7　海淀区小流域分布情况

表 4-9　门头沟区小流域分布情况

序　号	乡镇（街道）名称	条　数
1	城子街道	0
2	大台街道	7
3	大峪街道	0
4	东辛房街道	0
5	军庄镇	1
6	龙泉镇	4
7	妙峰山镇	3
8	清水镇	17
9	潭柘寺镇	6
10	王平地区	7
11	雁翅镇	17
12	永定镇	2
13	斋堂镇	22
总　计		86

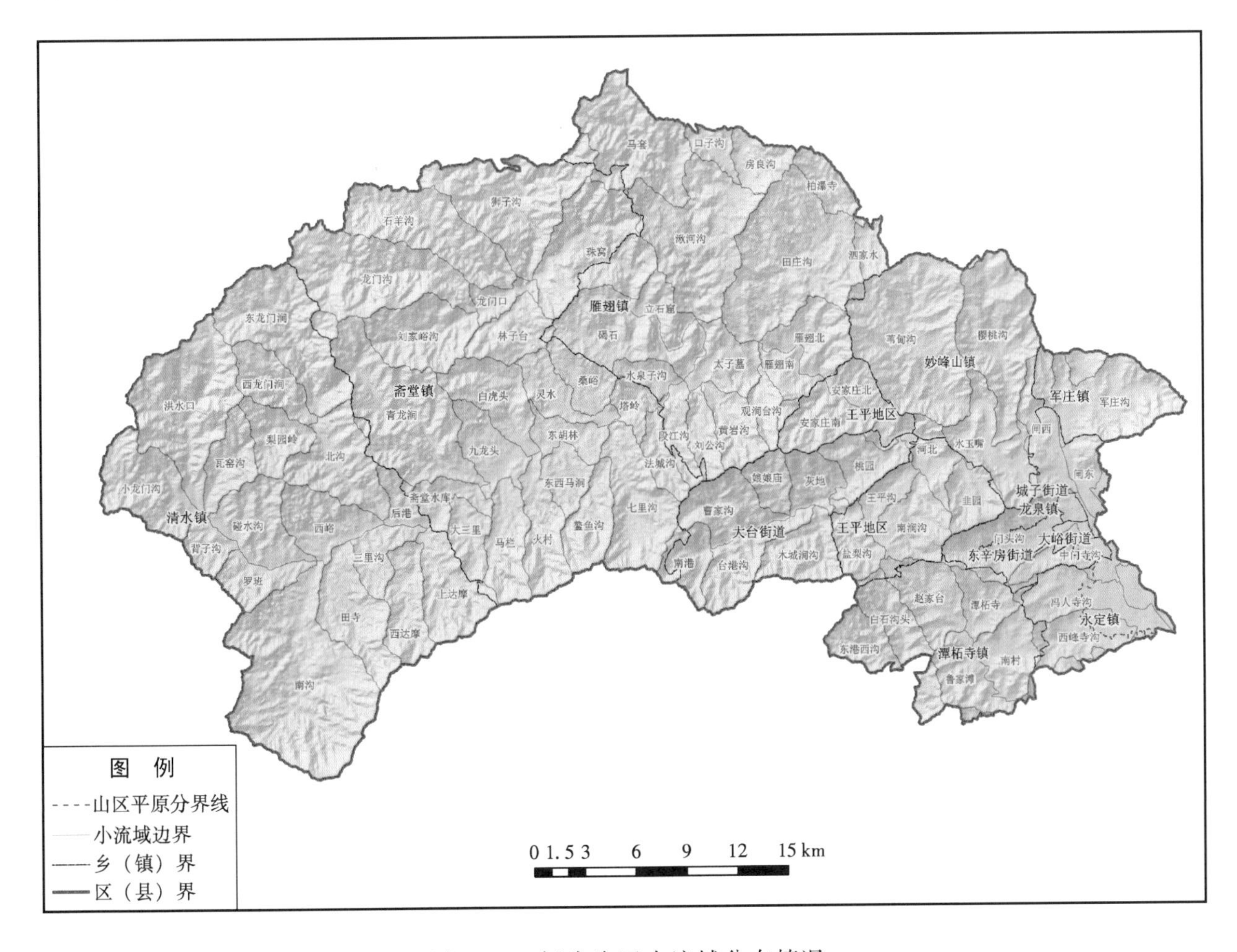

图 4-8　门头沟区小流域分布情况

4.2.8 房山区

房山区共有小流域132条，小流域分布情况见表4-10和图4-9。

表4-10 房山区小流域分布情况

序号	乡镇（街道）名称	条数	序号	乡镇（街道）名称	条数
1	城关街道	6	16	石楼镇	3
2	大安山乡	4	17	史家营乡	6
3	大石窝镇	6	18	西潞街道	1
4	东风街道	2	19	霞云岭乡	13
5	窦店镇	5	20	向阳街道	0
6	佛子庄乡	8	21	新镇街道	0
7	拱辰街道	3	22	星城街道	0
8	韩村河镇	5	23	闫村镇	3
9	河北镇	5	24	迎风街道	0
10	良乡地区	2	25	张坊镇	7
11	琉璃河地区	11	26	长沟镇	2
12	南窖乡	3	27	长阳镇	8
13	蒲洼乡	6	28	周口店地区	7
14	青龙湖镇	6	合计		132
15	十渡镇	10			

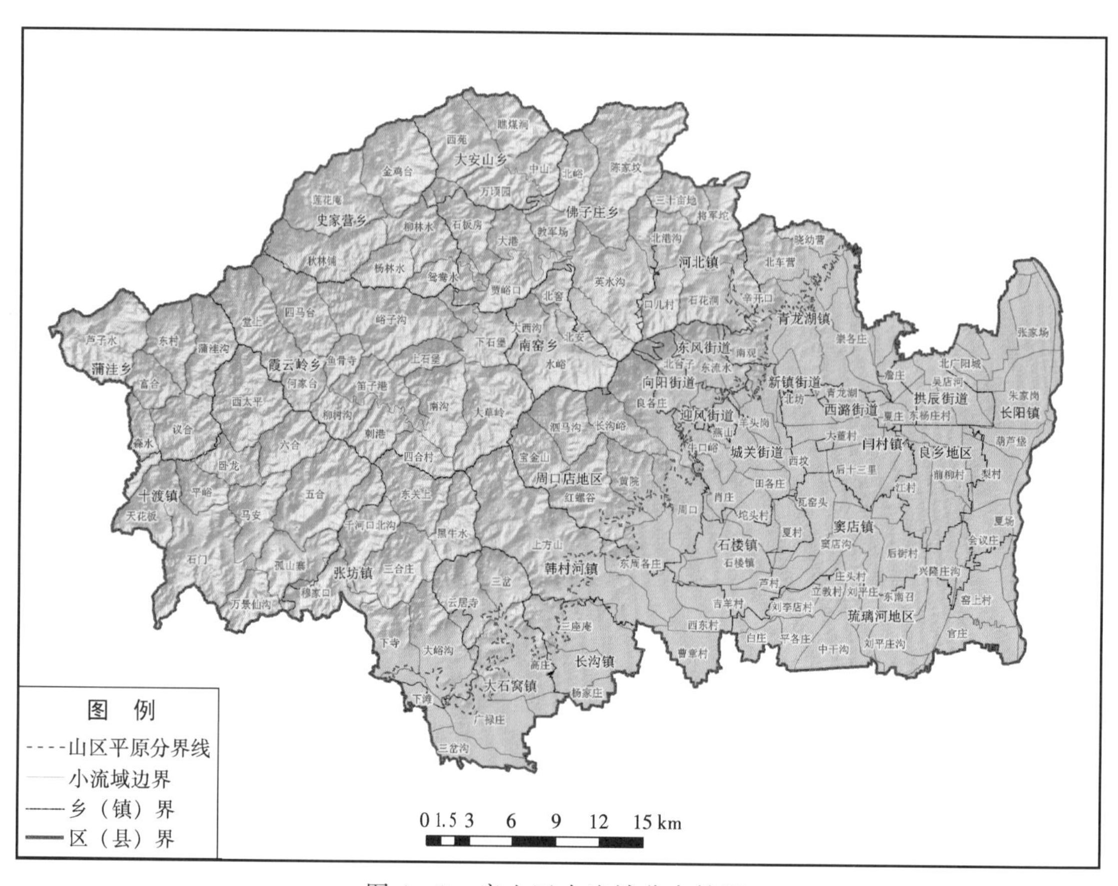

图4-9 房山区小流域分布情况

4.2.9 通州区

通州区共有小流域 83 条，小流域分布情况见表 4－11 和图 4－10。

表 4－11 通州区小流域分布情况

序号	乡镇（街道）名称	条数	序号	乡镇（街道）名称	条数
1	漷县镇	10	8	永乐店镇	7
2	梨园地区	2	9	永顺地区	2
3	潞城镇	7	10	于家务回族乡	5
4	马驹桥镇	9	11	玉桥街道	1
5	宋庄镇	11	12	张家湾镇	8
6	台湖镇	12	合计		83
7	西集镇	9			

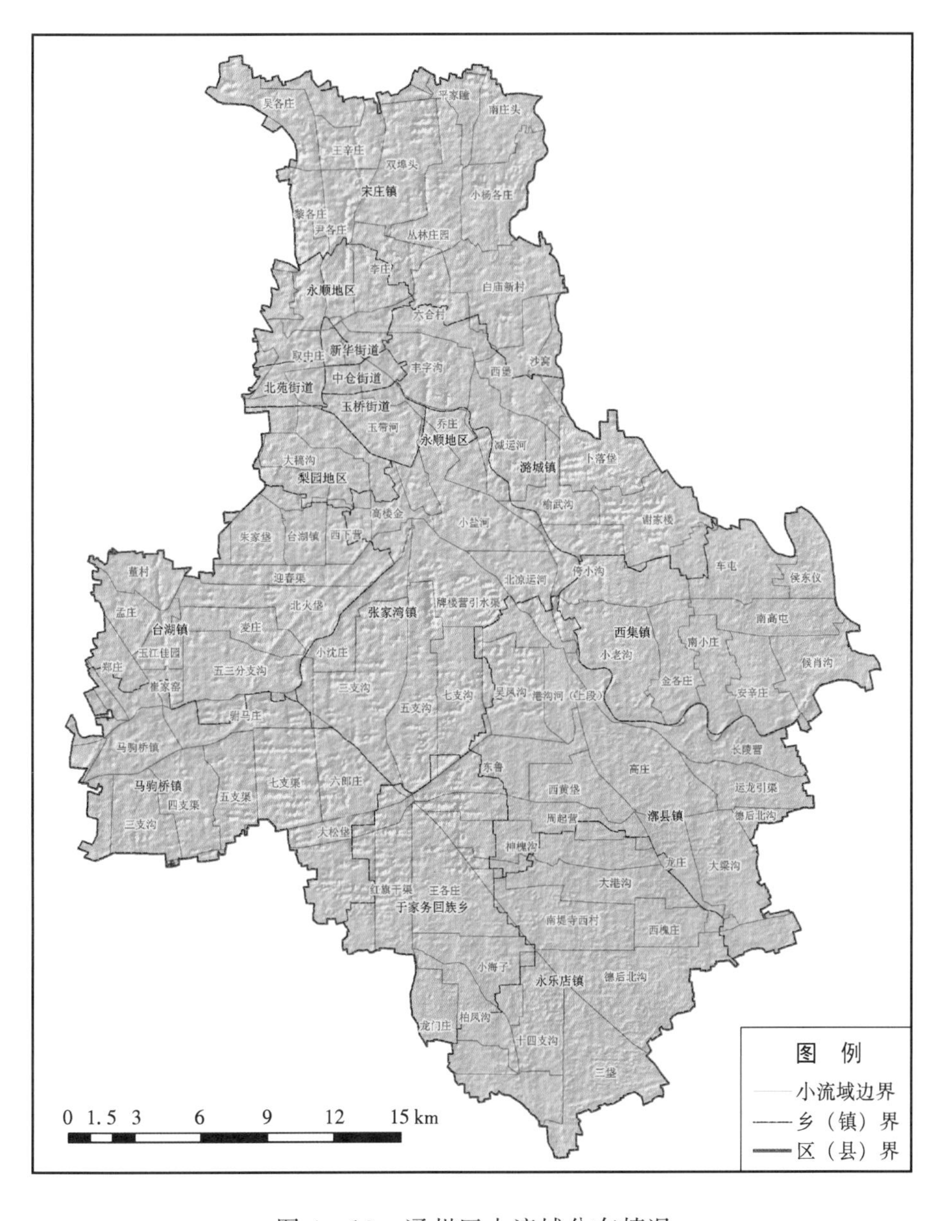

图 4－10 通州区小流域分布情况

4.2.10 顺义区

顺义区共有小流域90条，小流域分布情况见表4-12和图4-11。

表4-12 顺义区小流域分布情况

序号	乡镇（街道）名称	条数	序号	乡镇（街道）名称	条数
1	北石槽镇	2	13	南彩镇	6
2	北务镇	2	14	南法信地区	2
3	北小营镇	4	15	牛栏山地区	4
4	大孙各庄镇	6	16	仁和地区	1
5	高丽营镇	5	17	石园街道	1
6	后沙峪地区	2	18	双丰街道	4
7	空港街道	3	19	天竺地区	1
8	李桥镇	9	20	旺泉街道	2
9	李遂镇	3	21	杨镇地区	9
10	龙湾屯镇	4	22	张镇	6
11	马坡地区	1	23	赵全营镇	6
12	木林镇	7	合计		90

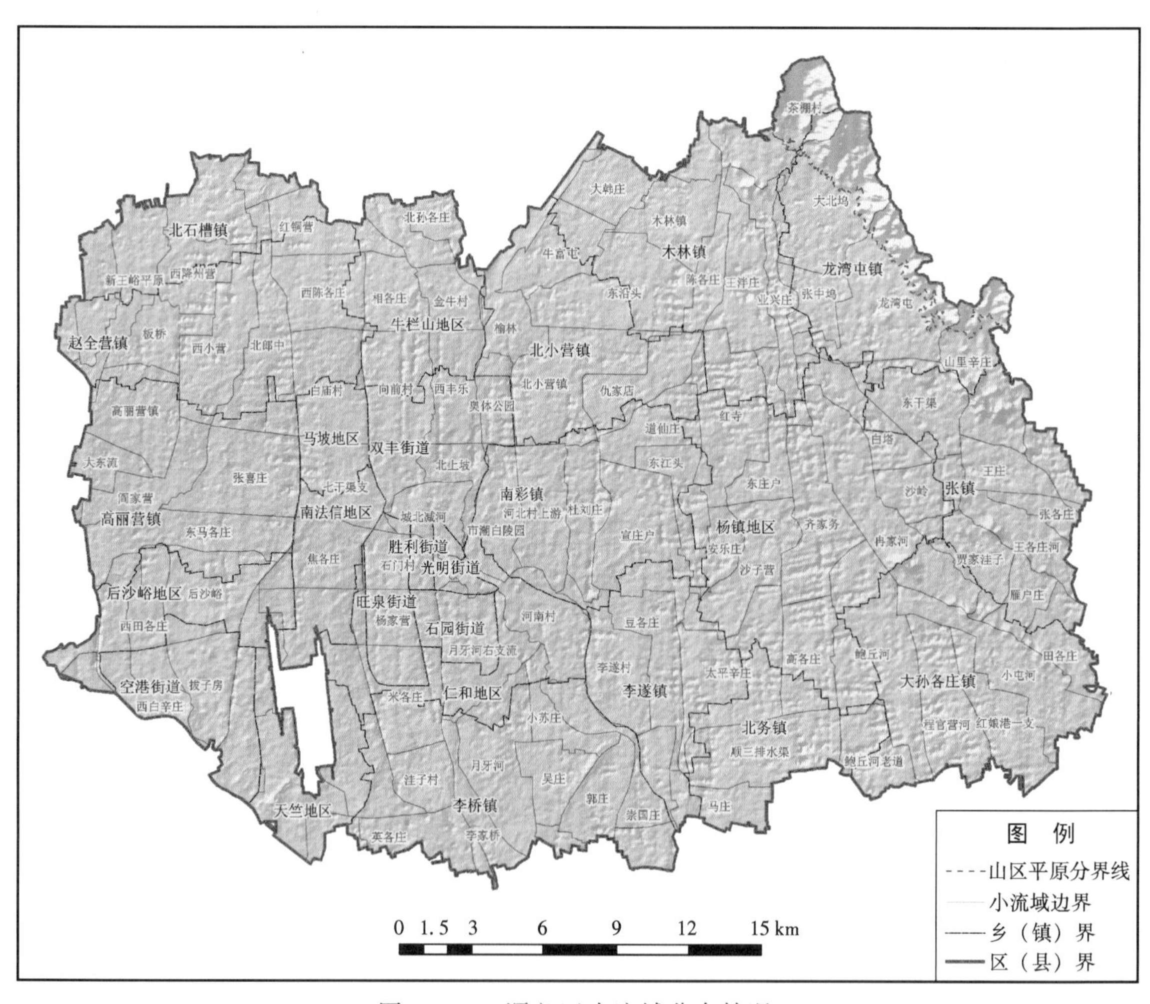

图4-11 顺义区小流域分布情况

4.2.11 昌平区

昌平区共有小流域81条，小流域分布情况见表4-13和图4-12。

表4-13 昌平区小流域分布情况

序号	乡镇（街道）名称	条数	序号	乡镇（街道）名称	条数
1	百善镇	2	10	南口地区	11
2	北七家镇	5	11	南邵镇	1
3	城北街道	1	12	沙河地区	7
4	城南街道	0	13	十三陵镇	11
5	崔村镇	5	14	小汤山镇	5
6	东小口地区	2	15	兴寿镇	3
7	回龙观地区	1	16	延寿镇	4
8	流村镇	14	17	阳坊镇	4
9	马池口地区	5	合计		81

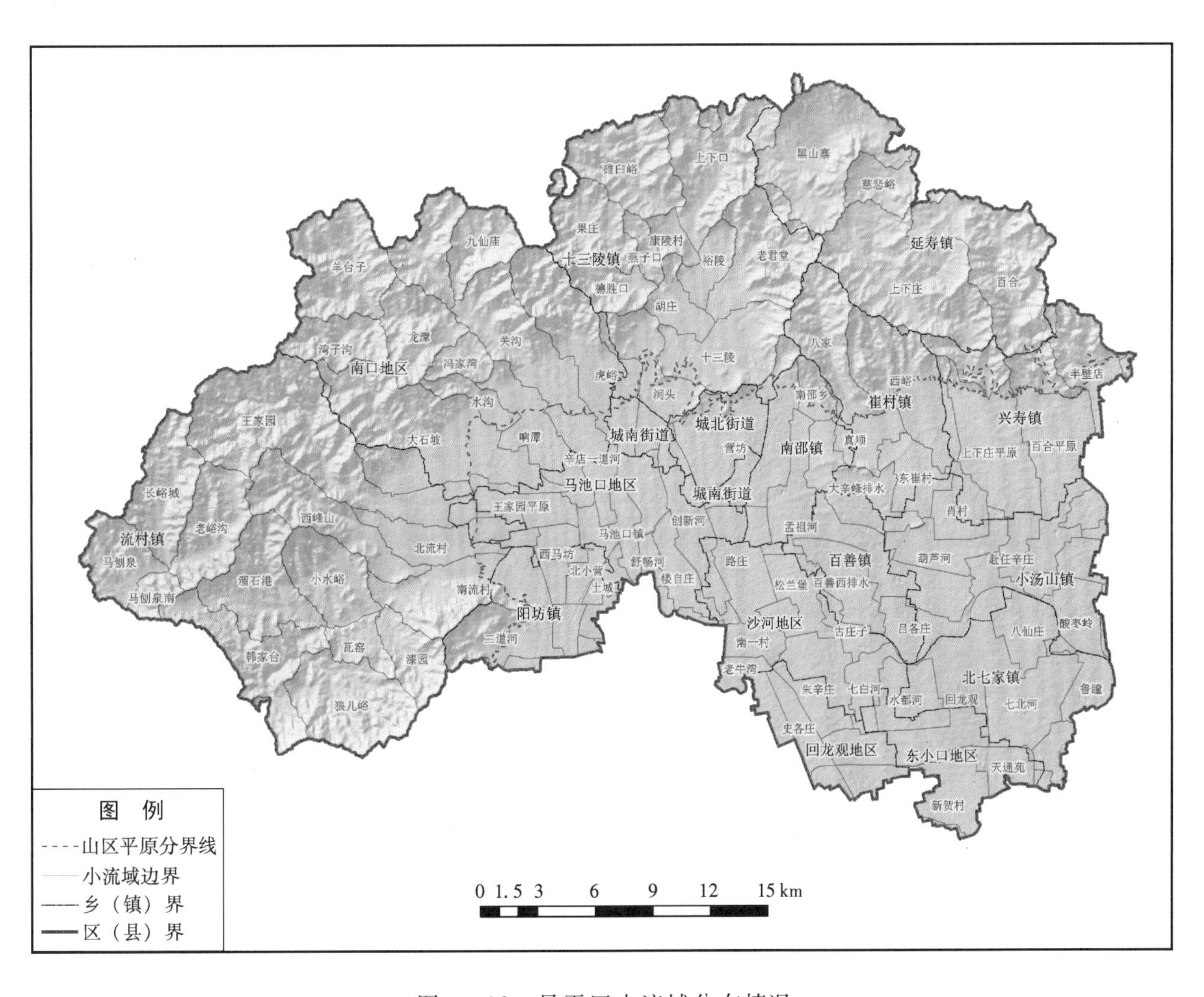

图4-12 昌平区小流域分布情况

4.2.12 大兴区

大兴区共有小流域 91 条，小流域分布情况见表 4－14 和图 4－13。

表 4－14　大兴区小流域分布情况

序　号	乡镇（街道）名称	条　数	序　号	乡镇（街道）名称	条　数
1	安定镇	7	11	清源街道	2
2	北藏村镇	3	12	天宫院街道	4
3	采育镇	6	13	魏善庄镇	9
4	观音寺街道	2	14	西红门地区（西红门镇）	2
5	黄村地区（黄村镇）	3	15	兴丰街道	1
6	旧宫地区（旧宫镇）	1	16	亦庄地区（亦庄镇）	4
7	礼贤镇	7	17	瀛海地区（瀛海镇）	5
8	林校路街道	1	18	榆垡镇	12
9	庞各庄镇	10	19	长子营镇	6
10	青云店镇	6	合　计		91

图 4－13　大兴区小流域分布情况

4.2.13 怀柔区

怀柔区共有小流域 122 条，小流域分布情况见表 4-15 和图 4-14。

表 4-15 怀柔区小流域分布情况

序号	乡镇（街道）名称	条数	序号	乡镇（街道）名称	条数
1	宝山镇	11	10	庙城地区	2
2	北房镇	4	11	桥梓镇	8
3	渤海镇	8	12	泉河街道	0
4	怀北镇	6	13	汤河口镇	11
5	怀柔地区	3	14	雁栖地区	11
6	九渡河镇	11	15	杨宋镇	3
7	喇叭沟门满族乡	14	16	长哨营满族乡	15
8	琉璃庙镇	15		合计	122
9	龙山街道	0			

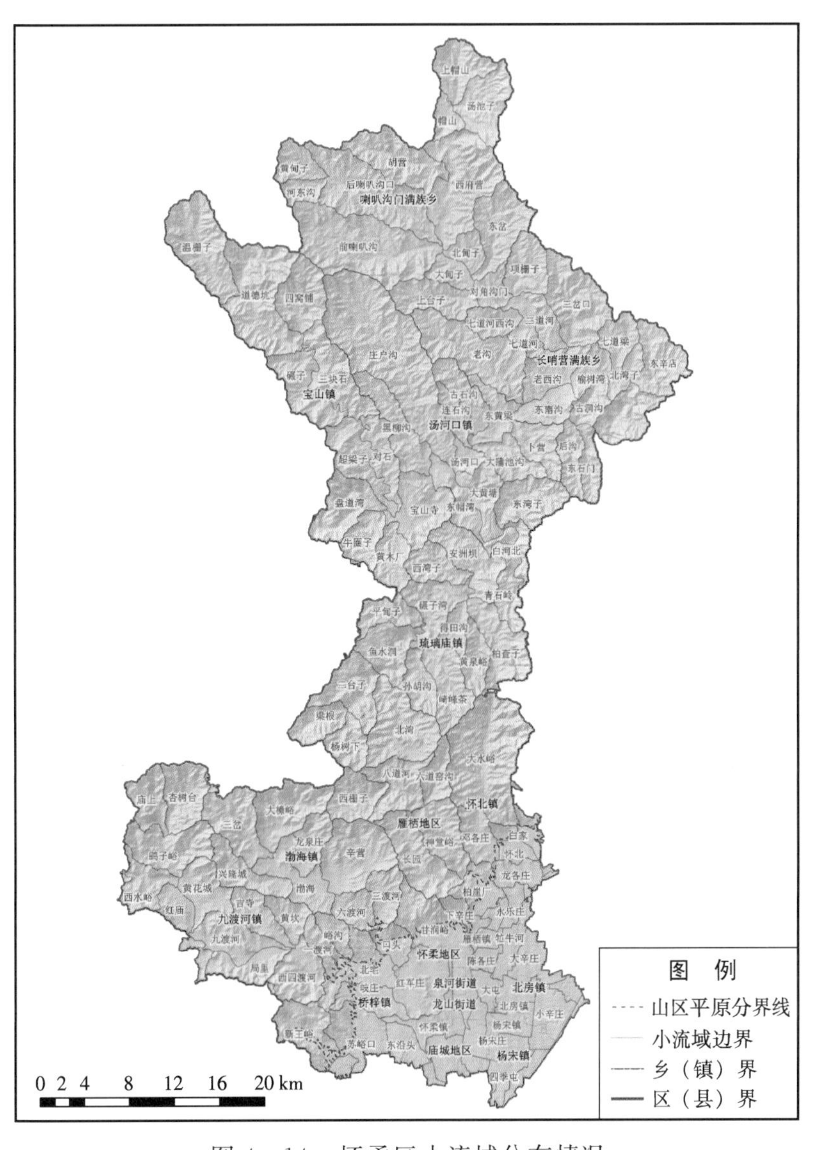

图 4-14 怀柔区小流域分布情况

4.2.14 平谷区

平谷区共有小流域60条，小流域分布情况见表4-16和图4-15。

表4-16 平谷区小流域分布情况

序号	乡镇（街道）名称	条数	序号	乡镇（街道）名称	条数
1	滨河街道	0	11	山东庄镇	3
2	大华山镇	5	12	王辛庄镇	4
3	大兴庄镇	2	13	夏各庄镇	3
4	东高村镇	6	14	兴谷街道	2
5	黄松峪乡	4	15	熊儿寨乡	3
6	金海湖地区	7	16	渔阳地区	3
7	刘家店镇	2	17	峪口地区	3
8	马昌营镇	2	18	镇罗营镇	3
9	马坊地区	3	合计		60
10	南独乐河镇	5			

图4-15 平谷区小流域分布情况

4.2.15 密云县

密云县共有小流域123条，小流域分布情况见表4-17和图4-16。

表4-17 密云县小流域分布情况

序 号	乡镇（街道）名称	条 数	序 号	乡镇（街道）名称	条 数
1	北庄镇	5	12	密云镇	1
2	不老屯镇	9	13	穆家峪镇	4
3	大城子镇	8	14	十里堡镇	3
4	东邵渠镇	8	15	石城镇	14
5	冯家峪镇	14	16	太师屯镇	13
6	高岭镇	6	17	檀营地区办事处	0
7	古北口镇	6	18	西田各庄镇	8
8	鼓楼街道办事处	1	19	溪翁庄镇	4
9	果园街道办事处	0	20	新城子镇	9
10	河南寨镇	4	合 计		123
11	巨各庄镇	6			

图4-16 密云县小流域分布情况

4.2.16 延庆县

延庆县共有小流域 85 条，小流域分布情况见表 4－18 和图 4－17。

表 4－18 延庆县小流域分布情况

序号	乡镇（街道）名称	条数	序号	乡镇（街道）名称	条数
1	八达岭镇	3	9	沈家营镇	1
2	大榆树镇	3	10	四海镇	4
3	大庄科乡	8	11	香营乡	5
4	井庄镇	3	12	延庆镇	3
5	旧县镇	4	13	永宁镇	6
6	康庄镇	4	14	张山营镇	12
7	刘斌堡乡	4	15	珍珠泉乡	8
8	千家店镇	17	合计		85

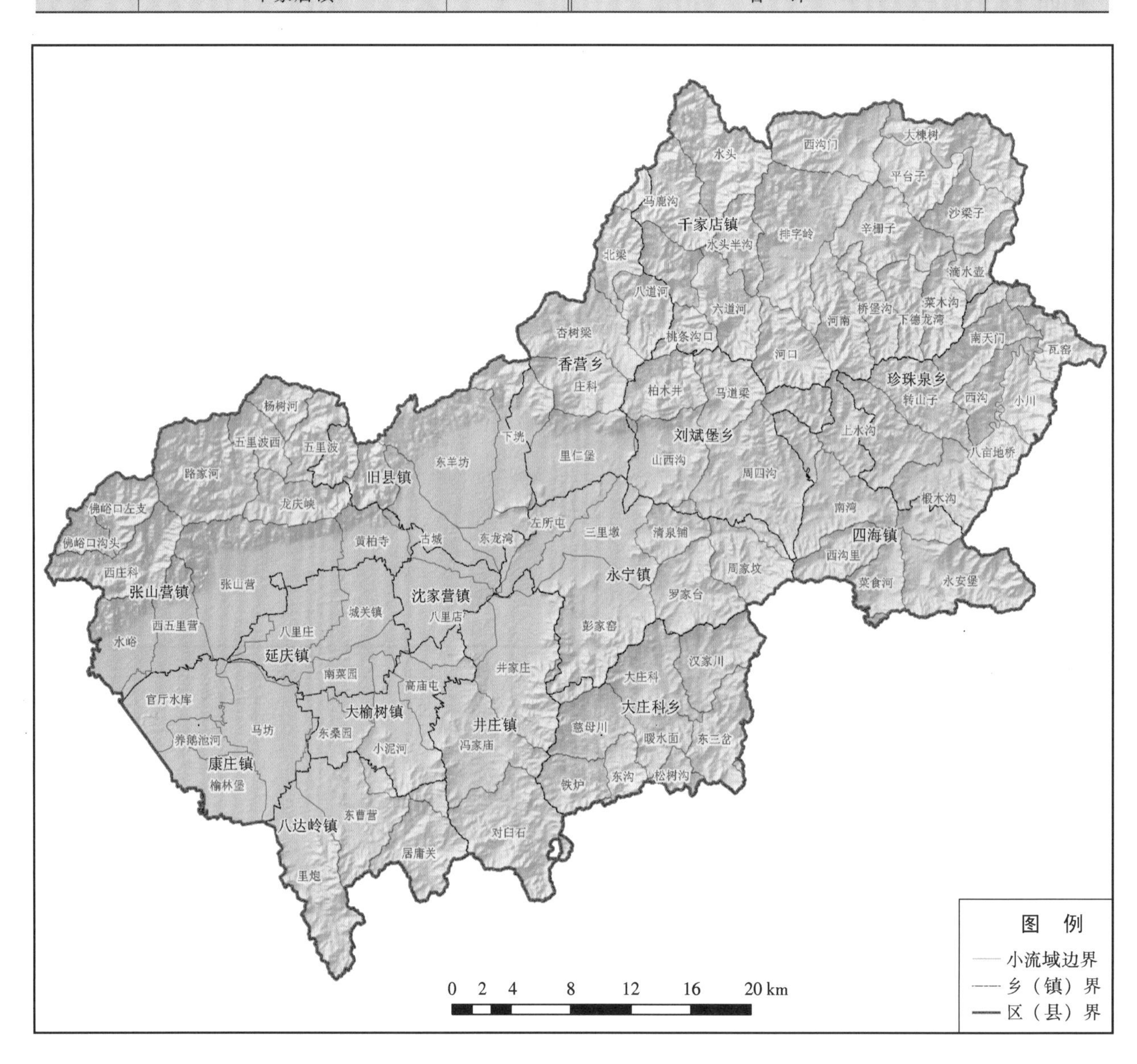

图 4－17 延庆县小流域分布情况

4.3 五大流域

永定河流域内有182条小流域，潮白河流域内有322条小流域，北运河流域内有346条小流域，蓟运河流域内有87条小流域，大清河流域内有148条小流域。五大流域内小流域分布情况见表4-19和图4-18。

表4-19 五大流域内小流域分布情况

区（县）	小流域（条）	永定河（条）	北三河			大清河（条）
			潮白河（条）	北运河（条）	蓟运河（条）	
合计	1085	182	322	346	87	148
东城区	4	0	0	4	0	0
西城区	5	0	0	5	0	0
朝阳区	49	0	0	49	0	0
丰台区	25	2	0	12	0	11
石景山区	8	4	0	4	0	0
海淀区	41	0	0	41	0	0
门头沟区	86	78	0	2	0	6
房山区	132	1	0	0	0	131
通州区	83	0	11	72	0	0
顺义区	90	0	36	35	19	0
昌平区	81	4	2	75	0	0
大兴区	91	53	0	38	0	0
怀柔区	122	0	119	3	0	0
平谷区	60	0	0	0	60	0
密云县	123	0	115	0	8	0
延庆县	85	40	39	6	0	0

4.3.1 永定河流域

永定河流域内共有小流域182条，主要分布在一、二级流域内，各级流域内小流域数量见表4-20和图4-19。

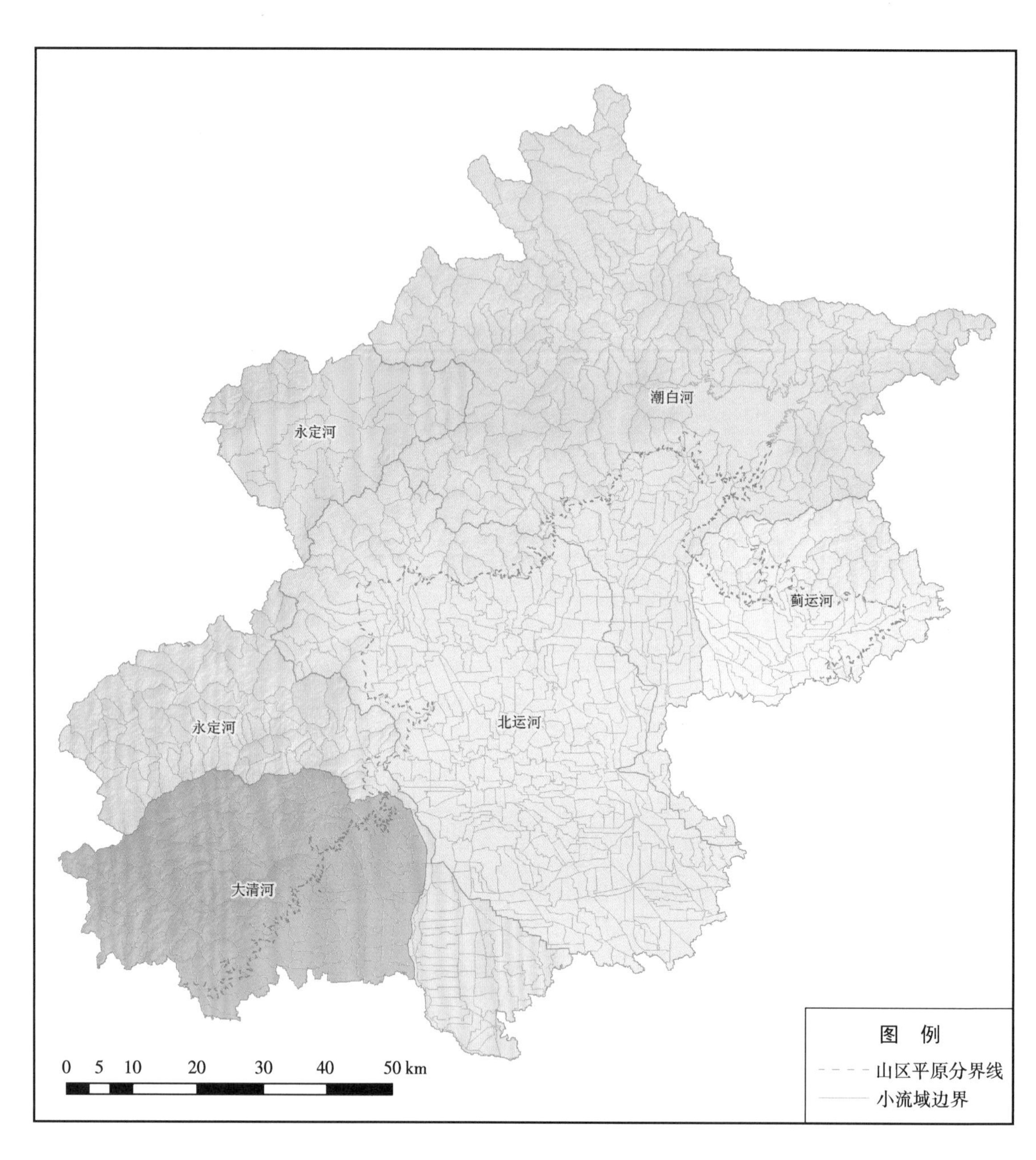

图 4-18　北京市五大流域内小流域分布情况

表 4-20　永定河流域内小流域数量分布

流域级别	小流域数（条）	主干上小流域（条）	下级支流内小流域（条）
零级	182	23	159
一级	159	75	84
二级	84	65	19
三级	19	16	3
四级	3	3	0
五级	0	0	0
六级	0	0	0

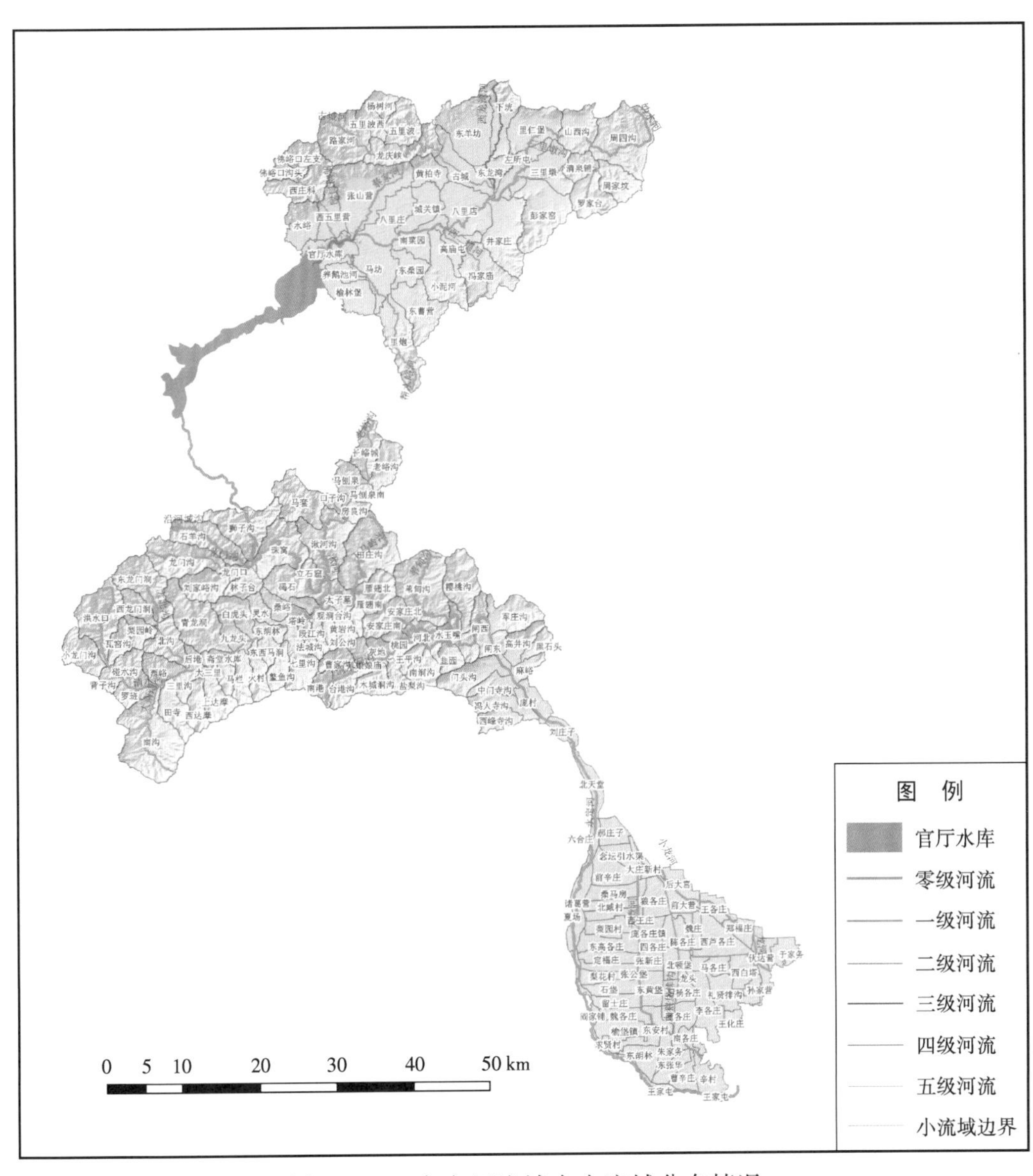

图 4-19　永定河流域内小流域分布情况

4.3.2　潮白河流域

潮白河流域内共有小流域 322 条，主要分布在潮白河流域二、三级流域内，各级流域内小流域数量见表 4-21 和图 4-20。

表 4-21　潮白河流域内小流域数量分布

流域级别	小流域数（条）	主干上小流域（条）	下级支流内小流域（条）
零级	322	0	322
一级	322	47	275
二级	275	115	160
三级	160	108	52
四级	52	49	3
五级	3	3	0
六级	0	0	0

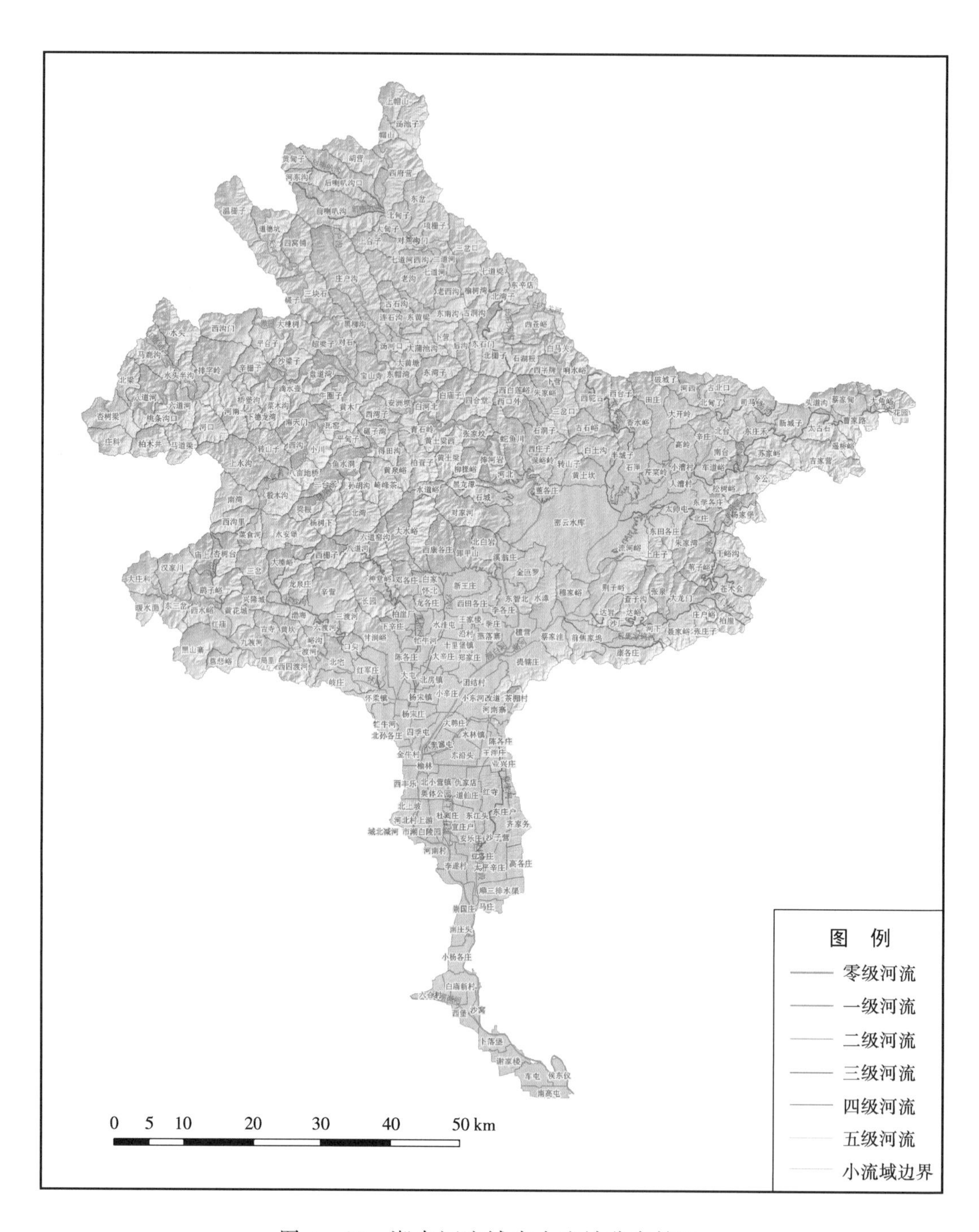

图 4-20 潮白河流域内小流域分布情况

4.3.3 北运河流域

北运河流域内共有小流域 346 条，主要分布在二、三级流域内，各级流域内小流域数量见表 4-22 和图 4-21。

4.3.4 蓟运河流域

蓟运河流域内共有小流域 87 条，主要分布在二、三级流域内，各级流域内小流域数量分布见表 4-23 和图 4-22。

表 4-22　北运河流域内小流域数量分布

流域级别	小流域数（条）	主干上小流域（条）	下级支流内小流域（条）
零级	346	0	346
一级	346	33	313
二级	313	145	168
三级	168	123	45
四级	45	42	3
五级	3	3	0
六级	0	0	0

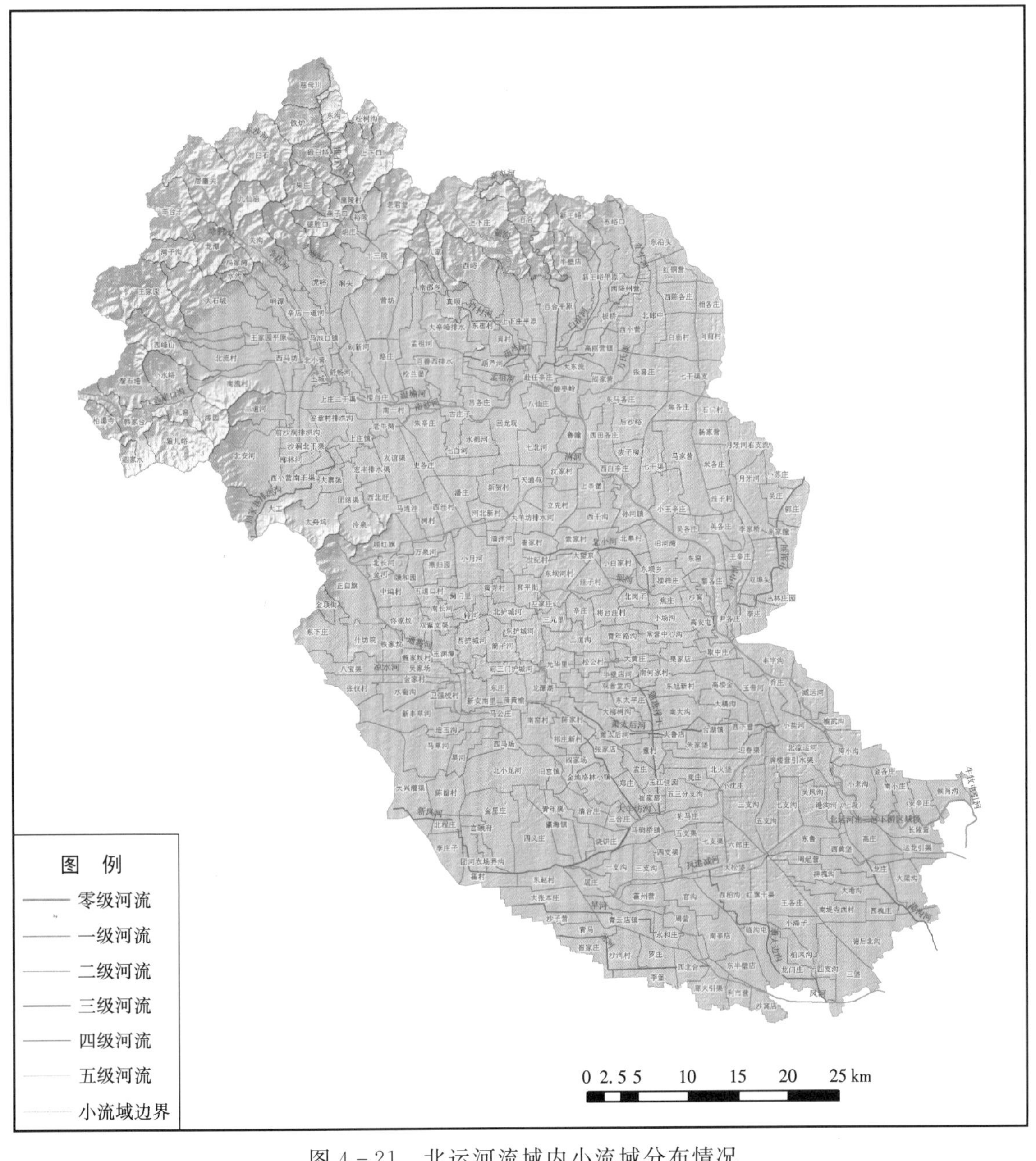

图 4-21　北运河流域内小流域分布情况

表 4-23　蓟运河流域内小流域数量分布

流域级别	小流域数（条）	主干上小流域（条）	下级支流内小流域（条）
零级	87	0	87
一级	87	11	76
二级	76	39	37
三级	37	27	10
四级	10	9	1
五级	1	1	0
六级	0	0	0

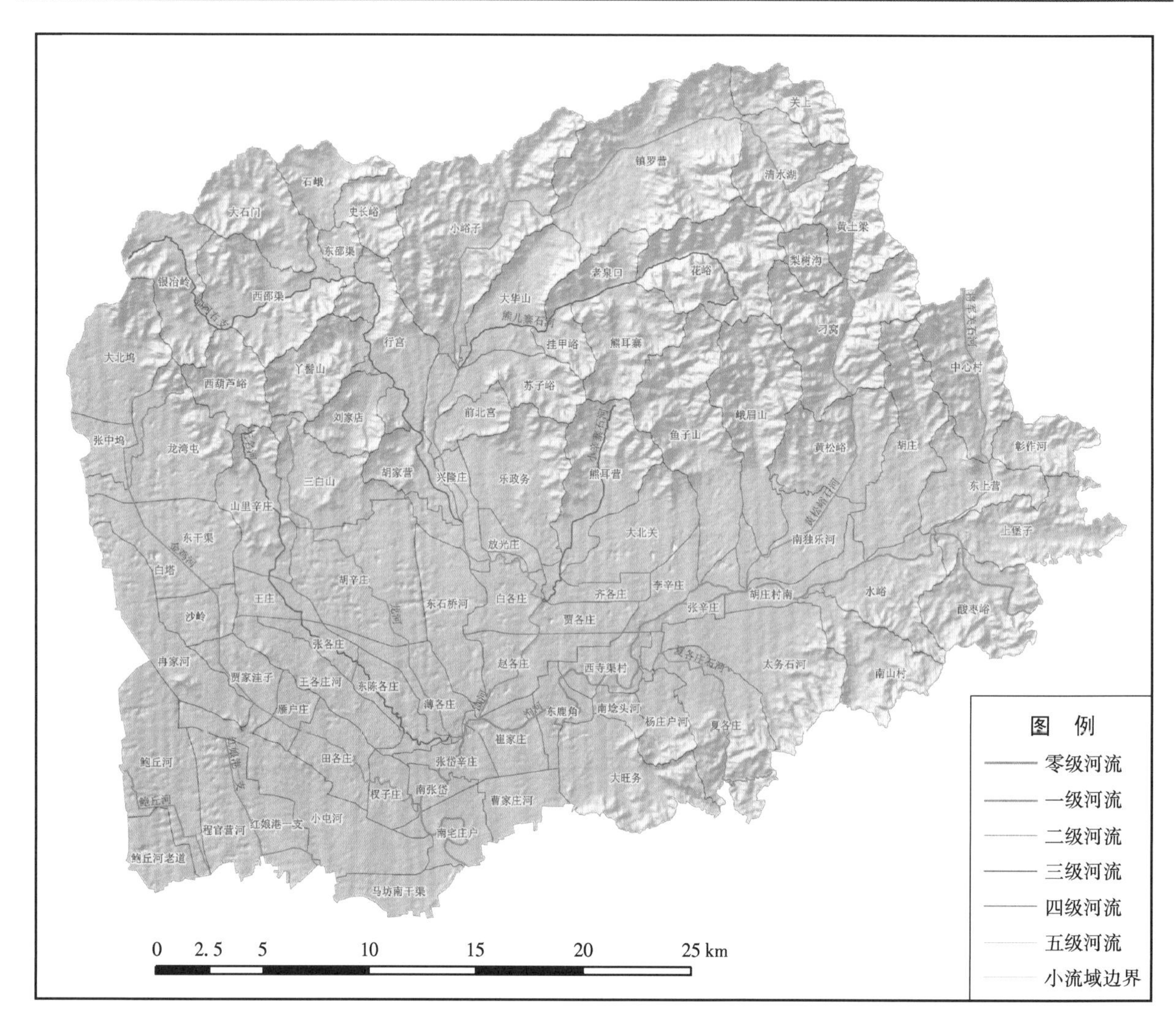

图 4-22　蓟运河流域内小流域分布情况

4.3.5　大清河流域

大清河流域内共有小流域 148 条，主要分布在三、四级流域内，各级流域内小流域数量分布见表 4-24 和图 4-23。

表 4-24　大清河流域内小流域数量分布

流域级别	小流域数（条）	主干上小流域（条）	下级支流内小流域（条）
零级	148	0	148
一级	148	5	143
二级	143	14	129
三级	129	52	77
四级	77	55	22
五级	22	21	1
六级	1	1	0

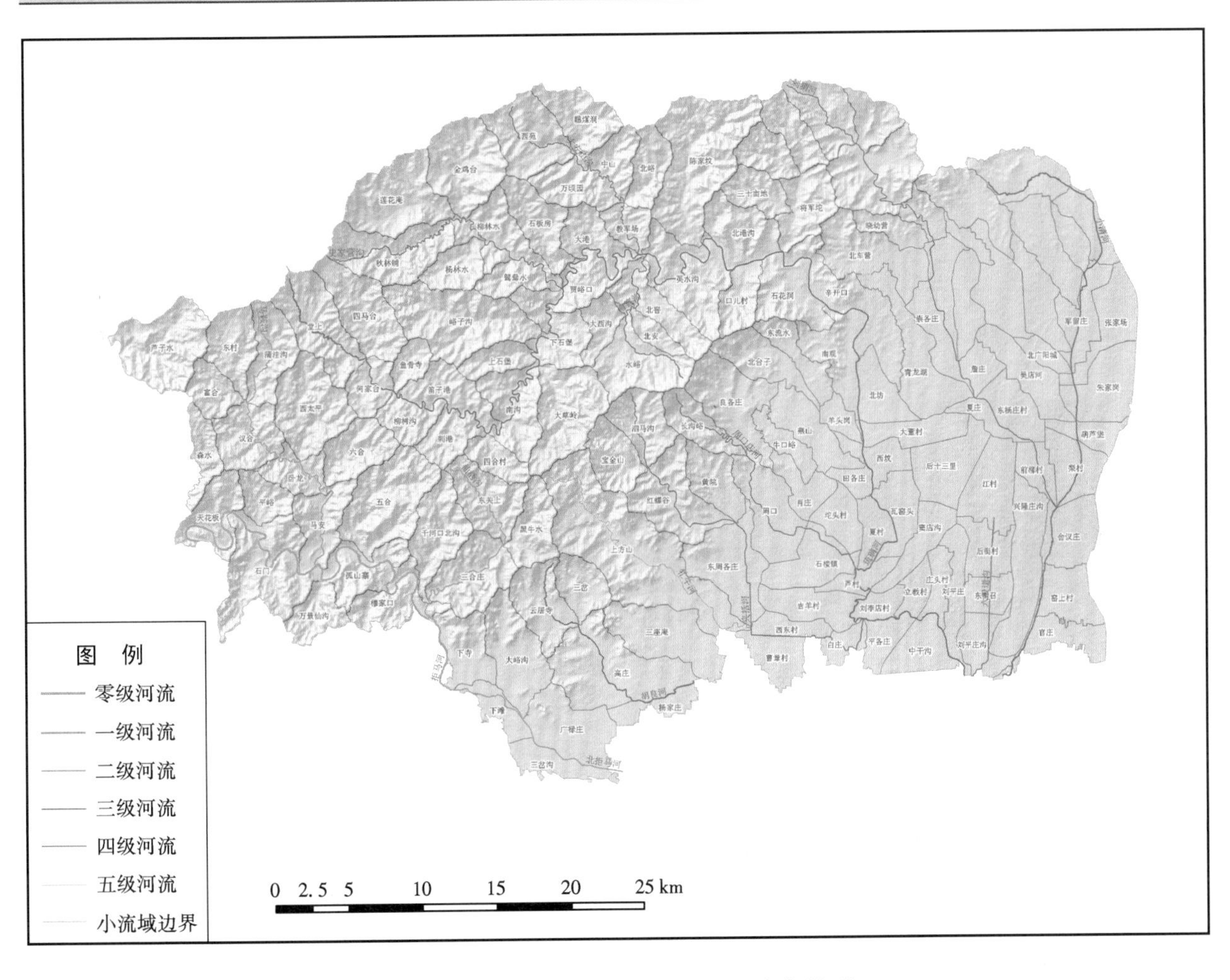

图 4-23　大清河流域内小流域分布情况

第5章　山区小流域内主要河（沟）道水文地貌评价分级情况

水文地貌是指河流水文状况、形态状况和河流的连续性，北京山区河（沟）道水文地貌评价分级方法见表5-1和图5-1。

表5-1　北京山区河（沟）道水文地貌评价分级方法

级别	特　性	示意照片
Ⅰ级：极好	保持自然，沟道连续，无人为干扰	图5-1（a）
Ⅱ级：好	接近自然，流水与泥沙输移畅通，沟道一岸被束窄，河底与地下水连通，无横向工程	图5-1（b）
Ⅲ级：中等	沟道流水与泥沙输移受中等程度影响，河道两岸被石墙束窄，河底连通，有一些小型跌水或横向工程，但不阻碍河流连续性	图5-1（c）
Ⅳ级：差	沟道流水与泥沙输移受较大影响，河道两岸被石墙束窄，河底连通，有横向拦挡物，在一定程度上阻碍河流连续性	图5-1（d）
Ⅴ级：极差	沟道两岸石墙束窄，河底铺就混凝土，与地下水无连通	图5-1（e）

（a）

（b）

（c）

（d）

图5-1（一）　北京山区河（沟）道水文地貌评价分级示意图

(e)

图 5-1（二）　北京山区河（沟）道水文地貌评价分级示意图

5.1　全市山区

共调查了 563 条山区小流域内总长为 4258.19km 河（沟）道的水文地貌情况，并逐段进行了水文地貌评价分级，其结果见图 5-2 和表 5-2。

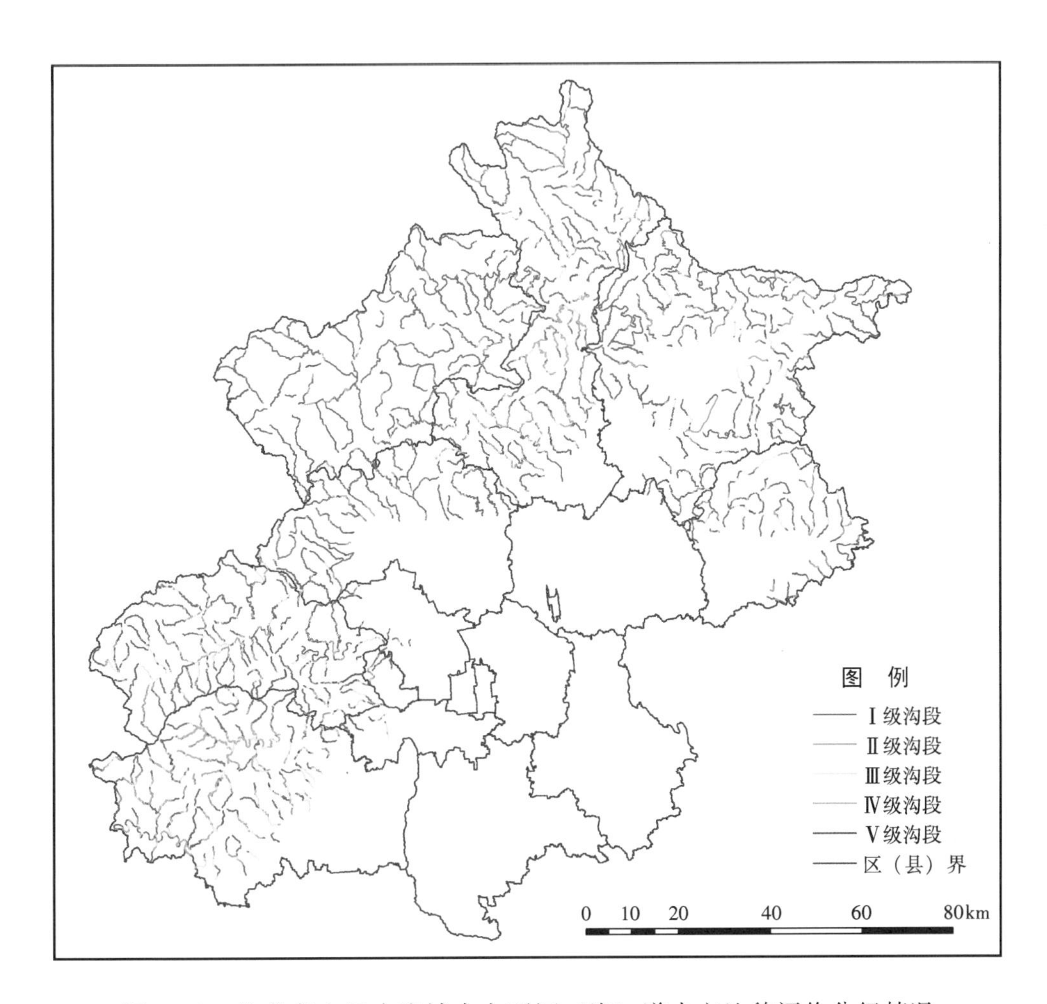

图 5-2　北京市山区小流域内主要河（沟）道水文地貌评价分级情况

表 5-2　北京市山区小流域内主要河（沟）道水文地貌评价分级情况

级　别	Ⅰ级	Ⅱ级	Ⅲ级	Ⅳ级	Ⅴ级	合计
长度（km）	2761.44	597.00	407.08	373.02	119.65	4258.19
比例（%）	64.85	14.02	9.56	8.76	2.81	100

5.2　各区（县）

5.2.1　丰台区

共调查了4条小流域内河（沟）道，总长度为19.09km，其水文地貌评价分级情况见图5-3和表5-3。

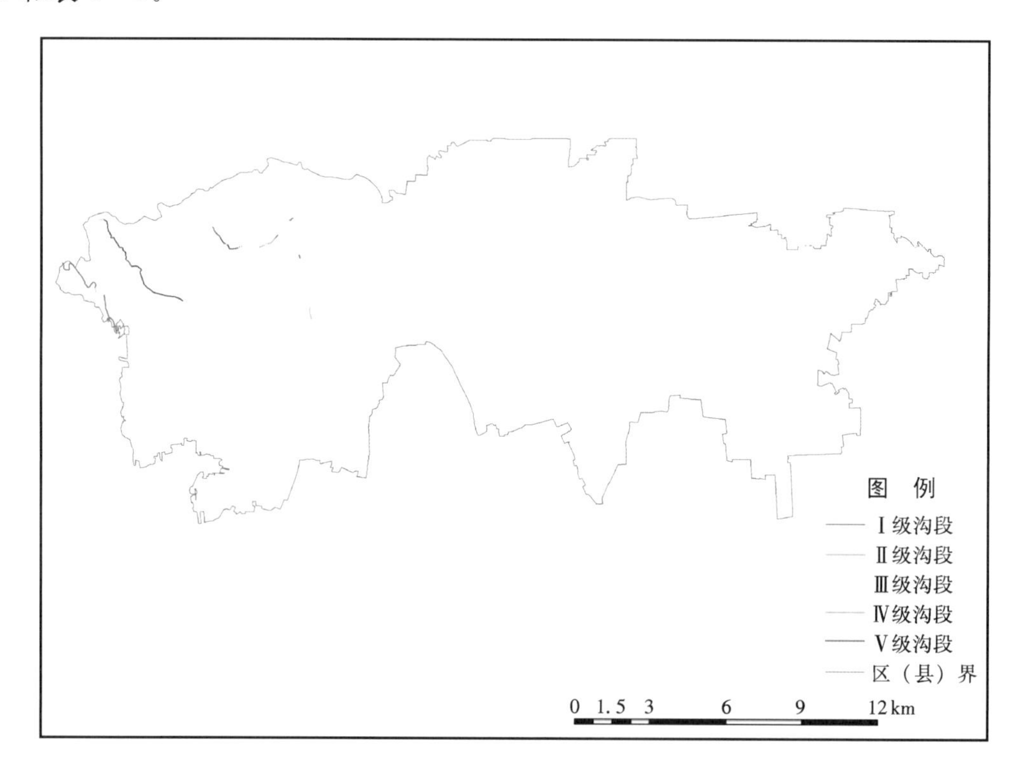

图5-3　丰台区山区小流域内河（沟）道水文地貌评价分级情况

表 5-3　丰台区山区小流域内河（沟）道水文地貌评价分级情况

级　别	Ⅰ级	Ⅱ级	Ⅲ级	Ⅳ级	Ⅴ级	合计
长度（km）	5.41	1.03	6.20	0.89	5.56	19.09
比例（%）	28.35	5.38	32.48	4.65	29.14	100

5.2.2　石景山区

共调查了4条小流域内河（沟）道，总长度为19.82km，其水文地貌评价分级情况见图5-4和表5-4。

图 5－4　石景山区山区小流域内河（沟）道水文地貌评价分级情况

表 5－4　石景山区山区小流域内河（沟）道水文地貌评价分级情况

级　别	Ⅰ级	Ⅱ级	Ⅲ级	Ⅳ级	Ⅴ级	合计
长度（km）	12.51	1.85	1.63	3.24	0.59	19.82
比例（%）	63.14	9.33	8.22	16.34	2.97	100

5.2.3　海淀区

共调查了 6 条小流域内河（沟）道，总长度为 21.86km，其水文地貌评价分级情况见表 5－5 和图 5－5。

表 5－5　海淀区山区小流域内河（沟）道水文地貌评价分级情况

级　别	Ⅰ级	Ⅱ级	Ⅲ级	Ⅳ级	Ⅴ级	合计
长度（km）	11.35	2.28	1.51	2.12	4.60	21.86
比例（%）	51.92	10.43	6.92	9.70	21.03	100

5.2.4　门头沟区

共调查了 86 条小流域内河（沟）道，总长度为 661.85km，其水文地貌评价分级情况见图 5－6 和表 5－6。

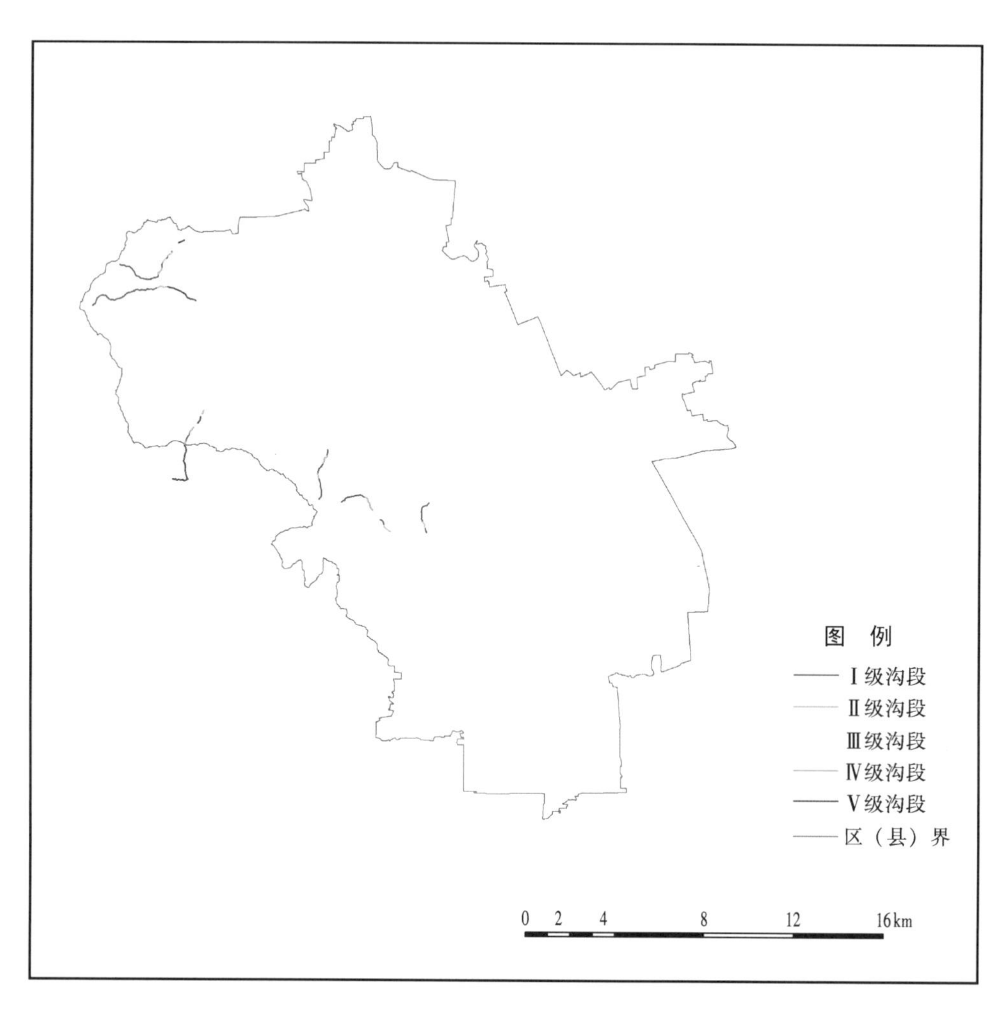

图 5－5　海淀区山区小流域内河（沟）道水文地貌评价分级情况

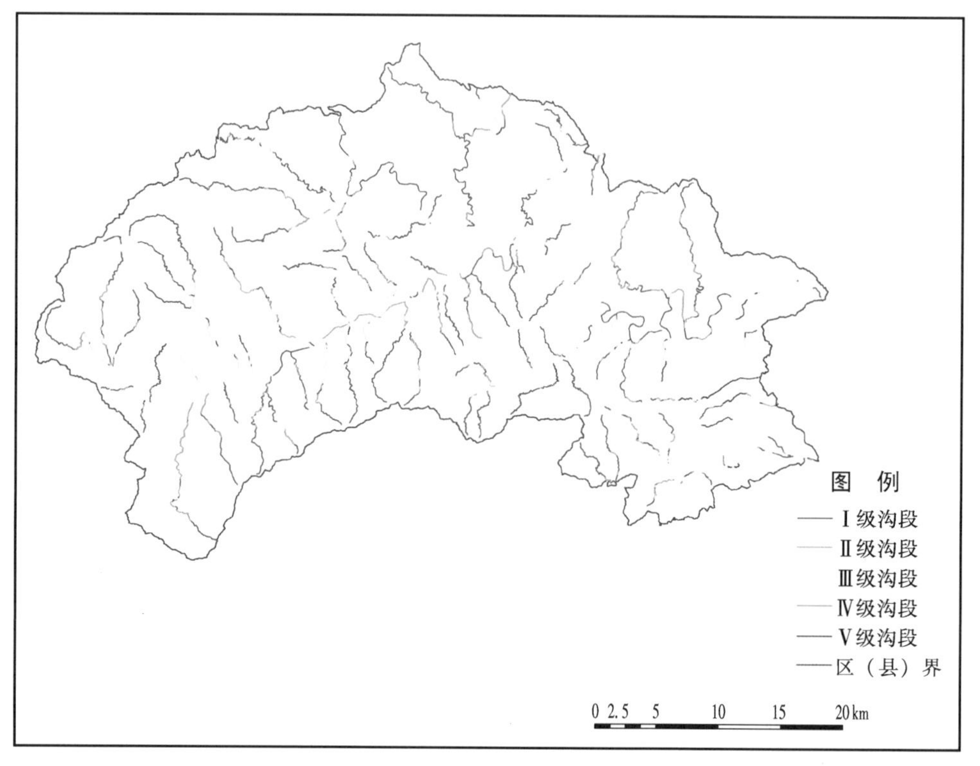

图 5－6　门头沟区山区小流域内河（沟）道水文地貌评价分级情况

表 5-6 门头沟区山区小流域内河（沟）道水文地貌评价分级情况

级　别	Ⅰ级	Ⅱ级	Ⅲ级	Ⅳ级	Ⅴ级	合计
长度（km）	401.25	71.09	98.69	68.00	22.82	661.85
比例（%）	60.63	10.74	14.91	10.27	3.45	100

5.2.5 房山区

共调查了83条小流域内河（沟）道，总长度为615.54km，其水文地貌评价分级情况见图5-7和表5-7。

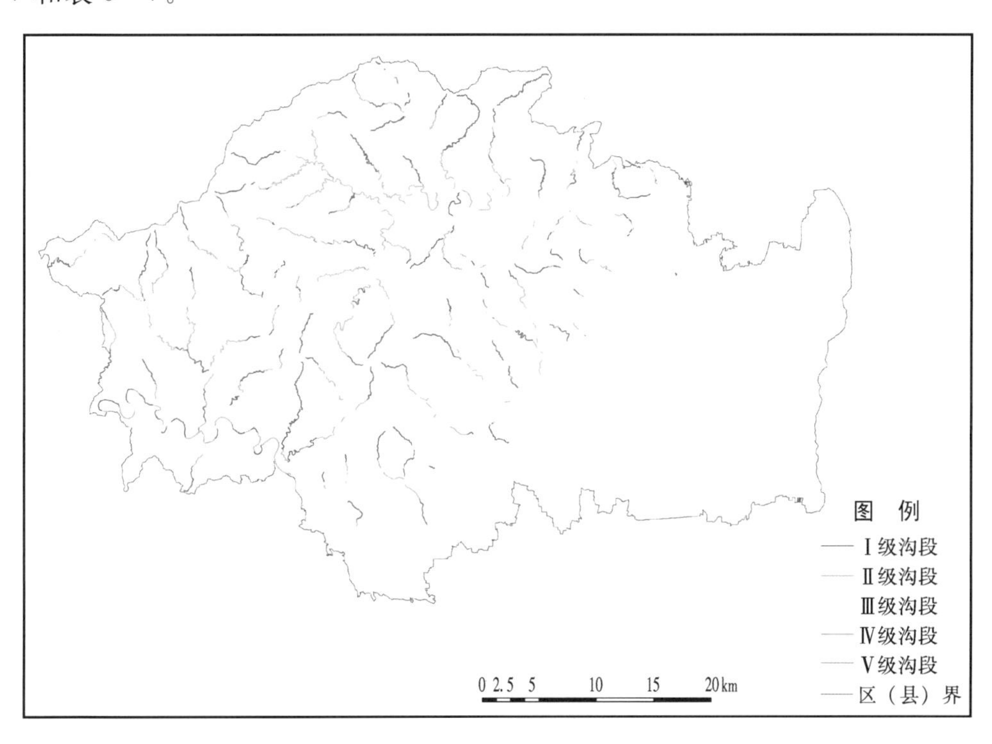

图5-7 房山区山区小流域内河（沟）道水文地貌评价分级情况

表 5-7 房山区山区小流域内河（沟）道水文地貌评价分级情况

级　别	Ⅰ级	Ⅱ级	Ⅲ级	Ⅳ级	Ⅴ级	合计
长度（km）	242.71	151.71	120.63	88.26	12.23	615.54
比例（%）	39.43	24.65	19.59	14.34	1.99	100

5.2.6 顺义区

共调查了3条小流域内河（沟）道，总长度为11.57km，其水文地貌评价分级情况见表5-8和图5-8。

表 5-8 顺义区山区小流域内河（沟）道水文地貌评价分级情况

级　别	Ⅰ级	Ⅱ级	Ⅲ级	Ⅳ级	Ⅴ级	合计
长度（km）	7.30	0.11	0.00	0.65	3.51	11.57
比例（%）	63.09	0.95	0.00	5.62	30.34	100

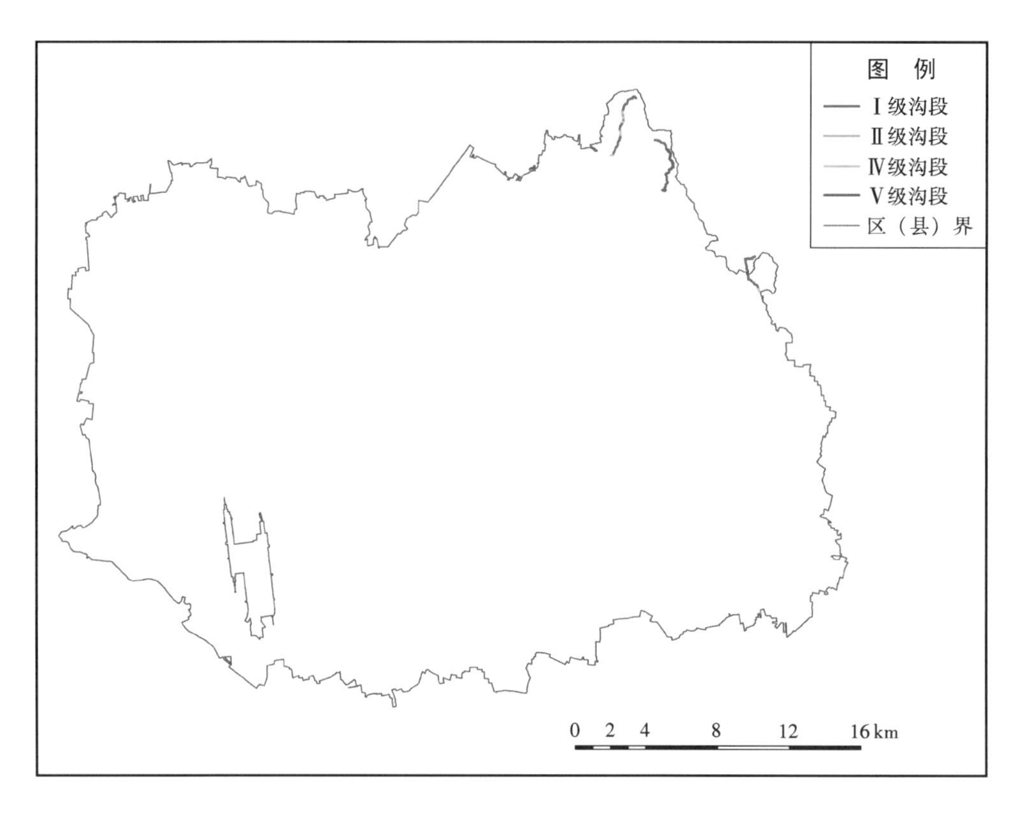

图 5-8　顺义区山区小流域内河（沟）道水文地貌评价分级情况

5.2.7　昌平区

共调查了44条小流域内河（沟）道，总长度为354.77km，其水文地貌评价分级情况见图5-9和表5-9。

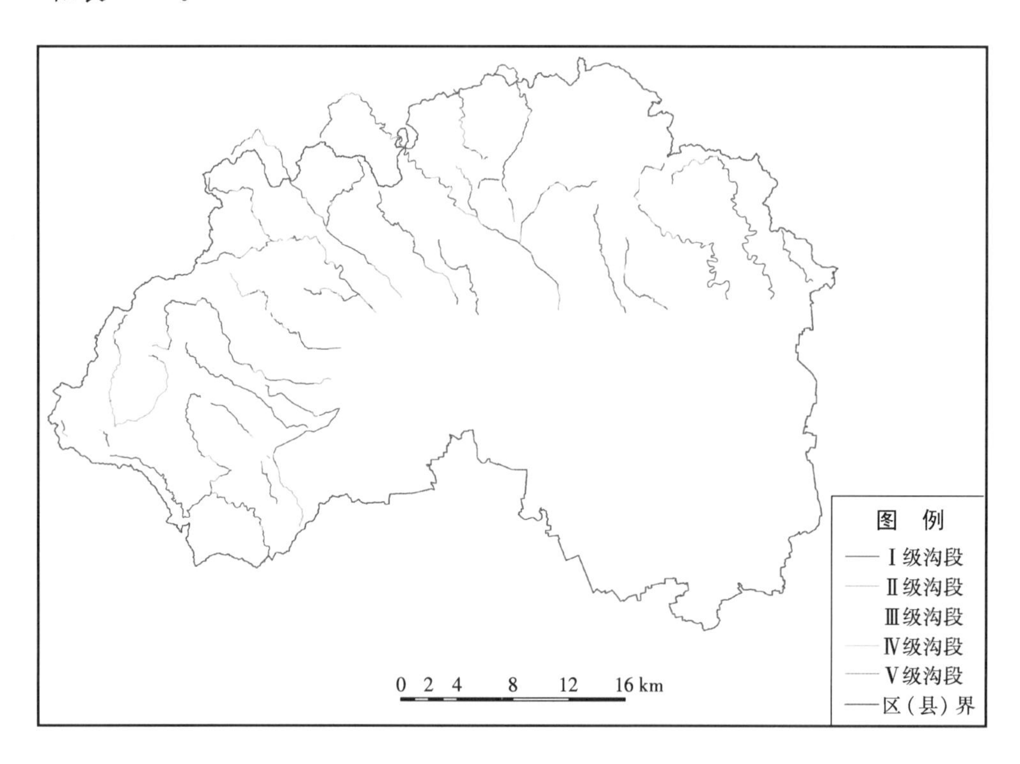

图 5-9　昌平区山区小流域内河（沟）道水文地貌评价分级情况

表 5-9　昌平区山区小流域内河（沟）道水文地貌评价分级情况

级　别	Ⅰ级	Ⅱ级	Ⅲ级	Ⅳ级	Ⅴ级	合计
长度（km）	251.39	38.49	7.53	45.84	11.52	354.77
比例（%）	70.86	10.85	2.12	12.92	3.25	100

5.2.8　怀柔区

共调查了108条小流域内河（沟）道，总长度为848.48km，其水文地貌评价分级情况见图5-10和表5-10。

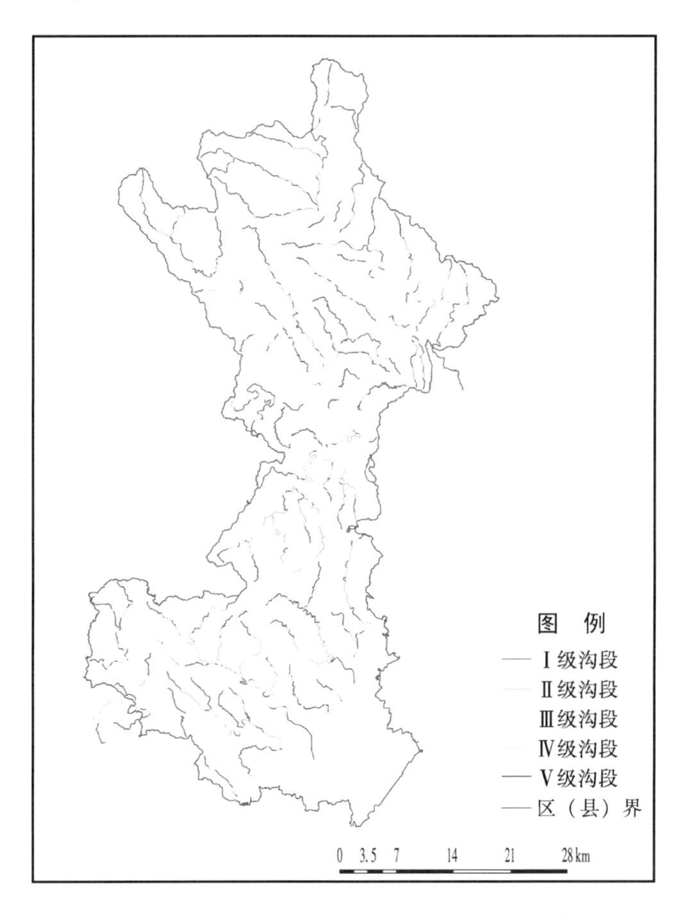

图5-10　怀柔区山区小流域内河（沟）道水文地貌评价分级情况

表 5-10　怀柔区山区小流域内河（沟）道水文地貌评价分级情况

级　别	Ⅰ级	Ⅱ级	Ⅲ级	Ⅳ级	Ⅴ级	合计
长度（km）	498.35	148.46	87.09	97.60	16.98	848.48
比例（%）	58.74	17.50	10.26	11.50	2.00	100

5.2.9　平谷区

共调查了37条小流域内河（沟）道，总长度为238.32km，其水文地貌评价分级情况见图5-11和表5-11。

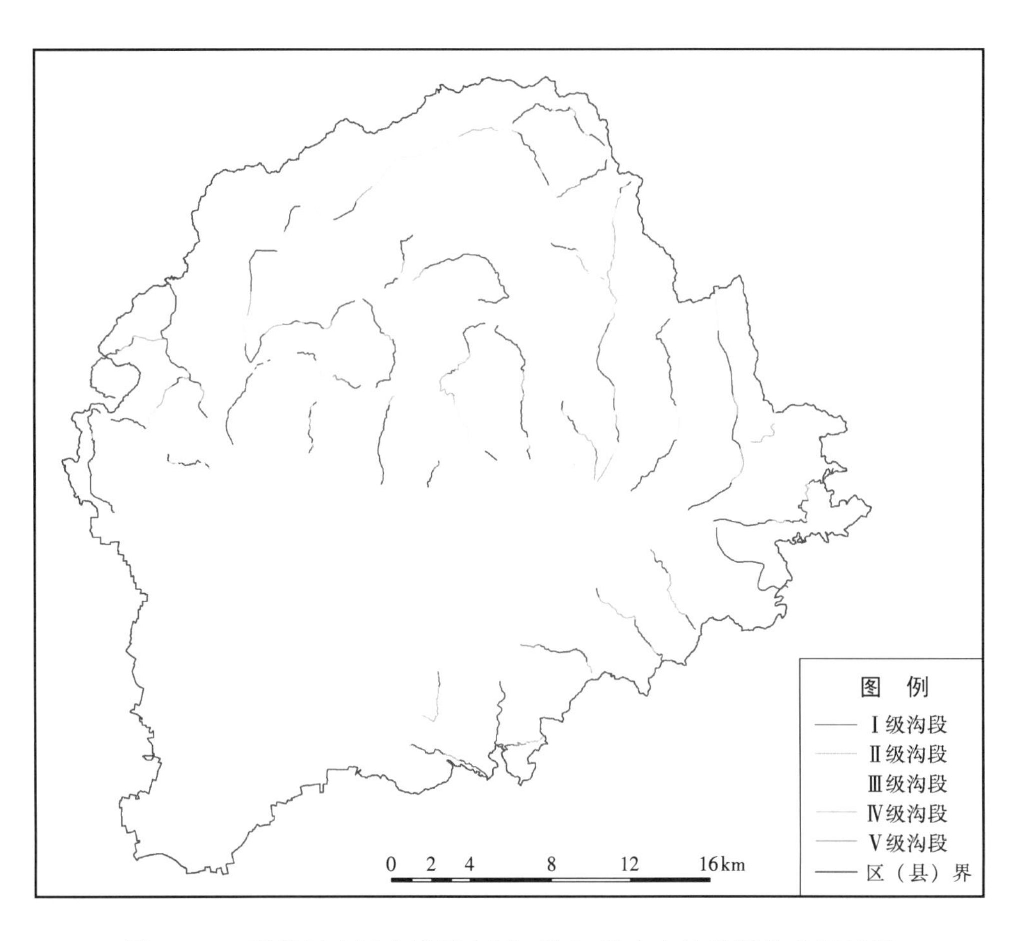

图 5-11 平谷区山区小流域内河（沟）道水文地貌评价分级情况

表 5-11 平谷区山区小流域内河（沟）道水文地貌评价分级情况

级 别	Ⅰ级	Ⅱ级	Ⅲ级	Ⅳ级	Ⅴ级	合计
长度（km）	144.79	33.31	30.09	21.89	8.24	238.32
比例（%）	60.75	13.98	12.63	9.18	3.46	100

5.2.10 密云县

共调查了 107 条小流域内河（沟）道，总长度为 787.53km，其水文地貌评价分级情况见表 5-12 和图 5-12。

表 5-12 密云县山区小流域内河（沟）道水文地貌评价分级情况

级 别	Ⅰ级	Ⅱ级	Ⅲ级	Ⅳ级	Ⅴ级	合计
长度（km）	606.05	93.20	45.22	28.95	14.11	787.53
比例（%）	76.96	11.86	5.74	3.66	1.79	100

5.2.11 延庆县

共调查了 81 条小流域内河（沟）道，总长度 679.36km，其水文地貌评价分级情况见图 5-13 和表 5-13。

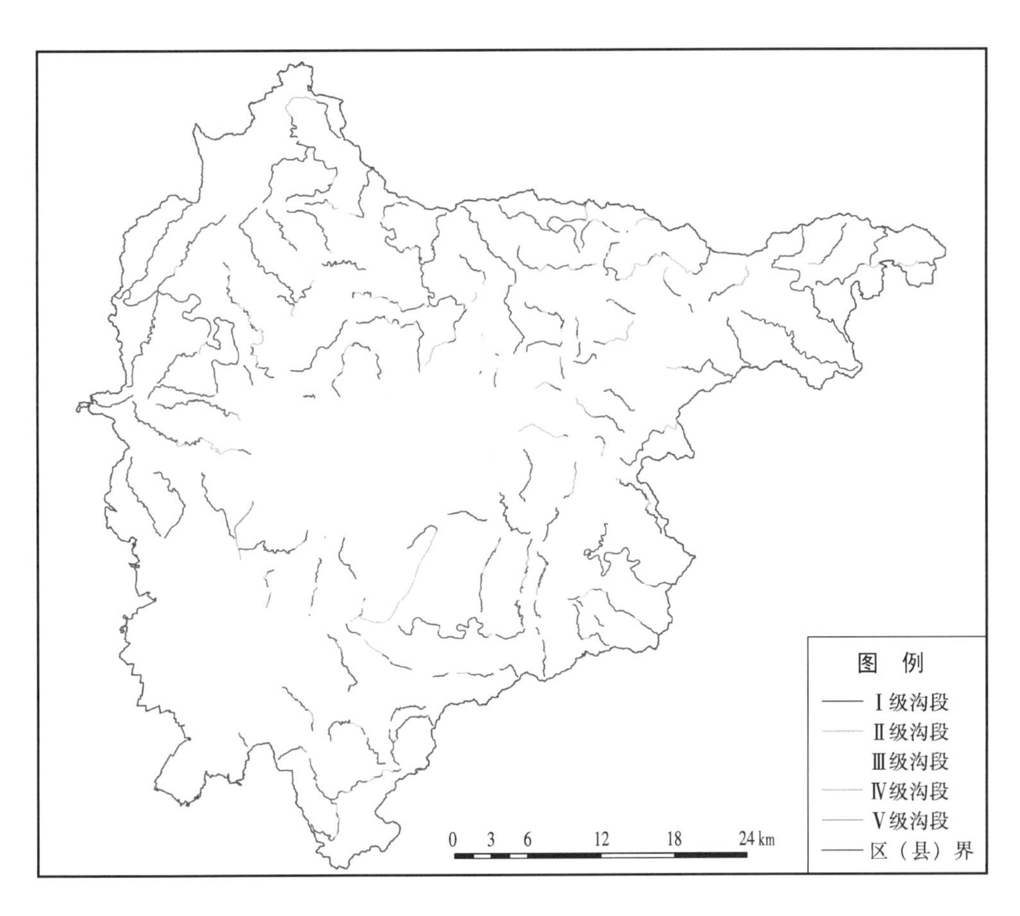

图 5-12　密云县山区小流域内河（沟）道水文地貌评价分级情况

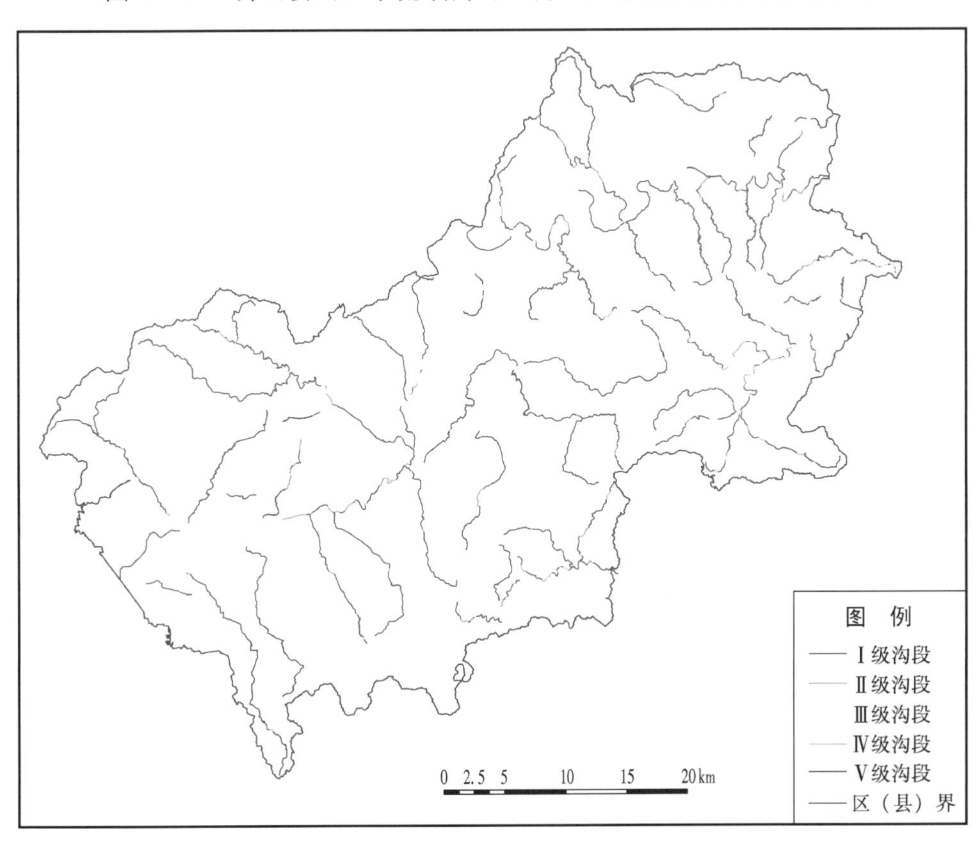

图 5-13　延庆县山区小流域内河（沟）道水文地貌评价分级情况

表 5-13　延庆县山区小流域内河（沟）道水文地貌评价分级情况

级　别	Ⅰ级	Ⅱ级	Ⅲ级	Ⅳ级	Ⅴ级	合计
长度（km）	580.41	55.38	8.40	15.43	19.74	679.36
比例（%）	85.43	8.15	1.24	2.27	2.91	100

5.3　五大流域

5.3.1　永定河流域

共调查了140条小流域内主要河（沟）道，总长度为988.33km，其水文地貌评价分级情况见图5-14和表5-14。

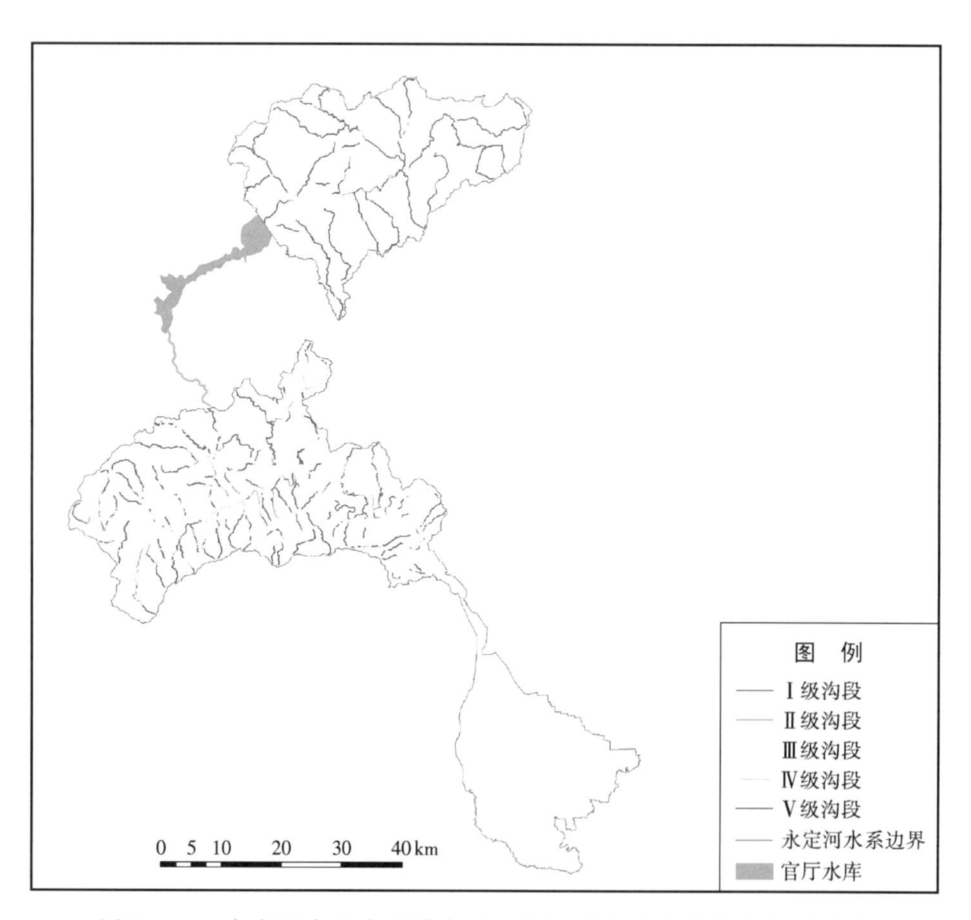

图5-14　永定河水系小流域内河（沟）道水文地貌评价分级情况

表 5-14　永定河水系小流域内河（沟）道水文地貌评价分级情况

级　别	Ⅰ级	Ⅱ级	Ⅲ级	Ⅳ级	Ⅴ级	合计
长度（km）	676.30	88.11	101.66	82.53	39.73	988.33
比例（%）	68.43	8.91	10.29	8.35	4.02	100

5.3.2 潮白河流域

共调查了242条小流域内主要河（沟）道，总长度为1915.37km，其水文地貌评价分级情况见图5-15和表5-15。

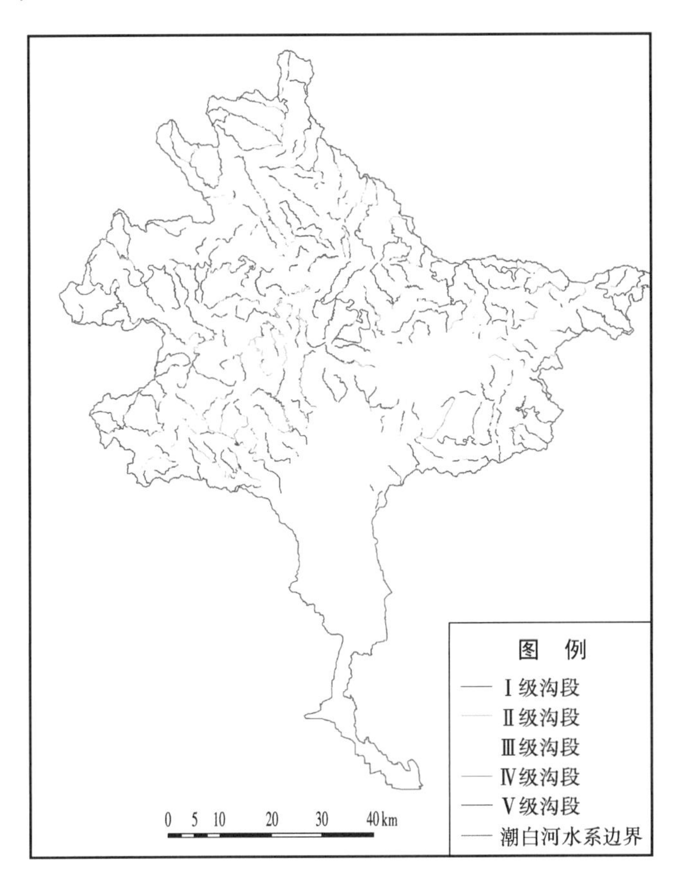

图5-15 潮白河水系小流域内河（沟）道水文地貌评价分级情况

表5-15 潮白河水系小流域内河（沟）道水文地貌评价分级情况

级 别	Ⅰ级	Ⅱ级	Ⅲ级	Ⅳ级	Ⅴ级	合计
长度（km）	1343.93	269.98	133.31	137.16	30.99	1915.37
比例（%）	70.16	14.10	6.96	7.16	1.62	100

5.3.3 北运河流域

共调查了52条小流域内主要河（沟）道，总长度为392.77km，其水文地貌评价分级情况见图5-16和表5-16。

表5-16 北运河水系小流域内河（沟）道水文地貌评价分级情况

级 别	Ⅰ级	Ⅱ级	Ⅲ级	Ⅳ级	Ⅴ级	合计
长度（km）	287.76	44.78	8.16	34.88	17.19	392.77
比例（%）	73.26	11.40	2.08	8.88	4.38	100

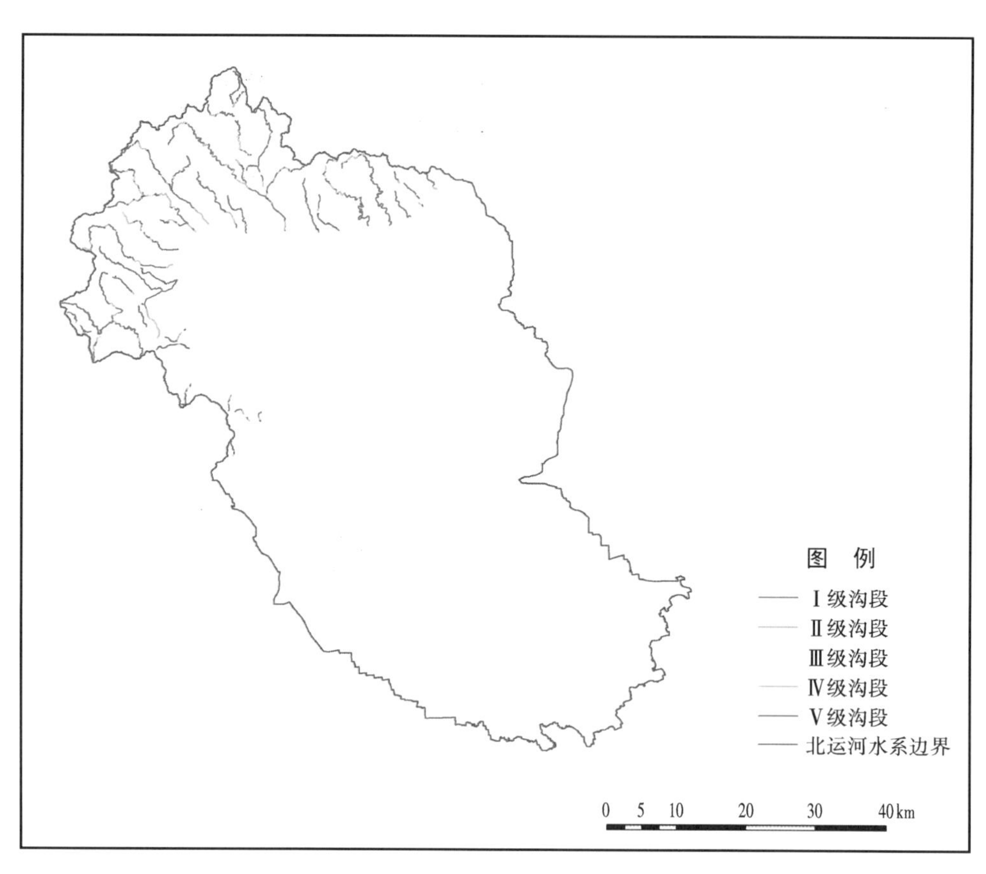

图 5-16 北运河水系小流域内河（沟）道水文地貌评价分级情况

5.3.4 蓟运河流域

共调查了46条小流域内主要河（沟）道，总长度为292.78km，其水文地貌评价分级情况见图5-17和表5-17。

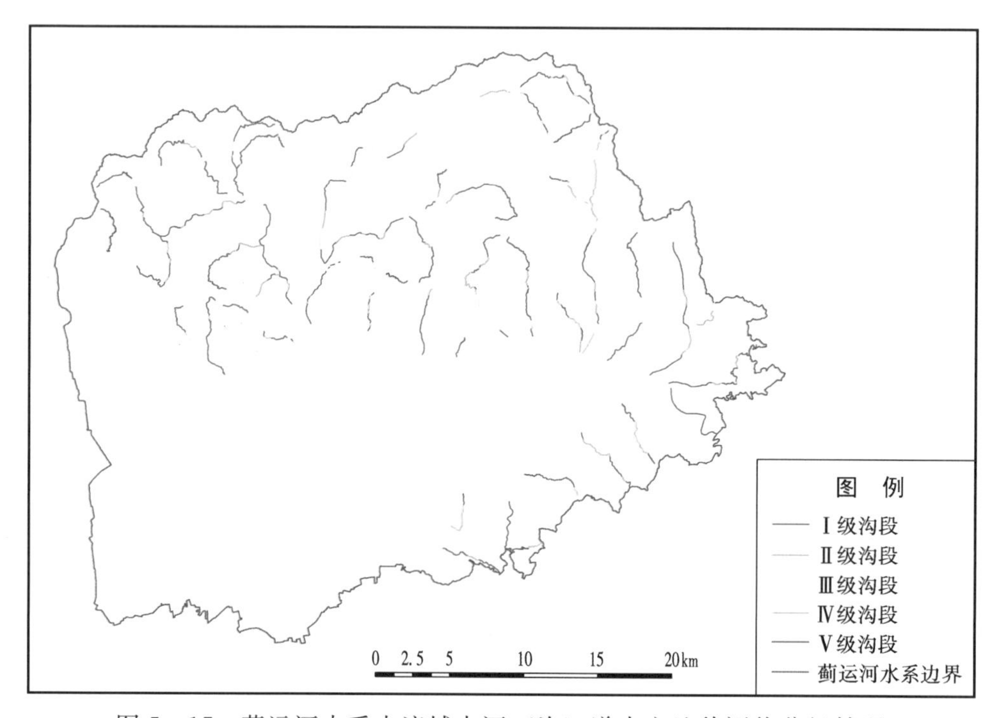

图 5-17 蓟运河水系小流域内河（沟）道水文地貌评价分级情况

表 5-17　蓟运河水系小流域内河（沟）道水文地貌评价分级情况

级　别	Ⅰ级	Ⅱ级	Ⅲ级	Ⅳ级	Ⅴ级	合计
长度（km）	186.90	37.18	32.10	23.86	12.74	292.78
比例（%）	63.84	12.70	10.96	8.15	4.35	100

5.3.5　大清河流域

共调查了83条小流域内主要河（沟）道，总长度为668.94km，其水文地貌评价分级情况见表5-18和图5-18。

表 5-18　大清河水系小流域内河（沟）道水文地貌评价分级情况

级　别	Ⅰ级	Ⅱ级	Ⅲ级	Ⅳ级	Ⅴ级	合计
长度（km）	266.67	156.86	131.72	94.45	19.24	668.94
比例（%）	39.87	23.45	19.69	14.12	2.87	100

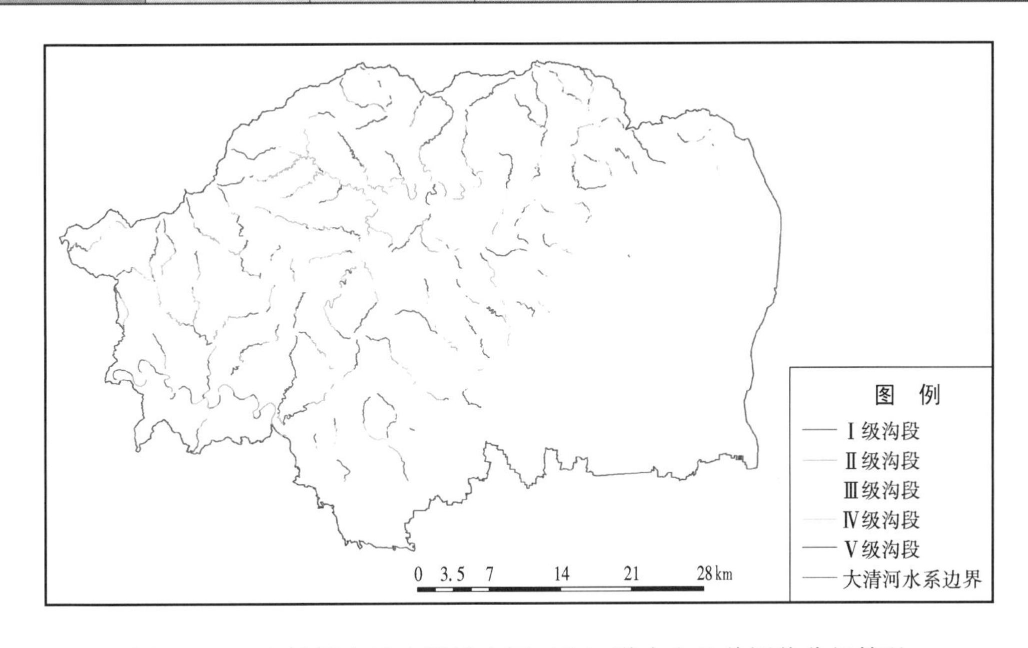

图 5-18　大清河水系小流域内河（沟）道水文地貌评价分级情况

5.4　典型小流域（密云县穆家峪小流域）

密云县穆家峪小流域内主要河沟道长度8.01km，河沟道水文地貌以Ⅰ级和Ⅱ级为主，共占63.30%；Ⅲ级的比例也比较大，占到31.09%，见表5-19和图5-19。

表 5-19　密云县穆家峪小流域内河（沟）道水文地貌评价分级情况

级　别	Ⅰ级	Ⅱ级	Ⅲ级	Ⅳ级	Ⅴ级	合计
长度（km）	4.78	0.29	2.49	0.00	0.45	8.01
比例（%）	59.68	3.62	31.09	0.00	5.61	100

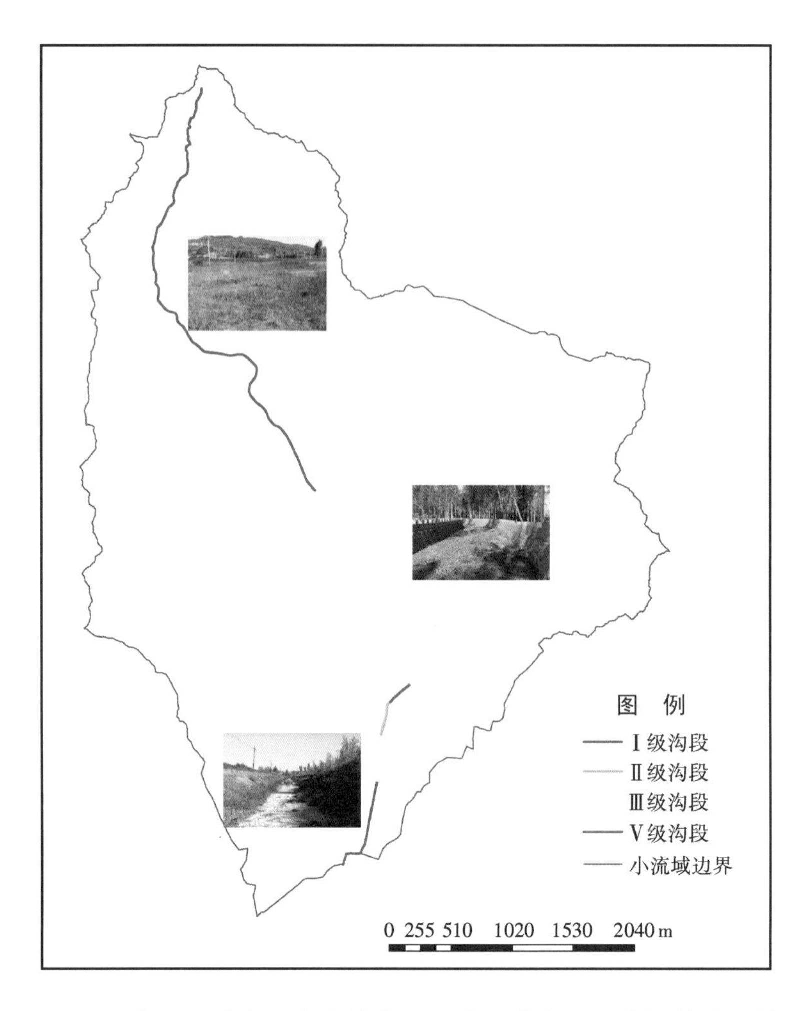

图 5-19 密云县穆家峪小流域内河（沟）道水文地貌评价分级情况

第6章 山区小流域出口水质水量情况

山区小流域出口水质水量情况指小流域出口处的水质、水量和径流持续的时间。其中水质指标主要是小流域出口处地表径流中氨氮、总氮、总磷和COD_{Mn}等。

6.1 水质

小流域出口处取到水样并进行水质化验的小流域有181条，占山区小流域总数的31.92%。水质状况总体较好，见图6-1。

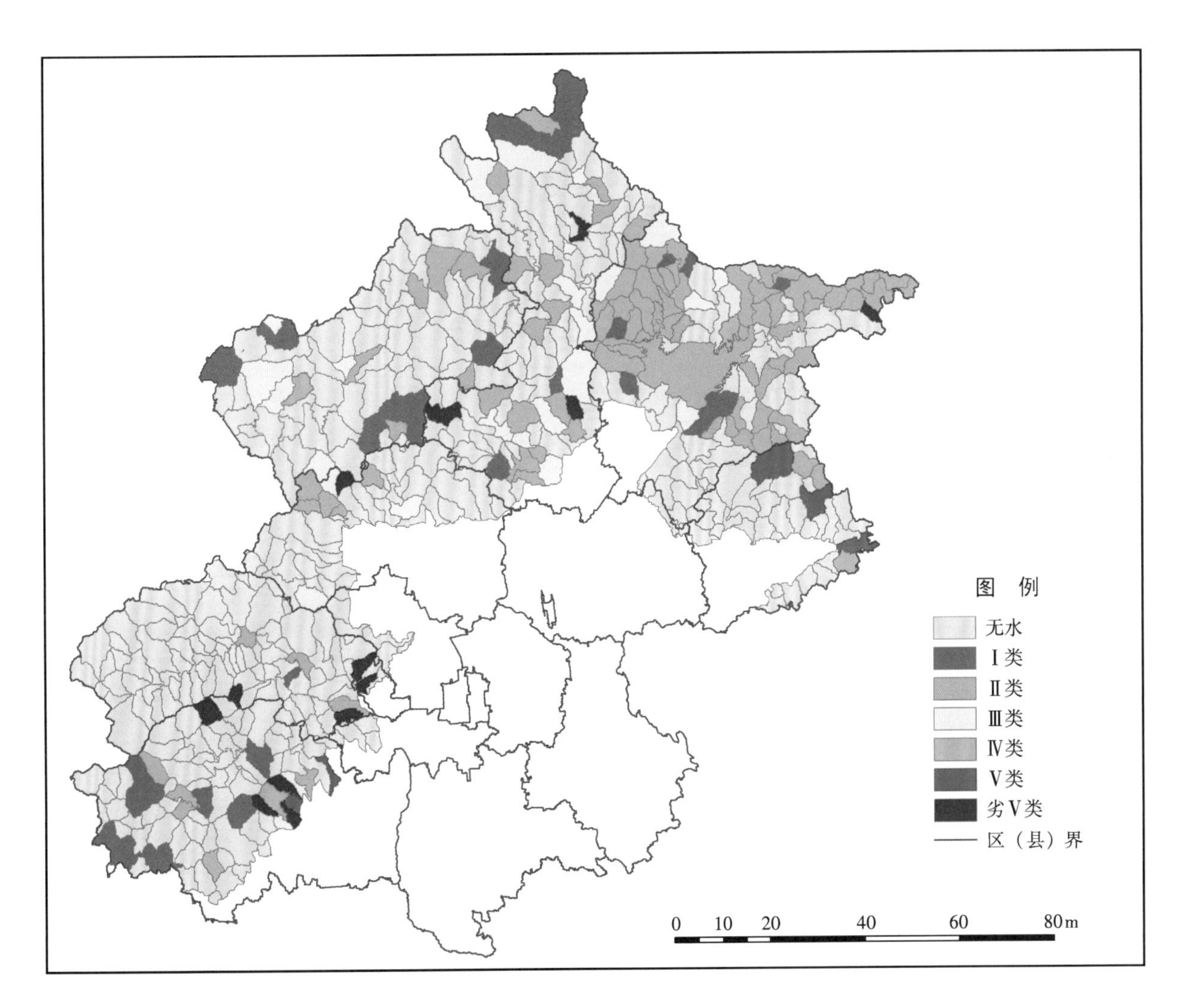

图6-1 北京市山区小流域出口水质情况

6.2 水量

小流域出口处观测到径流的（扣除出口为水库、塘坝或水池）小流域有160条，占山区小流域总数的28.22%。观测到的最大流量是28.05m^3/s，为房山区北台子小流域；观测到的最小流量是0.0002m^3/s，为密云县蔡家甸小流域，见图6-2。

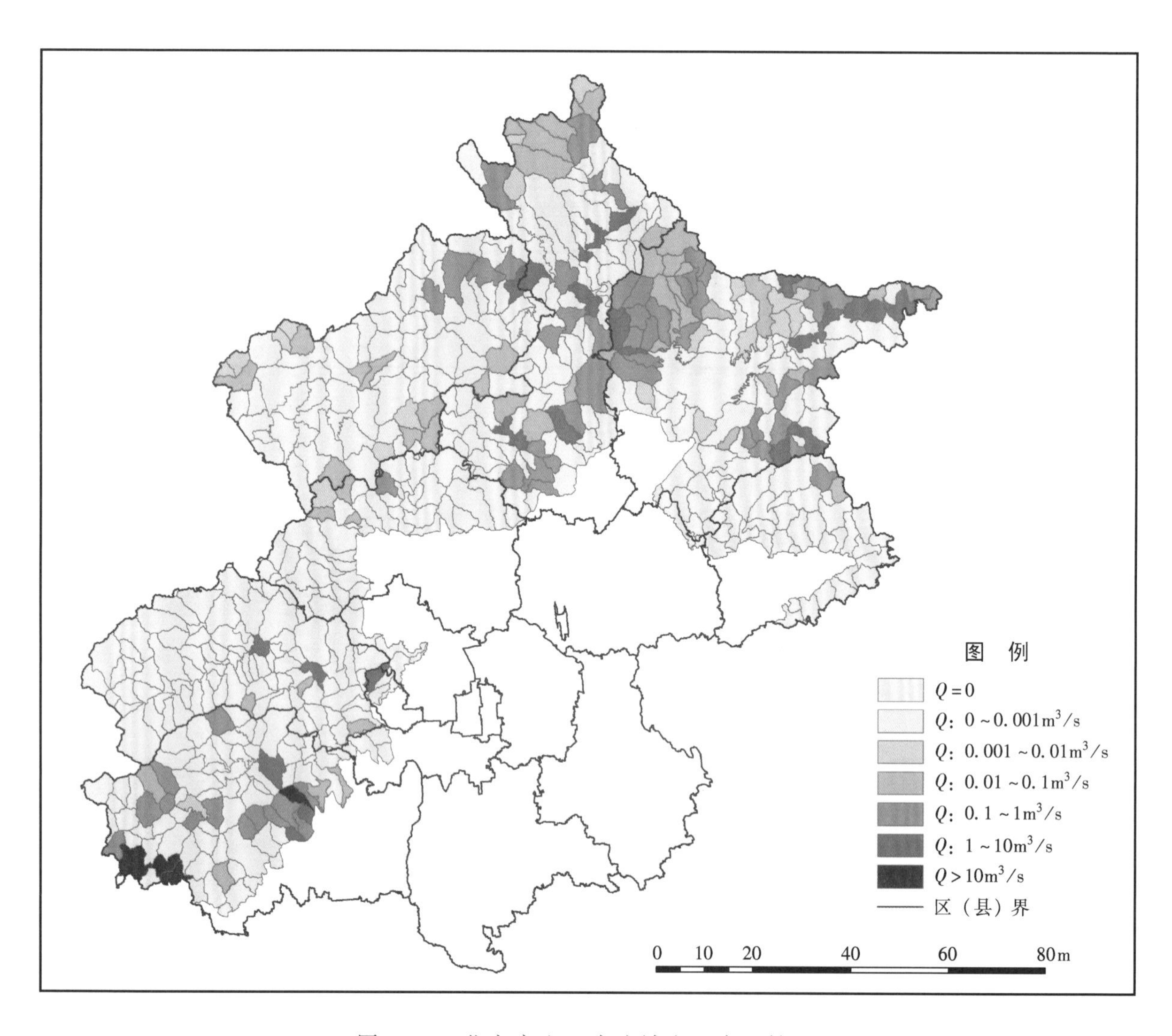

图6-2　北京市山区小流域出口水量情况

6.3 径流时间

山区小流域出口处一年四季均有径流的小流域115条，占山区小流域总数的20.3%，见图6-3。

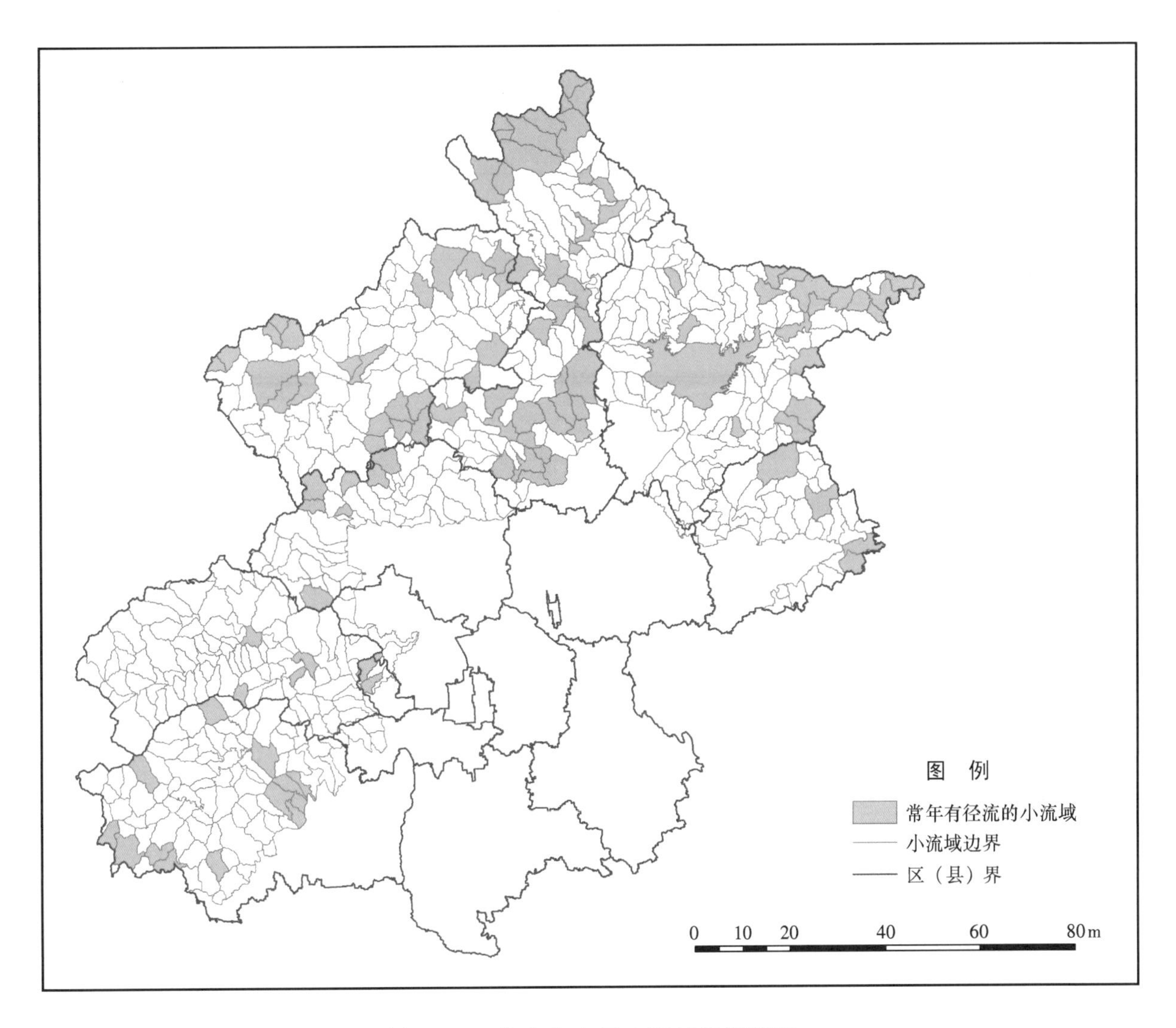

图6-3　北京市山区小流域径流情况

附录A　土壤侵蚀因子

A1　降雨侵蚀力因子

表 A-1　北京市水文站基本情况与降雨侵蚀力 *R* 值

区代码	区（县）名称	站　名	站　号	高度（m）	*R* [MJ·mm/（hm²·h·a）]
110102	西城区	松林闸	30523800	47	1973.4
110102	西城区	右安门	30523900	42	1912.6
110105	朝阳区	羊坊闸	30522800	31	2060.0
110105	朝阳区	乐家花园	30524000	37	1964.0
110105	朝阳区	高碑店	30524200	34	1901.1
110106	丰台区	卢沟桥	30748000	65	1854.8
110109	门头沟区	黄塔	30746900	701	1217.9
110109	门头沟区	燕家台	30747000	724	1297.2
110109	门头沟区	清水	30747100	489	992.5
110109	门头沟区	洪水峪	30747200	782	1270.7
110109	门头沟区	斋堂水库	30747300	472	974.4
110109	门头沟区	青白口	30747400	297	1105.8
110109	门头沟区	雁翅	30747500	244	1293.3
110109	门头沟区	上苇甸	30747700	481	1548.6
110109	门头沟区	三家店	30747800	116	2196.9
110109	门头沟区	南辛房	30827800	196	2179.0
110111	房山区	蒲洼	30823700	501	1399.6
110111	房山区	十渡	30823800	179	1885.1
110111	房山区	张坊	30823900	112	2166.3
110111	房山区	霞云岭	30826900	426	1733.6
110111	房山区	史家营	30827000	737	1671.1
110111	房山区	大安山	30827100	561	1596.5
110111	房山区	漫水河	30827400	91	2108.0
110111	房山区	房山	30827500	46	1416.1
110111	房山区	琉璃河	30827600	33	1754.9
110111	房山区	天开	30827700	111	1830.0
110111	房山区	崇各庄	30827900	81	1511.4
110111	房山区	良乡	30828000	48	1691.7
110112	通州区	通县	30523400	23	1947.0

续表

区代码	区（县）名称	站　名	站　号	高度（m）	R [MJ·mm/(hm^2·h·a)]
110112	通州区	马驹桥	30524300	26	1494.1
110112	通州区	榆林庄	30524500	19	1737.3
110112	通州区	永乐店	30526200	20	1500.2
110113	顺义区	顺义	30330700	39	1438.7
110113	顺义区	苏庄	30330800	33	1989.2
110114	昌平区	十三陵水库	30521100	84	1752.4
110114	昌平区	响潭	30521300	151	1427.4
110114	昌平区	王家园水库	30521600	264	1507.8
110114	昌平区	阳坊	30521700	57	1693.7
110114	昌平区	沙河闸	30522000	39	1738.1
110114	昌平区	桃峪口水库	30522400	76	1934.2
110115	大兴区	凤河营	30525900	18	1613.3
110115	大兴区	黄村	30526500	40	1339.7
110115	大兴区	半壁店	30526700	30	1552.0
110115	大兴区	金门闸（赵村）	30748100	37	1781.9
110115	大兴区	南各庄	30748580	25	1732.5
110116	怀柔区	喇叭沟门	30324600	495	1045.7
110116	怀柔区	长哨营	30324700	345	1188.7
110116	怀柔区	汤河口	30324800	341	1076.6
110116	怀柔区	黄花城	30329200	234	1869.4
110116	怀柔区	前辛庄	30329300	101	2276.4
110116	怀柔区	沙峪	30329400	179	2432.9
110116	怀柔区	口头	30329500	77	2282.1
110116	怀柔区	柏崖厂	30330000	106	2494.2
110116	怀柔区	北台上水库	30330100	88	2450.2
110116	怀柔区	怀柔水库	30330200	49	2419.3
110116	怀柔区	枣树林	30330300	415	2700.0
110116	怀柔区	大水峪水库	30330400	129	2606.5
110117	平谷区	将军关	30420700	244	2940.2
110117	平谷区	海子水库	30420800	141	2386.6
110117	平谷区	刁窝	30421000	320	2728.8
110117	平谷区	黄松峪水库	30421100	198	2656.7
110117	平谷区	平谷	30421300	32	2017.3
110117	平谷区	西峪水库	30421500	227	2668.6
110117	平谷区	峪口	30421700	40	2349.1
110228	密云县	张家坟	30325200	193	2462.4
110228	密云县	密云水库（白）	30325400	98	2530.6
110228	密云县	番字牌	30325500	440	2182.3
110228	密云县	半城子水库	30325900	270	2103.8
110228	密云县	下会	30327600	198	2209.5
110228	密云县	遥桥峪水库	30327900	427	1303.8

续表

区代码	区（县）名称	站　名	站　号	高度（m）	R［MJ·mm/（hm^2·h·a）］
110228	密云县	北山下	30328600	196	1964.9
110228	密云县	沙厂水库	30328700	136	2507.7
110229	延庆县	白河堡水库	30322300	602	1181.6
110229	延庆县	千家店	30322600	441	995.2
110229	延庆县	四海	30323900	677	2040.9
110229	延庆县	大庄科	30329100	93	1793.0
110229	延庆县	永宁	30745500	512	1082.9
110229	延庆县	香村营	30745600	493	1059.1
110229	延庆县	延庆	30745700	489	991.2
130730	河北怀来	官厅水库	30746200	488	707.8

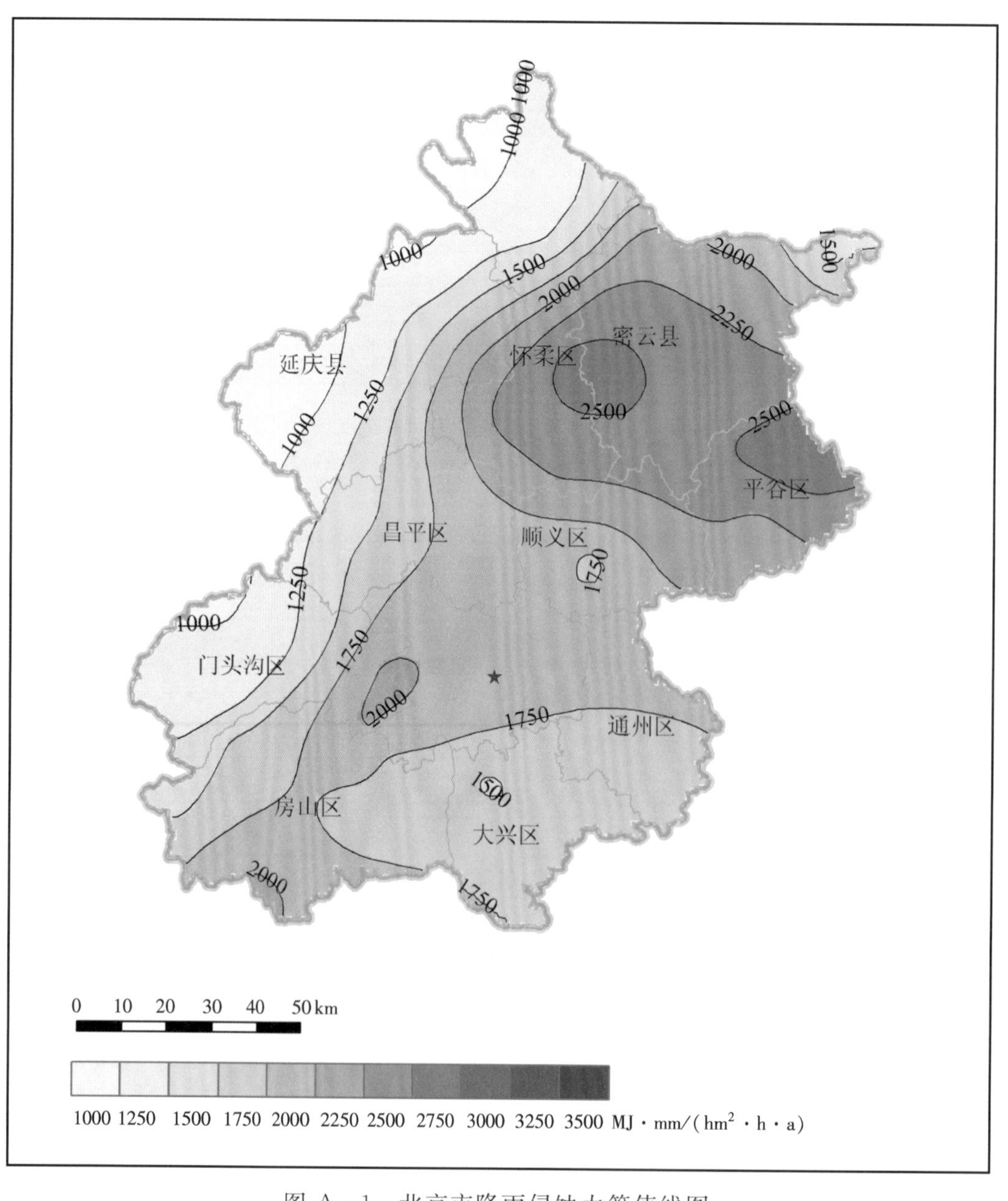

图 A-1　北京市降雨侵蚀力等值线图

A2 土壤可蚀性因子

表 A-2 北京市土壤可蚀性因子值 K

序号	土类	亚类	土属	K [t·hm²·h/(hm²·MJ·mm)]
1	山地草甸土	山地草甸土	钙质岩类山地草甸土	0.00414
2			硅质岩类山地草甸土	0.00164
3			酸性岩类山地草甸土	0.00164
4	棕壤	钙质岩类棕壤	耕种钙质岩类棕壤	0.01849
5			钙质岩类棕壤	0.01849
6		硅质岩类棕壤	耕种硅质岩类棕壤	0.00727
7			硅质岩类棕壤	0.00771
8		基性岩类棕壤	耕种基性岩类棕壤	0.01849
9			基性岩类棕壤	0.01849
10		泥质岩类棕壤	耕种泥质岩类棕壤	0.01849
11			泥质岩类棕壤	0.01849
12		酸性岩类棕壤	耕种酸性岩类棕壤	0.01400
13			酸性岩类棕壤	0.00669
14	褐土	菜园潮褐土	中壤质菜园潮褐土	0.01849
15			姜石层轻壤质菜园潮褐土	0.01849
16			黏层轻壤质菜园潮褐土	0.01849
17			轻壤质菜园潮褐土	0.01849
18			砂壤质菜园潮褐土	0.01849
19		菜园石灰性褐土		0.01515
20		潮褐土	中壤质潮褐土	0.01552
21			姜石层轻壤质潮褐土	0.01552
22			黏层轻壤质潮褐土	0.01552
23			砂层轻壤质潮褐土	0.01552
24			砾石层轻壤质潮褐土	0.01552
25			轻壤质潮褐土	0.01552
26			黏层砂壤质潮褐土	0.01552
27			砂壤质潮褐土	0.01552
28		冲积物褐土性土	轻壤质冲积物褐土性土	0.01849
29			砂壤质冲积物褐土性土	0.01849
30			砂质冲积物褐土性土	0.01849
31		冲积物褐土性土+洪积冲积物褐土性土	砂壤质冲积物褐土性土+砾层轻壤质洪积冲积物褐土性土	0.01849
32			砂壤质冲积物褐土性土+砂质洪积冲积物褐土性土	0.01849
33		堆垫物褐土性土	厚层堆垫物褐土性土	0.01849
34			中层堆垫物褐土性土	0.01849
35			薄层堆垫物褐土性土	0.01849
36		复石灰性褐土	中壤质复石灰性褐土	0.01515
37			轻壤质复石灰性褐土	0.01515
38			砂壤质复石灰性褐土	0.01515
39		钙质岩类淋溶褐土	钙质岩类淋溶褐土+耕种钙质岩类淋溶褐土	0.01639
40			耕种钙质岩类淋溶褐土	0.01639
41			钙质岩类淋溶褐土	0.02280
42		钙质岩类石灰性褐土	耕种钙质岩类石灰性褐土	0.01515
43			钙质岩类石灰性褐土	0.01515
44		硅质岩类淋溶褐土	耕种硅质岩类淋溶褐土	0.01639
45			硅质岩类淋溶褐土	0.01639
46		红黄土质褐土	重壤质红黄土质褐土	0.01849
47			中壤质红黄土质褐土	0.01849
48			轻壤质红黄土质褐土	0.01849

续表

序号	土类	亚　类	土　属	K [t·hm²·h/(hm²·MJ·mm)]
49	褐土	洪积冲积物褐土	中壤质洪积冲积物褐土	0.01849
50			黏层轻壤质洪积冲积物褐土	0.01849
51			砂层轻壤质洪积冲积物褐土	0.01849
52			砾石层轻壤质洪积冲积物褐土	0.01849
53			轻壤质洪积冲积物褐土	0.01849
54			砾石层砂壤质洪积冲积物褐土	0.01667
55			砂壤质洪积冲积物褐土	0.03083
56		洪积冲积物褐土性土	砂层轻壤质洪积冲积物褐土性土	0.01849
57			砾层轻壤质洪积冲积物褐土性土	0.01849
58			轻壤质洪积冲积物褐土性土	0.01849
59			砾石层砂壤质洪积冲积物褐土性土	0.01849
60			砂壤质洪积冲积物褐土性土	0.01849
61			砂质洪积冲积物褐土性土	0.01849
62		洪积冲积物石灰性褐土	中壤质洪积冲积物石灰性褐土	0.01515
63			黏层轻壤质洪积冲积物石灰性褐土	0.01515
64			砂层轻壤质洪积冲积物石灰性褐土	0.01515
65			砾石层轻壤质洪积冲积物石灰性褐土	0.01515
66			轻壤质洪积冲积物石灰性褐土	0.01515
67			砂壤质洪积冲积物石灰性褐土	0.01515
68		洪积物褐土	中壤质洪积物褐土	0.01849
69			轻壤质洪积物褐土	0.01849
70			砂壤质洪积物褐土	0.01849
71			砂质洪积物褐土	0.01849
72		洪积物石灰性褐土	中壤质洪积物石灰性褐土	0.01515
73			轻壤质洪积物石灰性褐土	0.01418
74			砂壤质洪积物石灰性褐土	0.01803
75		黄土质石灰性褐土	中壤质黄土质石灰性褐土	0.03354
76			轻壤质黄土质石灰性褐土	0.01515
77			砂壤质黄土质石灰性褐土	0.02419
78		基性岩类淋溶褐土	耕种基性岩类淋溶褐土	0.01428
79			基性岩类淋溶褐土	0.01639
80		泥质岩类淋溶褐土	耕种泥质岩类淋溶褐土	0.01639
81			泥质岩类淋溶褐土	0.01639
82		酸性岩类淋溶褐土	耕种酸性岩类淋溶褐土	0.01639
83			酸性岩类淋溶褐土	0.01895
84	潮土	菜园脱潮土	中壤质菜园脱潮土	0.00893
85		冲积物脱潮土	中壤质冲积物脱潮土	0.00893
86			轻壤质冲积物脱潮土	0.00893
87		洪积冲积物脱潮土	轻壤质洪积冲积物脱潮土	0.00893
88			姜石层砂壤质洪积冲积物脱潮土	0.00893
89			黏层砂壤质洪积冲积物脱潮土	0.00893
90			砂壤质洪积冲积物脱潮土	0.00893
91			砂质洪积冲积物脱潮土	0.00893
92			姜石层中壤质洪积冲积物脱潮土	0.00893
93			黏层中壤质洪积冲积物脱潮土	0.00893
94		硫酸盐盐潮土	水稻盐潮土	0.01849
95			中盐潮土	0.01849
96		壤质潮土	中壤质潮土	0.00893
97		砂姜潮土	水稻重壤质砂姜潮土	0.01849
98			重壤质砂姜潮土	0.01849
99			黏层中壤质砂姜潮土	0.01849
100			姜石层中壤质砂姜潮土	0.01849
101			黏层轻壤质砂姜潮土	0.01849
102			黏层砂质潮土	0.01849
103			砂质潮土	0.01155
104		湿潮土	砂质湿潮土	0.02138

续表

序号	土类	亚　类	土　属	*K* [t·hm²·h/(hm²·MJ·mm)]
105	潮土	苏打盐潮土	水稻苏打盐潮土	0.01849
106		黏质潮土	砂底黏质潮土	0.01182
107	水稻土	湿潮土型水稻土	轻壤质湿潮土型水稻土	0.01849
108	风砂土	固定风砂土		0.01849
109	粗骨土	褐土性粗骨土	钙质岩类褐土性粗骨土	0.01849
110			泥质岩类褐土性粗骨土	0.01849
111			基性岩类褐土性粗骨土	0.01849
112			硅质岩类褐土性粗骨土	0.01849
113			酸性岩类褐土性粗骨土	0.01849
114		棕壤性粗骨土	钙质岩类棕壤性粗骨土	0.01849
115			泥质岩类棕壤性粗骨土	0.01849
116			基性岩类棕壤性粗骨土	0.01849
117			硅质岩类棕壤性粗骨土	0.01849
118			酸性岩类棕壤性粗骨土	0.01849
119	砂姜黑土	砂姜黑土	水稻砂姜黑土	0.01849
120	沼泽土	草甸沼泽土	轻壤质草甸沼泽土	0.01849

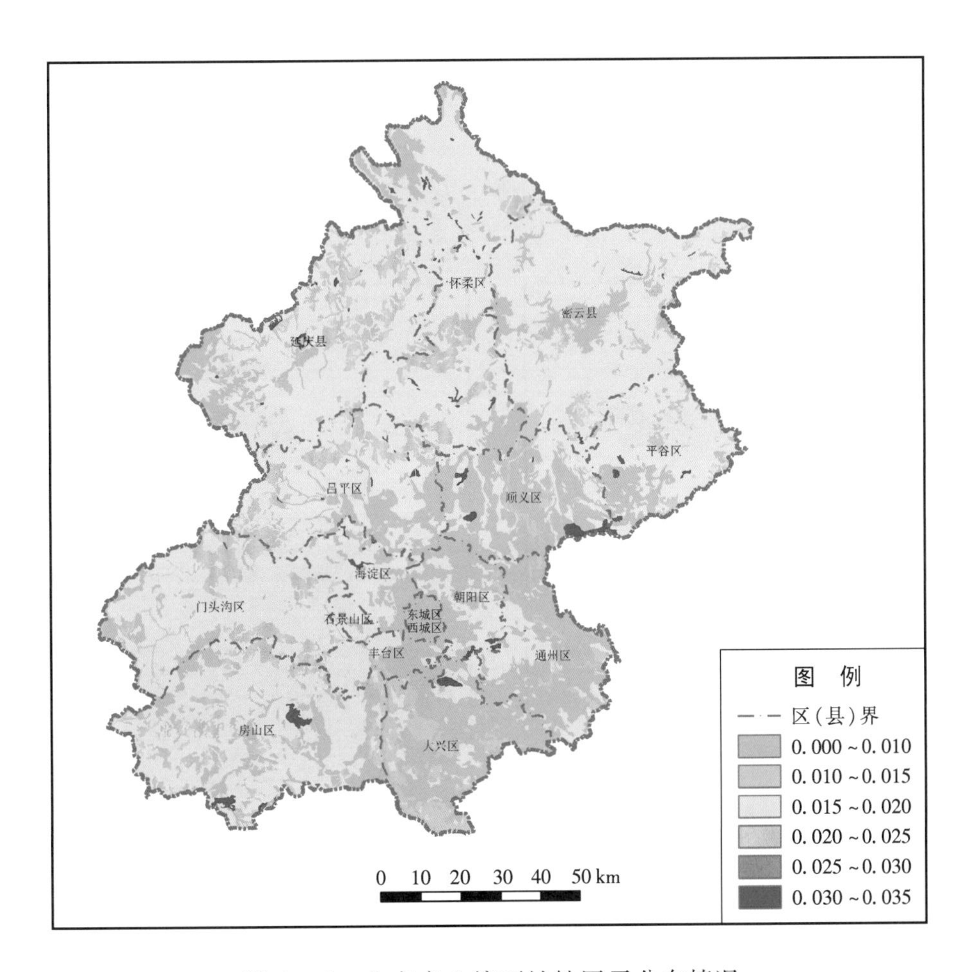

图 A-2　北京市土壤可蚀性因子分布情况

A3　地形因子

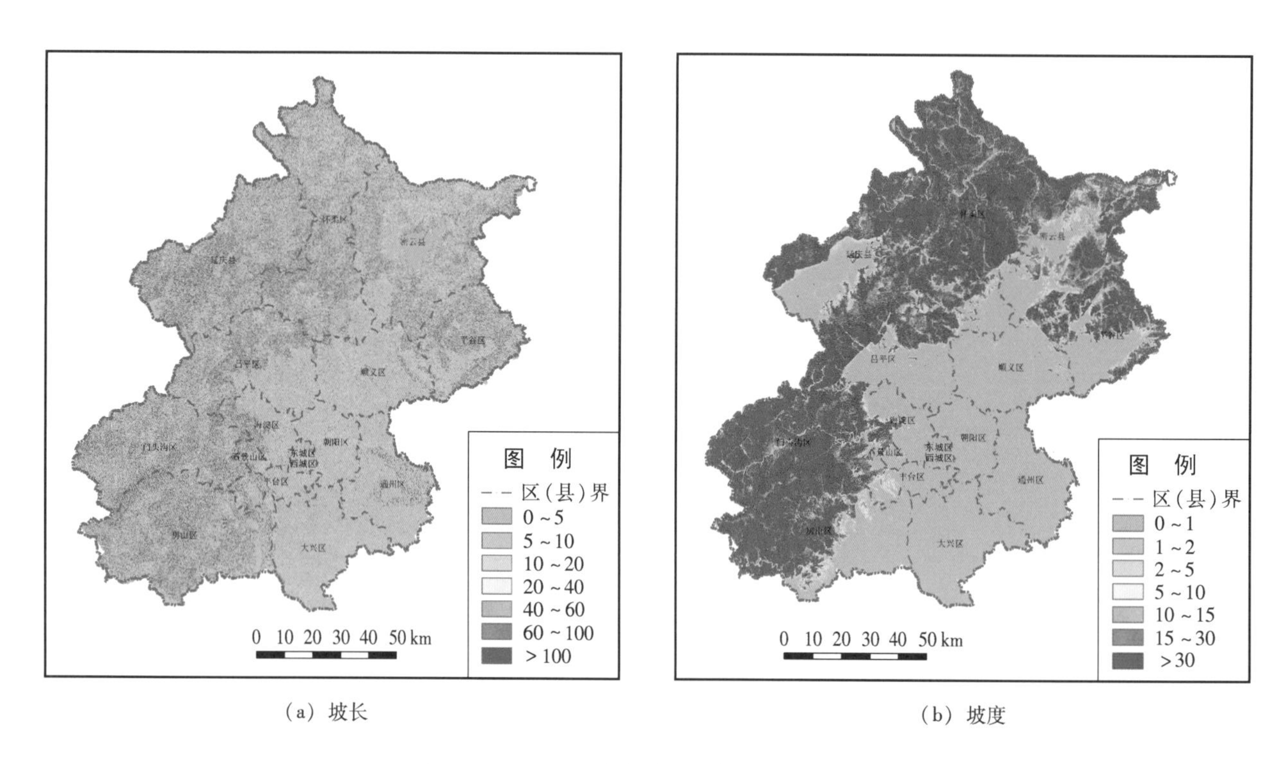

（a）坡长　　　　（b）坡度

图 A-3　北京市坡长和坡度分布情况

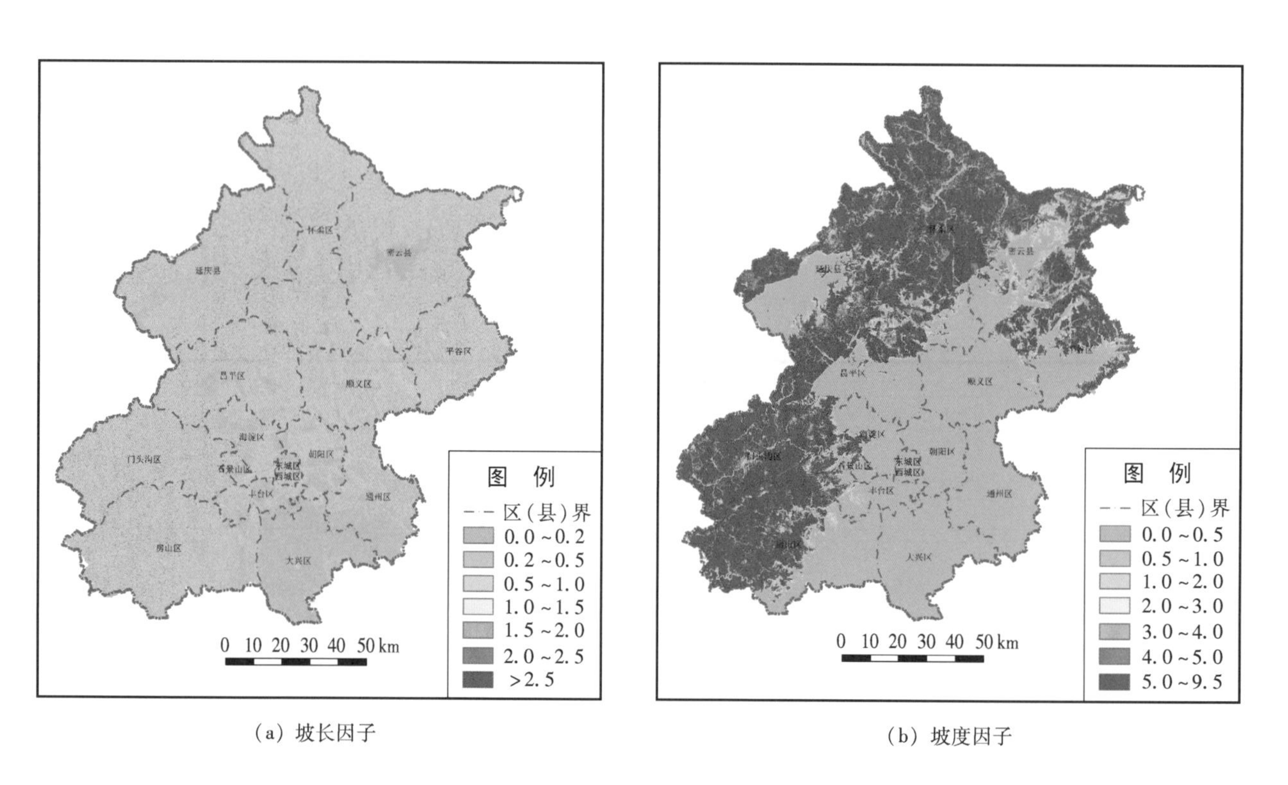

（a）坡长因子　　　　（b）坡度因子

图 A-4　北京市坡长因子和坡度因子分布情况

A4 植物覆盖与管理因子

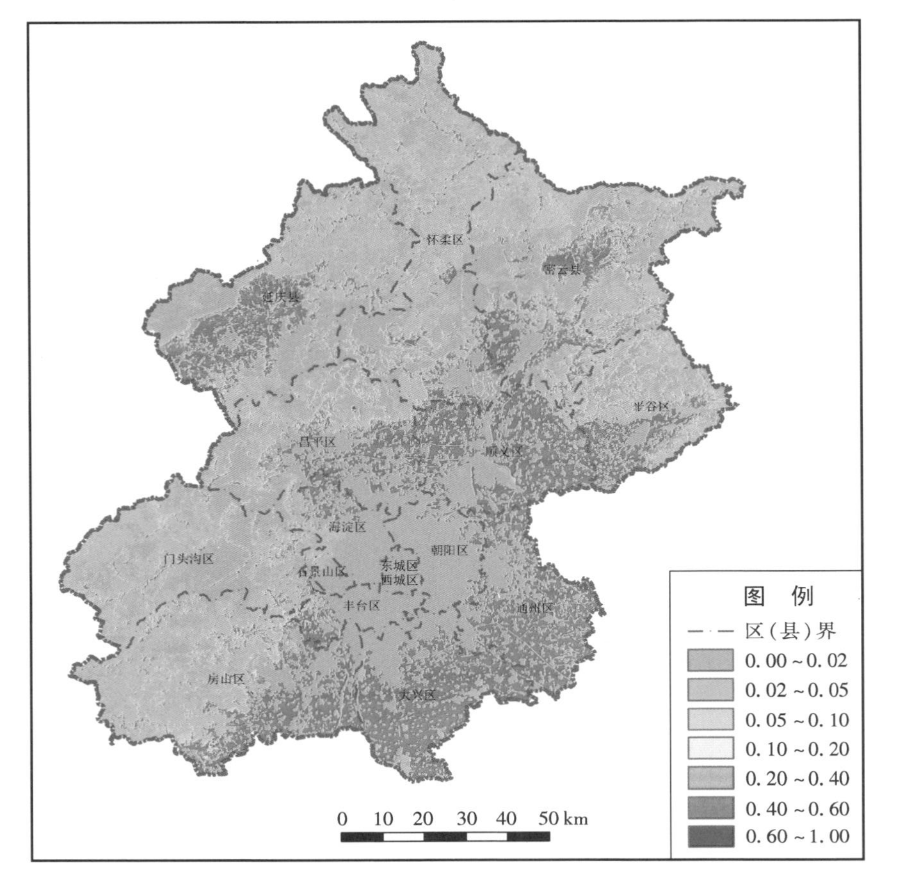

图 A－5 北京市植被覆盖与管理因子分布情况

A5 水土保持措施因子

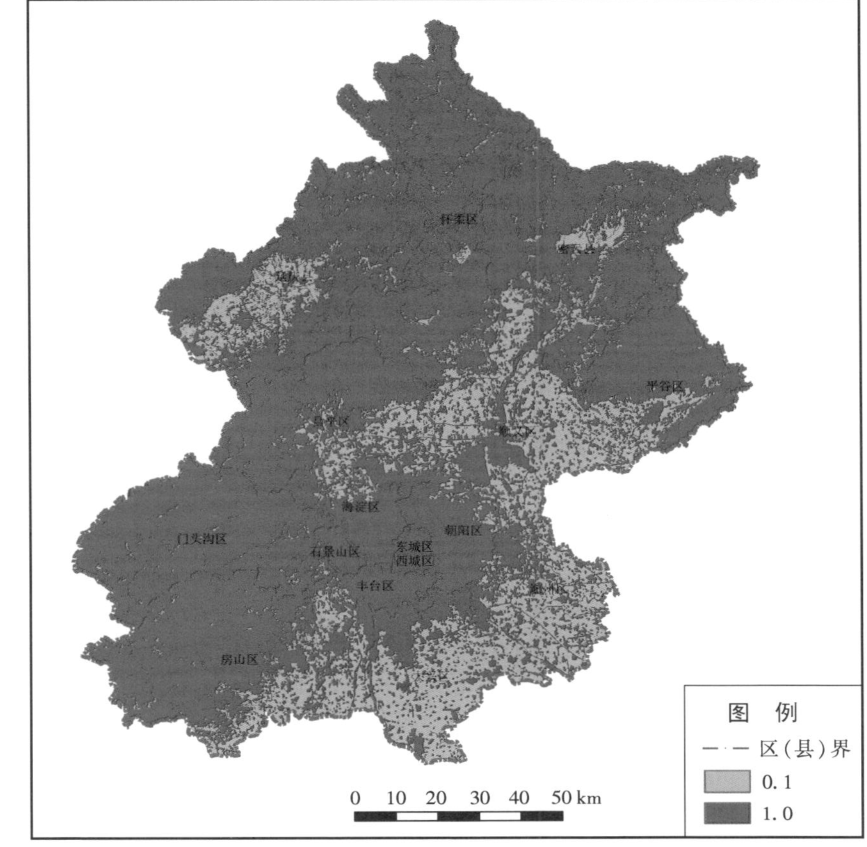

图 A－6 北京市水土保持措施因子分布情况

附录B　小流域土壤侵蚀基本情况

表B-1　山区小流域土壤侵蚀基本情况

序号	区（县）名称	小流域名称	小流域面积（km^2）	土壤侵蚀面积（km^2）	土壤侵蚀模数	侵蚀沟道（条）	主要河（沟）道各级水文地貌等级长度						出口水质	出口流量（m^3/s）
							总长度（km）	Ⅰ级（km）	Ⅱ级（km）	Ⅲ级（km）	Ⅳ级（km）	Ⅴ级（km）		
1	丰台区	马家坟	19.13	5.253	458.44	0	5.45	0.41	0	0	0.30	4.74		
2	丰台区	辛庄	17.22	0.297	299.11	0	5.22	1.01	0.97	2.42	0.00	0.82		
3	丰台区	周家坡	6.54	6.544	871.67	0	4.48	3.87	0.05	0.44	0.12	0.00		
4	丰台区	李家峪	17.02	0.103	156.92	0	3.94	0.13	0	3.34	0.47	0.00		
5	石景山区	金顶街	4.94	0.137	162.98	0	2.45	1.77	0.05	0	0.44	0.19		
6	石景山区	黑石头	8.02	0.465	202.69	0	6.00	4.62	0.35	0.15	0.67	0.21		
7	石景山区	高井沟	14.69	5.312	247.30	0	7.97	5.40	0.97	0.62	0.79	0.19	劣Ⅴ类	2.266
8	石景山区	麻峪	8.74	2.529	218.08	0	3.40	0.73	0.47	0.85	1.35	0	劣Ⅴ类	
9	石景山区	东下庄	19.00	0.166	142.79	—	—	—	—	—	—	—	—	—
10	海淀区	正白旗	33.34	2.549	132.09	0	3.27	1.51	0.80	0.49	0.47	0		
11	海淀区	北安河	40.56	2.301	181.76	0	5.71	3.67	0	0	0.58	1.46		
12	海淀区	太舟坞	21.20	1.065	131.70	0	2.49	1.78	0.47	0	0.24	0		
13	海淀区	大工	29.69	7.882	282.86	0	4.19	0.43	0.69	0.31	0	2.76		
14	海淀区	厢红旗	15.92	0.198	57.27	0	1.58	1.23	0	0	0.28	0.07		
15	海淀区	冷泉	12.61	0.359	70.95	—	—	—	—	—	—	—	—	—

续表

序号	区（县）名称	小流域名称	小流域面积（km^2）	土壤侵蚀面积（km^2）	土壤侵蚀模数	侵蚀沟道（条）	主要河（沟）道各级水文地貌等级长度						出口水质	出口流量（m^3/s）
							总长度（km）	Ⅰ级（km）	Ⅱ级（km）	Ⅲ级（km）	Ⅳ级（km）	Ⅴ级（km）		
16	海淀区	西北旺	10.68	0.07	42.78	—	—	—	—	—	—	—	—	—
17	门头沟区	背子沟	6.62	1.719	301.59	0	3.31	2.18	0.80	0.33	0	0		
18	门头沟区	罗班	9.77	1.817	229.08	0	3.22	2.48	0.16	0.04	0.30	0.24		
19	门头沟区	洪水口	39.92	6.753	304.36	0	14.13	7.92	0.90	1.31	3.39	0.61		
20	门头沟区	瓦窑沟	11.72	1.517	310.05	0	7.58	5.11	0.59	1.06	0.82	0		
21	门头沟区	碰水沟	17.59	3.119	275.89	0	6.87	6.56	0.16	0	0.15	0		
22	门头沟区	西峪	15.37	1.423	229.14	0	4.75	0	0.03	4.55	0.17	0		
23	门头沟区	田寺	20.44	1.356	287.92	0	10.08	6.01	2.87	1.03	0.17	0		
24	门头沟区	三里沟	9.12	0.562	228.57	0	4.11	3.90	0	0	0.21	0		
25	门头沟区	斋堂水库	7.85	1.256	268.53	0	4.38	4.38	0	0	0	0	Ⅱ类	
26	门头沟区	马栏	14.68	2.079	268.32	0	8.96	3.81	0.82	3.58	0.72	0.03		
27	门头沟区	火村	15.30	1.042	249.27	0	10.04	7.33	0.44	1.64	0	0.63		
28	门头沟区	法城沟	6.90	0.319	334.02	0	6.21	2.78	0.54	0.80	2.04	0.05		
29	门头沟区	段江沟	7.75	0.950	334.47	0	6.83	5.94	0.61	0.28	0	0		
30	门头沟区	刘公沟	7.46	0.364	339.43	0	6.39	2.00	3.87	0	0.52	0		
31	门头沟区	黄岩沟	10.95	0.713	316.66	0	6.34	5.85	0.19	0	0.30	0		
32	门头沟区	雁翅南	6.58	0.691	312.40	0	2.31	1.05	0.59	0.09	0.24	0.34		
33	门头沟区	安家庄南	14.70	0.488	429.30	0	4.93	4.29	0.35	0	0.29	0		
34	门头沟区	东龙门涧	35.92	4.880	214.32	0	13.27	11.42	0.73	0.93	0.19	0		
35	门头沟区	西龙门涧	12.19	1.563	249.98	0	7.82	6.65	0	0.65	0.36	0.16		

续表

序号	区（县）名称	小流域名称	小流域面积（km^2）	土壤侵蚀面积（km^2）	土壤侵蚀模数	侵蚀沟道（条）	主要河（沟）道各级水文地貌等级长度						出口水质	出口流量（m^3/s）
							总长度（km）	Ⅰ级（km）	Ⅱ级（km）	Ⅲ级（km）	Ⅳ级（km）	Ⅴ级（km）		
36	门头沟区	龙门沟	37.77	2.126	256.77	0	14.85	12.40	0.80	0	1.65	0		
37	门头沟区	石羊沟	30.06	0.622	329.30	0	17.98	13.79	0.47	2.84	0.83	0.05		
38	门头沟区	刘家峪沟	20.93	2.059	245.24	0	9.41	7.11	1.73	0.57	0	0		
39	门头沟区	林子台	12.70	1.243	291.18	0	7.08	2.76	1.25	0.75	2.32	0		
40	门头沟区	后港	5.77	0.902	250.04	0	3.61	2.01	0.11	1.49	0	0		
41	门头沟区	青龙涧	42.08	5.356	234.32	0	16.33	5.34	1.60	2.22	5.96	1.21		
42	门头沟区	大三里	8.52	0.388	270.64	0	5.79	4.00	1.07	0.12	0.60	0		
43	门头沟区	九龙头	12.69	4.166	252.26	0	3.03	0	0	0.64	2.39	0		
44	门头沟区	白虎头	17.12	2.713	237.67	0	11.91	7.49	1.27	2.10	0.99	0.06		
45	门头沟区	碣石	25.09	3.195	360.36	0	7.51	5.91	0.15	0.74	0.71	0		
46	门头沟区	马套	30.91	28.166	525.81	0	0	0	0	0	0	0		
47	门头沟区	口子沟	5.46	3.978	504.86	0	11.78	3.04	0	8.74	0	0		
48	门头沟区	房良沟	8.98	6.684	479.82	0	3.19	0.93	2.10	0.16	0	0		
49	门头沟区	太子墓	12.10	2.804	275.19	0	9.13	5.61	2.37	0	1.15	0	Ⅱ类	1
50	门头沟区	雁翅北	14.92	0.824	287.24	0	4.63	2.96	0.41	0.34	0	0.92		
51	门头沟区	鳌鱼沟	12.68	0.114	291.24	0	8.52	8.14	0.14	0.08	0	0.16		
52	门头沟区	安家庄北	7.50	0.966	443.63	0	2.28	1.51	0.59	0	0.10	0.09		
53	门头沟区	樱桃沟	33.43	14.686	456.22	0	16.49	10.27	3.25	0.76	2.01	0.20		
54	门头沟区	南港	9.72	1.712	434.13	0	4.57	3.90	0.41	0.26	0	0	劣Ⅴ类	0.016
55	门头沟区	台港沟	14.30	11.978	637.07	0	5.17	4.91	0.18	0	0	0.08		

续表

序号	区（县）名称	小流域名称	小流域面积（km^2）	土壤侵蚀面积（km^2）	土壤侵蚀模数	侵蚀沟道（条）	主要河（沟）道各级水文地貌等级长度						出口水质	出口流量（m^3/s）
							总长度（km）	Ⅰ级（km）	Ⅱ级（km）	Ⅲ级（km）	Ⅳ级（km）	Ⅴ级（km）		
56	门头沟区	曹家沟	15.29	2.626	500.01	0	5.43	2.51	1.47	0.60	0.85	0		
57	门头沟区	盐梨沟	9.48	6.414	702.92	0	7.23	7.23	0	0	0	0		
58	门头沟区	娘娘庙	7.30	0.334	542.90	0	4.29	2.87	0.85	0.34	0.12	0.11		
59	门头沟区	灰地	9.09	2.393	601.86	0	3.83	3.21	0.33	0	0.22	0.07		
60	门头沟区	河北	13.43	3.808	623.44	0	12.19	11.69	0	0	0.50	0	Ⅱ类	1.102
61	门头沟区	王平沟	6.79	2.225	605.37	0	4.97	2.37	0	1.40	0.65	0.55	Ⅰ类	0.022
62	门头沟区	南涧沟	15.02	3.220	559.98	0	6.90	4.74	0.39	0.46	1.26	0.05		
63	门头沟区	韭园	10.40	2.148	493.55	0	4.11	2.07	0	1.89	0.06	0.09		
64	门头沟区	军庄沟	26.75	6.878	330.58	0	9.59	2.51	0	5.89	0.07	1.12		
65	门头沟区	水玉嘴	19.56	13.587	596.24	0	11.58	5.95	1.82	0.36	3.45	0		
66	门头沟区	闸西	16.12	10.000	499.86	0	4.63	4.09	0	0	0.54	0		
67	门头沟区	冯人寺沟	18.28	4.599	378.46	0	10.97	5.53	0.46	4.96	0.02	0	Ⅱ类	
68	门头沟区	中门寺沟	11.39	4.515	384.72	0	8.11	2.27	0.06	1.00	2.07	2.71		
69	门头沟区	门头沟	25.55	9.198	405.35	0	10.45	0.92	0	1.12	1.63	6.78		
70	门头沟区	闸东	7.47	5.380	325.66	0	2.17	0.98	0.01	0.81	0	0.37		
71	门头沟区	泗家水	5.29	0	283.04	0	4.35	2.31	1.47	0.30	0.27	0		
72	门头沟区	柏瀑寺	7.63	1.231	407.25	0	6.61	5.51	0.31	0.79	0	0		
73	门头沟区	田庄沟	50.09	13.448	338.79	0	17.41	11.49	0.66	5.14	0	0.12		
74	门头沟区	湫河沟	40.65	31.385	461.40	0	16.84	12.73	2.61	0.67	0	0.83		
75	门头沟区	桃园	11.58	2.146	550.81	0	6.15	1.91	0.29	3.82	0	0.13		

续表

序号	区（县）名称	小流域名称	小流域面积（km^2）	土壤侵蚀面积（km^2）	土壤侵蚀模数	侵蚀沟道（条）	主要河（沟）道各级水文地貌等级长度						出口水质	出口流量（m^3/s）
							总长度（km）	Ⅰ级（km）	Ⅱ级（km）	Ⅲ级（km）	Ⅳ级（km）	Ⅴ级（km）		
76	门头沟区	北沟	21.84	2.239	248.64	0	8.09	1.30	0	6.28	0.51	0		
77	门头沟区	珠窝	35.14	20.922	473.26	0	11.67	10.70	0.97	0	0	0	Ⅲ类	
78	门头沟区	赵家台	15.87	8.126	672.18	0	7.59	1.78	2.23	2.22	0.54	0.82		
79	门头沟区	潭柘寺	9.45	4.008	575.31	0	5.40	2.77	0.17	1.03	1.15	0.28		
80	门头沟区	鲁家滩	13.02	11.145	934.53	0	4.18	1.18	1.03	0.38	1.59	0		
81	门头沟区	南村	13.10	8.762	748.88	0	—	—	—	—	—	—	—	—
82	门头沟区	狮子沟	38.52	13.497	437.08	0	7.90	6.19	0.47	0.55	0.69	0	Ⅱ类	2.813
83	门头沟区	塔岭	6.22	1.197	308.33	0	—	—	—	—	—	—		
84	门头沟区	龙门口	5.52	1.362	344.05	0	4.51	0.18	0.25	3.76	0.32	0	Ⅱ类	1.300
85	门头沟区	立石窟	7.74	4.131	401.09	0	3.03	2.38	0.11	0.41	0.13	0		
86	门头沟区	苇甸沟	53.52	12.118	465.91	0	18.41	10.54	3.39	0.31	3.53	0.64		
87	门头沟区	南沟	66.71	8.350	445.35	0	15.93	4.43	5.58	0.56	5.23	0.13		
88	门头沟区	小龙门沟	22.09	2.512	306.28	0	11.91	5.87	1.87	3.66	0.38	0.13		
89	门头沟区	观涧台沟	5.59	0.224	334.47	0	5.66	5.38	0.28	0	0	0	Ⅱ类	0.032
90	门头沟区	梨园岭	11.16	0.318	297.84	0	5.30	5.05	0	0.25	0	0		
91	门头沟区	木城涧沟	13.77	8.836	642.84	0	8.59	6.57	0.13	0	0.15	1.74		
92	门头沟区	东西马涧	8.26	0.920	273.25	0	—	—	—	—	—	—	—	—
93	门头沟区	水泉子沟	5.37	0.809	354.71	0	—	—	—	—	—	—	—	—
94	门头沟区	西峰寺沟	13.29	0.533	484.17	0	7.55	2.38	0.63	3.53	0	1.01	劣Ⅴ类	0.016
95	门头沟区	东港西沟	10.31	10.122	853.79	0	6.59	5.67	0	0	0.92	0		

续表

序号	区（县）名称	小流域名称	小流域面积（km^2）	土壤侵蚀面积（km^2）	土壤侵蚀模数	侵蚀沟道（条）	主要河（沟）道各级水文地貌等级长度						出口水质	出口流量（m^3/s）
							总长度（km）	Ⅰ级（km）	Ⅱ级（km）	Ⅲ级（km）	Ⅳ级（km）	Ⅴ级（km）		
96	门头沟区	白石沟头	11.38	11.159	774.40	0	6.78	5.82	0	0	0.96	0		
97	门头沟区	上达摩	18.20	3.035	290.45	0	9.16	4.98	1.15	1.42	1.61	0		
98	门头沟区	西达摩	14.15	1.054	261.79	0	9.74	7.69	0	0.13	1.92	0		
99	门头沟区	灵水	10.40	2.579	255.38	0	—	—	—	—	—	—		
100	门头沟区	桑峪	9.53	0.512	297.76	0	6.47	3.06	1.41	1.19	0.81	0		
101	门头沟区	东胡林	8.30	1.864	280.58	0	—	—	—	—	—	—	—	—
102	门头沟区	七里沟	24.62	2.997	349.25	0	11.06	4.60	2.26	2.21	1.99	0		
103	房山区	森水	8.99	2.901	717.56	0	9.55	6.17	0	0	3.38	0		
104	房山区	秋林铺	24.40	6.607	812.01	0	13.08	4.11	6.97	1.32	0.68	0		
105	房山区	金鸡台	25.22	6.017	506.05	0	8.52	2.01	0.75	1.78	3.98	0		
106	房山区	西苑	21.52	6.486	413.31	0	7.27	3.37	3.43	0	0.47	0	劣Ⅴ类	0.11
107	房山区	瞧煤涧	15.15	2.408	422.29	0	6.88	2.05	0	3.99	0	0.84		
108	房山区	中山	10.62	1.173	593.05	0	4.42	2.00	2.19	0	0.23	0		
109	房山区	万顷园	13.47	0.294	598.24	0	4.70	4.55	0	0	0	0.15		
110	房山区	教军场	8.06	2.852	749.77	0	5.25	0	4.50	0.67	0.08	0		
111	房山区	北峪	11.58	4.805	669.06	0	9.94	9.94	0	0	0	0		
112	房山区	北港沟	16.92	14.967	931.48	0	6.02	5.39	0.07	0	0	0.56		
113	房山区	鱼骨寺	6.45	4.231	807.33	0	4.65	1.84	0	2.12	0.69	0		
114	房山区	石门	33.62	22.689	799.91	0	12.63	6.20	3.12	1.20	2.11	0	Ⅰ类	19.04
115	房山区	孤山寨	15.93	10.518	870.26	0	7.44	3.55	3.59	0.30	0	0	Ⅰ类	13.77

续表

序号	区（县）名称	小流域名称	小流域面积（km^2）	土壤侵蚀面积（km^2）	土壤侵蚀模数	侵蚀沟道（条）	主要河（沟）道各级水文地貌等级长度						出口水质	出口流量（m^3/s）
							总长度（km）	Ⅰ级（km）	Ⅱ级（km）	Ⅲ级（km）	Ⅳ级（km）	Ⅴ级（km）		
116	房山区	笛子港	14.11	10.446	884.55	0	3.05	0.55	0.66	0.03	1.81	0	Ⅱ类	0.00145
117	房山区	四合村	8.31	4.220	1014.16	0	5.13	1.77	0.14	0	3.22	0		
118	房山区	鸳鸯水	9.01	1.758	774.69	0	4.49	2.48	2.01	0	0	0		
119	房山区	大港	11.51	2.117	777.91	0	3.88	3.46	0	0	0.42	0		
120	房山区	大草岭	25.39	7.681	873.62	0	10.30	4.38	1.05	1.97	2.90	0		
121	房山区	柳树沟	9.70	6.775	690.18	0	3.14	0.87	0.22	0	2.05	0		
122	房山区	刺港	10.50	6.075	904.59	0	5.04	4.49	0.55	0	0	0	Ⅱ类	0.22
123	房山区	英水沟	27.13	21.254	857.24	0	10.98	0	6.32	3.88	0.78	0	Ⅰ类	1.45
124	房山区	口儿村	10.41	6.869	966.94	0	4.89	0	1.57	3.04	0.28	0		
125	房山区	石花洞	17.07	10.815	1078.93	0	5.95	0.93	1.92	1.90	0	1.20		
126	房山区	天花板	15.66	10.555	730.89	0	8.48	4.70	2.53	0.73	0.52	0	Ⅰ类	0.12
127	房山区	辛开口	24.90	11.275	1023.45	0	3.65	1.28	0.69	0.66	1.02	0		
128	房山区	芦子水	27.10	12.899	780.88	0	9.83	3.45	2.50	2.11	1.77	0		
129	房山区	晓幼营	7.40	5.122	977.42	0	4.83	1.71	1.48	1.64	0	0		
130	房山区	大峪沟	22.14	0.229	628.58	0	8.59	3.25	0.74	3.43	1.01	0.16		
131	房山区	柳林水	17.03	4.248	703.55	0	13.29	0	8.28	0.62	3.83	0.56		
132	房山区	贾峪口	17.67	4.069	768.53	0	18.94	0	11.35	7.10	0.49	0		
133	房山区	上石堡	8.36	4.457	876.13	0	6.41	0	1.07	0	4.76	0.58		
134	房山区	北车营	22.47	12.072	1033.92	0	8.03	4.79	0	0	1.75	1.49		
135	房山区	南观	16.95	7.186	873.99	0	6.10	1.72	0.93	2.07	1.38	0	Ⅱ类	0.01

续表

序号	区（县）名称	小流域名称	小流域面积（km^2）	土壤侵蚀面积（km^2）	土壤侵蚀模数	侵蚀沟道（条）	主要河（沟）道各级水文地貌等级长度						出口水质	出口流量（m^3/s）
							总长度（km）	Ⅰ级（km）	Ⅱ级（km）	Ⅲ级（km）	Ⅳ级（km）	Ⅴ级（km）		
136	房山区	东周各庄	23.79	1.309	384.12	0	3.61	3.22	0	0.10	0.29	0		
137	房山区	三座庵	24.74	0.172	637.41	0	3.32	0.63	0	2.69	0	0		
138	房山区	南沟	18.85	9.214	1038.89	0	11.98	2.12	6.14	2.85	0.87	0	Ⅰ类	0.38
139	房山区	青龙湖	22.51	1.285	529.24	0	0.77	0.77	0	0	0	0	Ⅴ类	0.03
140	房山区	穆家口	15.16	11.208	812.17	0	8.71	1.39	7.32	0	0	0	Ⅰ类	25.60
141	房山区	峪子沟	34.98	22.639	836.34	0	15.02	4.65	6.92	1.50	1.68	0.27		
142	房山区	千河口北沟	18.85	15.787	883.54	0	12.49	10.68	1.81	0	0	0		
143	房山区	马安	15.63	8.577	774.37	0	6.08	2.65	2.06	0	0.89	0.48		
144	房山区	陈家坟	42.93	39.271	769.86	0	15.30	10.88	2.65	0.99	0.78	0		
145	房山区	黄院	12.86	6.113	747.07	0	5.69	4.05	0	0.90	0.74	0		
146	房山区	上方山	65.33	26.083	754.80	0	14.29	4.27	3.74	4.48	1.80	0		
147	房山区	长沟峪	12.08	7.437	868.19	0	8.91	3.47	1.68	2.42	0.40	0.94	劣Ⅴ类	0.21
148	房山区	周口	21.33	1.892	407.81	0	2.83	0	0	1.21	1.62	0	Ⅲ类	1.58
149	房山区	良各庄	23.02	8.118	917.23	0	7.94	1.18	0	2.41	4.35	0	Ⅳ类	0.64
150	房山区	牛口峪	7.66	0.292	750.49	0	6.81	2.61	0.47	3.73	0	0	劣Ⅴ类	0.39
151	房山区	下寺	14.36	3.644	646.84	0	5.59	0.89	0.66	4.04	0	0		
152	房山区	广禄庄	21.41	0	592.28	0	—	—	—	—	—	—		
153	房山区	五合	29.50	18.288	841.20	0	13.53	6.05	2.76	4.33	0.39	0		
154	房山区	六合	14.73	10.586	614.61	0	8.02	1.53	4.48	1.54	0.47	0		
155	房山区	万景仙沟	10.56	9.848	865.97	0	5.34	2.99	1.08	0.99	0.28	0		

续表

序号	区（县）名称	小流域名称	小流域面积（km^2）	土壤侵蚀面积（km^2）	土壤侵蚀模数	侵蚀沟道（条）	主要河（沟）道各级水文地貌等级长度						出口水质	出口流量（m^3/s）
							总长度（km）	Ⅰ级（km）	Ⅱ级（km）	Ⅲ级（km）	Ⅳ级（km）	Ⅴ级（km）		
156	房山区	平峪	9.01	6.857	757.41	0	4.22	2.60	0.81	0.14	0.67	0		
157	房山区	西太平	25.50	16.501	608.41	0	10.00	1.55	4.04	1.36	2.75	0.30	Ⅰ类	0.15
158	房山区	卧龙	10.00	5.823	705.52	0	6.04	4.65	1.39	0	0	0		
159	房山区	莲花庵	26.65	7.826	636.73	0	8.67	5.48	0.56	1.38	1.25	0		
160	房山区	杨林水	10.24	6.940	860.32	0	6.77	0.43	3.26	0	3.08	0		
161	房山区	宝金山	13.60	10.265	865.63	0	6.14	5.64	0	0	0	0.50	Ⅰ类	0.53
162	房山区	石板房	15.39	0.920	698.86	0	11.50	6.03	3.75	1.02	0.70	0		
163	房山区	云居寺	16.96	0	791.46	0	6.18	3.02	0	0.40	2.76	0	Ⅱ类	0.03
164	房山区	高庄	37.06	0	730.54	0	4.74	2.48	1.76	0.50	0	0		
165	房山区	黑牛水	13.75	6.968	836.97	0	6.55	3.59	0.98	1.48	0.50	0		
166	房山区	东关上	17.60	10.391	949.34	0	7.94	1.64	3.02	3.28	0	0		
167	房山区	三合庄	21.25	10.682	763.52	0	8.98	4.38	2.95	0.61	0	1.04		
168	房山区	泗马沟	14.98	8.937	884.84	0	6.09	1.49	0.17	3.13	1.30	0	Ⅰ类	0.68
169	房山区	红螺谷	23.81	12.559	812.81	0	7.40	0	1.81	5.12	0.47	0		
170	房山区	富合	9.65	4.925	755.84	0	5.43	1.85	0.05	0.63	2.90	0		
171	房山区	东村	14.54	5.785	722.15	0	7.66	5.11	0	0.37	2.18	0		
172	房山区	蒲洼沟	16.09	4.292	654.33	0	8.35	3.15	0.74	1.29	3.17	0		
173	房山区	议合	17.15	7.752	720.35	0	6.00	0	2.49	1.90	1.61	0		
174	房山区	四马台	21.48	2.972	779.62	0	10.18	3.00	0.13	1.47	2.85	2.73	Ⅱ类	0.11
175	房山区	堂上	23.94	6.656	759.38	0	9.92	2.65	5.18	1.65	0	0.44	Ⅰ类	0.03

续表

序号	区（县）名称	小流域名称	小流域面积（km²）	土壤侵蚀面积（km²）	土壤侵蚀模数	侵蚀沟道（条）	主要河（沟）道各级水文地貌等级长度						出口水质	出口流量（m³/s）
							总长度（km）	Ⅰ级（km）	Ⅱ级（km）	Ⅲ级（km）	Ⅳ级（km）	Ⅴ级（km）		
176	房山区	何家台	9.49	4.184	607.51	0	3.69	2.09	1.27	0	0.33	0	Ⅰ类	0.69
177	房山区	北台子	14.40	6.960	986.59	0	10.04	4.93	0.69	4.20	0.22	0	劣Ⅴ类	28.05
178	房山区	东流水	10.37	4.523	925.01	0	6.48	1.68	0	4.80	0	0	Ⅲ类	0.14
179	房山区	水峪	21.44	5.297	802.39	0	8.59	2.19	4.48	1.92	0	0		
180	房山区	北安	5.09	2.527	767.78	0	5.25	0.50	1.08	3.39	0.28	0		
181	房山区	北窖	15.37	8.723	785.03	0	5.38	4.28	0	1.03	0.07	0		
182	房山区	三十亩地	10.15	10.094	904.58	0	5.83	—	—	—	—	—		
183	房山区	将军坨	15.29	12.714	1077.74	0	7.88	3.86	0.28	1.87	1.87	0		
184	房山区	三岔	11.48	0.014	860.79	0	6.28	4.90	0.25	0.96	0.17	0		
185	房山区	大西沟	8.12	0.903	729.98	0	4.76	4.03	0.07	0.09	0.57	0		
186	房山区	下石堡	11.44	3.511	794.67	0	4.57	0.82	0	0	3.75	0		
187	房山区	燕山	15.65	0.143	693.51	0	2.78	0.08	0.13	1.91	0.66	0	Ⅴ类	4.09
188	顺义区	茶棚村	7.89	6.391	1331.22	0	4.27	3.65	0.11	0	0.51	0		
189	顺义区	龙湾屯	24.23	11.388	1336.44	0	4.38	1.04	0	0	0	3.34		
190	顺义区	山里辛庄	16.93	3.843	542.15	0	2.92	2.62	0	0	0.14	0.16		
191	昌平区	狼儿峪	25.25	2.778	163.80	0	10.10	8.44	0.43	0.03	1.20	0	Ⅲ类	
192	昌平区	溜石港	22.30	0	293.09	0	8.50	7.07	0.25	0	1.18	0		
193	昌平区	南流村	25.53	0	80.51	0	5.94	5.94	0	0	0	0		
194	昌平区	马刨泉南	4.40	1.093	473.46	0	1.90	1.60	0	0.07	0.23	0		
195	昌平区	老峪沟	18.35	0	381.82	0	8.85	0.67	0	0	7.85	0.33		

续表

序号	区（县）名称	小流域名称	小流域面积（km²）	土壤侵蚀面积（km²）	土壤侵蚀模数	侵蚀沟道（条）	主要河（沟）道各级水文地貌等级长度						出口水质	出口流量（m³/s）
							总长度（km）	Ⅰ级（km）	Ⅱ级（km）	Ⅲ级（km）	Ⅳ级（km）	Ⅴ级（km）		
196	昌平区	虎峪	37.24	0	175.58	0	12.19	8.50	1.55	0	0.98	1.16		
197	昌平区	八家	19.35	14.284	233.86	0	8.74	8.16	0.10	0	0	0.48		
198	昌平区	西峪	27.20	12.239	484.94	0	7.71	5.83	0.54	0.29	0	1.05		
199	昌平区	半壁店	19.81	10.226	588.79	0	5.65	5.65	0	0	0	0		
200	昌平区	二道河	15.62	0.003	74.73	0	4.61	2.72	0.32	0.71	0.55	0.31		
201	昌平区	水沟	5.51	0	161.82	0	5.34	3.70	0.42	0	1.22	0		
202	昌平区	营坊	35.57	0.102	90.33	0	1.67	0.04	1.11	0	0	0.52		
203	昌平区	马刨泉	12.88	8.745	469.67	0	4.50	0.78	0.65	3.07	0	0		
204	昌平区	十三陵	21.56	2.723	186.65	0	4.07	3.76	0	0	0.11	0.20	Ⅲ类	
205	昌平区	慈悲峪	11.34	5.337	333.48	0	6.24	5.84	0.26	0	0.14	0		
206	昌平区	韩家台	23.30	0.054	308.62	0	16.19	15.04	1.15	0	0	0		
207	昌平区	黑山寨	36.41	17.979	339.16	0	13.09	4.28	2.72	4.74	1.35	0		
208	昌平区	碓臼峪	22.08	2.868	286.27	0	7.93	4.49	0.78	0	2.66	0		
209	昌平区	康陵村	4.43	1.269	290.16	0	2.11	1.96	0	0	0.11	0.04		
210	昌平区	涧头	17.06	0	191.45	0	7.96	7.08	0.14	0.09	0.08	0.57		
211	昌平区	德胜口	9.09	0.573	272.97	0	1.67	0	1.51	0	0.16	0		
212	昌平区	果庄	16.34	1.646	276.97	0	8.09	6.42	0.59	0.13	0.95	0	Ⅱ类	0.135
213	昌平区	燕子口	4.00	0.763	290.49	0	4.95	2.55	1.48	0	0.02	0.90		
214	昌平区	响潭	15.59	0	133.24	0	2.70	1.44	0.87	0	0.39	0		
215	昌平区	长峪城	18.83	0.088	396.02	0	9.59	2.83	0.84	0	5.92	0		

续表

序号	区（县）名称	小流域名称	小流域面积（km^2）	土壤侵蚀面积（km^2）	土壤侵蚀模数	侵蚀沟道（条）	主要河（沟）道各级水文地貌等级长度						出口水质	出口流量（m^3/s）
							总长度（km）	Ⅰ级（km）	Ⅱ级（km）	Ⅲ级（km）	Ⅳ级（km）	Ⅴ级（km）		
216	昌平区	王家园	54.86	0	185.45	0	22.16	16.12	2.81	0	2.90	0.33		
217	昌平区	大石坡	46.78	0	133.55	0	12.83	6.34	0.96	0.74	3.62	1.17		
218	昌平区	上下口	29.25	6.235	281.95	0	8.07	7.42	0.49	0	0.16	0		
219	昌平区	上下庄	49.65	34.793	532.42	0	22.13	17.02	2.50	0.69	1.79	0.13		
220	昌平区	百合	40.86	27.948	712.34	0	21.58	18.60	0.71	0	2.27	0		
221	昌平区	北流村	16.21	0	86.49	0	6.66	5.73	0	0.10	0	0.83		
222	昌平区	漆园	11.12	0.111	114.71	0	6.40	0.84	1.67	0	3.81	0.08		
223	昌平区	老君堂	25.67	19.355	252.27	0	8.94	5.49	1.04	0	1.86	0.55		
224	昌平区	西峰山	20.57	0	171.75	0	12.70	12.70	0	0	0	0		
225	昌平区	九仙庙	11.56	0.002	233.27	0	7.60	6.92	0.28	0	0.40	0	劣Ⅴ类	
226	昌平区	关沟	23.18	0	190.01	0	7.46	4.21	3.25	0	0	0		
227	昌平区	湾子沟	12.07	0.134	176.51	0	6.59	4.50	0.13	0	1.62	0.34	Ⅱ类	0.019
228	昌平区	羊台子	24.78	0.366	186.08	0	9.36	5.93	1.77	0.09	1.46	0.11	Ⅱ类	0.007
229	昌平区	龙潭	15.65	0	185.94	0	6.25	1.59	3.37	0.31	0.85	0.13	Ⅱ类	
230	昌平区	裕陵	7.28	3.292	280.03	0	1.66	0.78	0.85	0.00	0	0.03		
231	昌平区	胡庄	7.57	1.554	261.92	0	3.68	3.00	0.68	0	0	0		
232	昌平区	冯家湾	5.92	0	172.17	0	3.77	2.93	0	0	0.84	0	Ⅱ类	0.023
233	昌平区	小水峪	16.70	0	150.56	0	6.15	3.65	0	1.69	0.51	0.30		
234	昌平区	瓦窑	6.82	0	142.45	0	3.93	3.36	0	0	0	0.57		
235	怀柔区	胡营	26.65	5.703	497.34	0	11.17	6.58	4.59	0	0	0	Ⅱ类	0.0319

续表

序号	区（县）名称	小流域名称	小流域面积（km²）	土壤侵蚀面积（km²）	土壤侵蚀模数	侵蚀沟道（条）	主要河（沟）道各级水文地貌等级长度						出口水质	出口流量（m³/s）
							总长度（km）	Ⅰ级（km）	Ⅱ级（km）	Ⅲ级（km）	Ⅳ级（km）	Ⅴ级（km）		
236	怀柔区	大甸子	8.37	1.380	555.35	0	2.67	2.67	0	0	0	0		
237	怀柔区	北甸子	8.27	1.093	663.84	0	3.13	3.13	0	0	0	0		
238	怀柔区	上台子	19.04	1.403	355.11	0	8.86	6.08	1.50	0.92	0.36	0		
239	怀柔区	超梁子	19.85	2.967	355.33	0	3.86	3.31	0.25	0.12	0.18	0		
240	怀柔区	东岔	25.54	4.154	708.40	0	11.62	8.54	2.60	0	0.48	0		
241	怀柔区	对角沟门	8.34	2.143	504.84	0	3.75	3.18	0.57	0	0	0	Ⅲ类	0.1463
242	怀柔区	东帽湾	16.24	4.029	455.38	0	3.05	0.10	0	0.47	0	2.48		
243	怀柔区	平甸子	11.82	1.038	300.40	0	9.07	7.97	0.98	0	0.12	0		
244	怀柔区	项棚子	16.50	1.434	589.67	0	6.45	5.87	0.58	0	0	0		
245	怀柔区	二道河	12.67	4.450	252.82	0	3.87	2.55	1.08	0	0	0.24	Ⅱ类	0.6008
246	怀柔区	三岔口	31.52	5.789	296.69	0	9.89	6.65	2.03	1.08	0.13	0		
247	怀柔区	榆树湾	9.58	4.281	190.43	0	4.04	0.35	0	3.69	0	0		
248	怀柔区	七道梁	11.27	3.339	192.78	0	6.53	2.80	2.28	0.99	0.46	0		
249	怀柔区	卜营	14.36	4.414	317.31	0	8.74	6.12	0.39	0.33	1.90	0		
250	怀柔区	大蒲池沟	13.32	2.491	377.01	0	8.67	6.60	0	0	1.66	0.41		
251	怀柔区	老西沟	15.53	5.239	211.56	0	4.79	2.88	0.37	0.62	0.92	0	Ⅱ类	1.8479
252	怀柔区	老沟	39.42	4.868	283.11	0	14.68	9.65	1.82	1.23	1.98	0		
253	怀柔区	七道河	7.91	1.889	224.12	0	3.47	1.41	0.27	0.63	0.39	0.77		
254	怀柔区	七道河西沟	10.41	1.428	247.92	0	5.53	3.72	0	1.19	0.62	0		
255	怀柔区	东黄梁	12.50	2.998	364.13	0	4.01	3.21	0.60	0	0.20	0	劣Ⅴ类	2.45

续表

序号	区（县）名称	小流域名称	小流域面积（km²）	土壤侵蚀面积（km²）	土壤侵蚀模数	侵蚀沟道（条）	主要河（沟）道各级水文地貌等级长度						出口水质	出口流量（m³/s）
							总长度（km）	Ⅰ级（km）	Ⅱ级（km）	Ⅲ级（km）	Ⅳ级（km）	Ⅴ级（km）		
256	怀柔区	古石沟	14.09	1.556	353.83	0	10.67	10.25	0	0.42	0	0		
257	怀柔区	连石沟	8.50	1.402	418.75	0	8.12	6.58	1.06	0.24	0.24	0		
258	怀柔区	北湾	32.19	2.548	547.02	0	13.29	0.94	7.54	4.13	0.68	0		
259	怀柔区	孙胡沟	12.04	0.808	380.72	0	7.33	3.32	3.44	0.13	0.44	0		
260	怀柔区	崎峰茶	22.06	6.286	403.19	0	11.73	0.93	7.57	2.52	0.59	0.12		
261	怀柔区	碾子湾	18.34	4.041	330.24	0	12.26	0.51	2.56	2.17	7.02	0	Ⅱ类	0.3035
262	怀柔区	黄泉峪	11.75	1.382	320.07	0	7.85	3.96	2.26	0.09	1.54	0		
263	怀柔区	红庙	9.19	6.148	430.15	0	4.32	4.32	0	0	0	0		
264	怀柔区	九渡河	18.94	13.072	393.99	0	4.30	4.03	0	0	0	0.27		
265	怀柔区	大榛峪	25.12	5.825	544.12	0	11.12	5.12	2.57	1.23	2.02	0.18	Ⅱ类	0.0174
266	怀柔区	局里	13.87	10.575	379.86	0	3.27	2.28	0.09	0	0	0.90		
267	怀柔区	新王峪	20.86	9.152	738.99	0	7.14	4.14	1.04	0.96	0	1.00		
268	怀柔区	辛营	31.24	7.208	596.14	0	9.80	2.37	0.90	1.10	5.43	0	Ⅱ类	0.0781
269	怀柔区	西栅子	15.90	5.854	615.09	0	6.81	2.82	0.63	2.84	0	0.52		
270	怀柔区	长园	25.52	12.038	566.19	0	12.58	4.32	1.76	2.24	4.26	0	Ⅲ类	1.0902
271	怀柔区	苏峪口	29.15	10.639	511.47	0	3.97	3.25	0.55	0.17	0	0		
272	怀柔区	甘涧峪	34.66	7.363	378.75	0	11.15	4.97	0.54	0.39	1.05	4.20		
273	怀柔区	下辛庄	6.62	2.312	408.13	0	4.97	3.03	0.45	0.47	1.02	0		
274	怀柔区	吉寺	12.92	9.277	433.61	0	7.92	3.69	3.43	0.80	0	0		
275	怀柔区	黄花城	16.73	11.040	547.89	0	5.70	3.45	1.29	0.96	0	0		

续表

序号	区（县）名称	小流域名称	小流域面积（km^2）	土壤侵蚀面积（km^2）	土壤侵蚀模数	侵蚀沟道（条）	主要河（沟）道各级水文地貌等级长度						出口水质	出口流量（m^3/s）
							总长度（km）	Ⅰ级（km）	Ⅱ级（km）	Ⅲ级（km）	Ⅳ级（km）	Ⅴ级（km）		
276	怀柔区	东湾子	20.91	2.862	372.67	0	11.76	10.27	0.31	0	1.18	0		
277	怀柔区	白河北	6.94	1.498	443.20	0	1.30	1.30	0	0	0	0		
278	怀柔区	黑柳沟	21.27	4.405	373.72	0	13.65	10.62	0.52	0.59	1.92	0		
279	怀柔区	宝山寺	24.13	5.920	393.68	0	8.10	3.56	1.11	3.43	0	0	Ⅱ类	0.9434
280	怀柔区	三块石	24.29	6.363	415.90	0	4.67	2.04	0.35	1.78	0.50	0		
281	怀柔区	对石	14.04	4.626	346.06	0	3.02	1.60	0.91	0.51	0	0		
282	怀柔区	碾子	20.95	2.168	382.45	0	4.33	1.30	1.16	1.63	0.24	0		
283	怀柔区	庄户沟	84.18	19.104	351.46	0	26.78	15.46	3.48	2.97	4.87	0		
284	怀柔区	青石岭	12.01	2.708	381.30	0	4.88	4.53	0.18	0	0	0.17		
285	怀柔区	安洲坝	21.89	3.350	422.86	0	6.46	0.67	3.40	1.52	0.87	0	Ⅲ类	1.7119
286	怀柔区	西水峪	15.17	10.471	371.65	0	6.90	4.34	0.78	1.15	0.63	0		
287	怀柔区	前喇叭沟	57.36	7.029	320.77	0	17.28	12.46	4.04	0.54	0.24	0	Ⅲ类	0.0433
288	怀柔区	西府营	43.16	12.041	822.68	0	13.40	8.72	3.58	0.60	0.50	0	Ⅰ类	0.2297
289	怀柔区	西四渡河	18.97	8.350	504.68	0	5.06	0.13	1.78	2.33	0.82	0	Ⅰ类	0.1952
290	怀柔区	一渡河	7.25	4.917	462.21	0	7.33	7.33	0	0	0	0		
291	怀柔区	黄坎	9.35	4.893	403.44	0	5.37	4.35	0	0	0	1.02		
292	怀柔区	柏崖厂	13.56	2.492	418.67	0	5.26	4.44	0	0	0.19	0.63	Ⅱ类	
293	怀柔区	柏查子	24.14	3.368	308.40	0	10.68	1.68	4.06	2.34	2.60	0	Ⅲ类	0.5891
294	怀柔区	东南沟	12.48	3.833	239.98	0	4.21	1.98	0.34	0	1.26	0.63		
295	怀柔区	口头	8.88	2.097	471.11	0	5.58	2.88	0	1.01	1.69	0	Ⅱ类	0.6248

续表

序号	区（县）名称	小流域名称	小流域面积（km^2）	土壤侵蚀面积（km^2）	土壤侵蚀模数	侵蚀沟道（条）	主要河（沟）道各级水文地貌等级长度						出口水质	出口流量（m^3/s）
							总长度（km）	Ⅰ级（km）	Ⅱ级（km）	Ⅲ级（km）	Ⅳ级（km）	Ⅴ级（km）		
296	怀柔区	鱼水洞	18.62	0.035	336.17	0	8.68	3.53	2.43	0.80	1.92	0	Ⅱ类	0.1889
297	怀柔区	邓各庄	13.23	1.780	707.80	0	6.67	3.87	0.15	0.37	1.85	0.43	劣Ⅴ类	
298	怀柔区	四窝铺	21.06	1.146	289.25	0	8.78	7.05	0.88	0.60	0.25	0	Ⅱ类	0.0071
299	怀柔区	道德坑	45.02	0.033	285.70	0	15.53	11.46	1.06	0.23	2.78	0	Ⅲ类	0.4839
300	怀柔区	黄木厂	13.52	2.263	301.32	0	8.97	8.52	0.22	0.09	0.14	0		
301	怀柔区	大黄塘	14.86	2.677	488.20	0	5.82	4.71	0	0	1.11	0		
302	怀柔区	盘道湾	21.01	2.608	335.52	0	12.48	10.70	1.56	0	0.22	0	Ⅱ类	1.1118
303	怀柔区	牛圈子	15.47	3.189	283.82	0	10.31	7.98	1.19	0	1.14	0		
304	怀柔区	峪沟	7.14	2.778	412.42	0	6.10	4.00	1.70	0	0.40	0		
305	怀柔区	庙上	13.97	10.745	267.10	0	7.31	6.50	0	0.22	0.59	0		
306	怀柔区	大水峪	58.78	4.631	602.54	0	16.68	7.17	0.83	0	8.68	0	Ⅲ类	0.5926
307	怀柔区	温栅子	32.81	0	174.22	0	11.39	7.70	3.69	0	0	0		
308	怀柔区	东辛店	21.15	6.588	208.27	0	8.38	4.24	2.66	0.83	0.65	0		
309	怀柔区	北湾子	6.78	3.377	213.93	0	1.62	0	0.37	1.25	0	0		
310	怀柔区	西湾子	13.50	2.030	369.26	0	9.15	6.27	0.89	1.24	0.37	0.38		
311	怀柔区	岐庄	12.42	5.015	595.51	0	7.13	5.53	0	0.27	0.58	0.75	Ⅱ类	0.3301
312	怀柔区	北宅	21.45	7.278	540.58	0	9.44	3.16	4.25	0.76	1.27	0	Ⅱ类	0.9604
313	怀柔区	兴隆城	16.42	13.427	535.50	0	10.45	3.24	3.05	3.33	0.83	0		
314	怀柔区	龙泉庄	12.80	5.870	628.36	0	7.14	2.74	3.19	0	1.21	0		
315	怀柔区	渤海	19.06	10.334	474.22	0	6.98	0.75	4.39	0.29	1.55	0	Ⅲ类	1.3371

续表

序号	区（县）名称	小流域名称	小流域面积（km^2）	土壤侵蚀面积（km^2）	土壤侵蚀模数	侵蚀沟道（条）	主要河（沟）道各级水文地貌等级长度						出口水质	出口流量（m^3/s）
							总长度（km）	Ⅰ级（km）	Ⅱ级（km）	Ⅲ级（km）	Ⅳ级（km）	Ⅴ级（km）		
316	怀柔区	三渡河	11.54	6.417	452.04	0	5.97	0.85	1.72	2.14	1.26	0		
317	怀柔区	六渡河	10.86	2.433	382.99	0	9.35	4.43	1.47	1.31	2.14	0	Ⅲ类	0.2479
318	怀柔区	六道窑沟	10.50	0.055	765.31	0	7.44	6.03	0.49	0	0.92	0	Ⅰ类	0.0341
319	怀柔区	神堂峪	20.14	5.095	764.68	0	13.06	4.46	1.93	0.68	5.22	0.77	Ⅱ类	0.6327
320	怀柔区	八道河	19.15	6.697	754.63	0	5.55	4.61	0.14	0.29	0.51	0		
321	怀柔区	三岔	23.37	18.703	497.45	0	9.35	3.51	2.65	2.11	1.01	0.07		
322	怀柔区	黄甸子	10.76	0.635	277.26	0	5.68	5.05	0	0	0.63	0	Ⅰ类	0.0114
323	怀柔区	河东沟	6.66	0.672	233.09	0	5.92	5.12	0.46	0.21	0.13	0	Ⅰ类	0.0037
324	怀柔区	后喇叭沟口	44.32	5.999	409.06	0	13.47	9.17	2.79	0	0.84	0.67	Ⅰ类	0.0391
325	怀柔区	汤池子	21.31	16.103	945.89	0	7.11	6.28	0	0.68	0.15	0	Ⅰ类	0.0144
326	怀柔区	上帽山	17.55	12.982	736.34	0	5.81	4.86	0.46	0.49	0	0	Ⅰ类	0.0086
327	怀柔区	帽山	6.54	3.766	694.57	0	3.77	0.89	1.43	1.37	0.08	0	Ⅰ类	0.0146
328	怀柔区	后沟	11.96	1.910	263.08	0	8.06	3.42	3.28	0.82	0.33	0.21		
329	怀柔区	东石门	9.75	2.565	257.42	0	7.57	5.10	1.47	0	1.00	0		
330	怀柔区	古洞沟	9.44	2.011	218.40	0	5.87	3.12	1.79	0.70	0.26	0		
331	怀柔区	杨树下	11.96	2.665	456.83	0	6.05	4.00	1.02	0.07	0.96	0		
332	怀柔区	梁根	12.43	0	363.96	0	6.48	4.01	1.09	0.95	0.27	0.16		
333	怀柔区	二台子	21.02	0	371.62	0	5.25	0	1.93	1.99	1.33	0		
334	怀柔区	鹞子峪	24.18	21.452	401.70	0	5.20	3.27	0.12	0.20	1.61	0	劣Ⅴ类	
335	怀柔区	杏树台	19.35	10.237	333.39	0	7.86	5.86	0.44	0.75	0.81	0		

续表

序号	区（县）名称	小流域名称	小流域面积（km^2）	土壤侵蚀面积（km^2）	土壤侵蚀模数	侵蚀沟道（条）	主要河（沟）道各级水文地貌等级长度						出口水质	出口流量（m^3/s）
							总长度（km）	Ⅰ级（km）	Ⅱ级（km）	Ⅲ级（km）	Ⅳ级（km）	Ⅴ级（km）		
336	怀柔区	汤河口	5.49	1.841	544.41	0	2.61	0	0.72	1.48	0.41	0	Ⅲ类	3.1458
337	怀柔区	得田沟	7.97	1.494	348.41	0	6.57	2.93	2.60	0.78	0.26	0		
338	平谷区	花峪	26.25	13.086	298.83	0	8.40	7.50	0.90	0	0	0		
339	平谷区	峨眉山	26.37	15.378	465.56	0	7.95	5.96	0.95	0.37	0.36	0.31		
340	平谷区	熊耳寨	18.18	9.653	424.06	0	6.13	5.46	0.67	0	0	0		
341	平谷区	胡庄	23.96	12.063	544.57	0	11.13	9.24	0	1.89	0	0		
342	平谷区	鱼子山	31.56	7.159	405.96	0	10.87	3.83	2.25	3.11	1.27	0.41		
343	平谷区	夏各庄	25.01	8.402	736.65	0	7.23	5.19	0	0	1.24	0.80		
344	平谷区	南山村	16.48	1.208	541.15	0	5.90	2.86	3.04	0	0	0		
345	平谷区	大华山	18.37	7.884	539.53	0	7.29	5.29	2.00	0	0	0		
346	平谷区	熊耳营	21.67	7.307	481.54	0	4.84	4.20	0	0	0.64	0		
347	平谷区	水峪	17.18	1.611	534.90	0	5.53	2.18	0	0	2.87	0.48		
348	平谷区	酸枣峪	30.61	6.467	585.50	0	6.37	6.37	0	0	0	0	Ⅳ类	
349	平谷区	三白山	18.17	4.310	533.36	0	6.88	6.70	0	0	0.18	0		
350	平谷区	乐政务	23.13	4.821	464.08	0	3.05	1.90	0.46	0.05	0.64	0		
351	平谷区	上堡子	9.34	4.132	656.70	0	10.05	7.98	1.89	0	0.18	0	Ⅴ类	
352	平谷区	杨庄户河	8.36	1.564	722.04	0	—	—	—	—	—	—	—	—
353	平谷区	黄松峪	21.10	8.003	455.10	0	5.05	1.34	1.23	0.89	1.59	0		
354	平谷区	老泉口	8.24	5.333	485.88	0	3.77	2.73	0.64	0.40	0	0		
355	平谷区	前北宫	10.14	1.930	595.01	0	1.95	1.83	0.12	0	0	0		

续表

序号	区（县）名称	小流域名称	小流域面积（km²）	土壤侵蚀面积（km²）	土壤侵蚀模数	侵蚀沟道（条）	主要河（沟）道各级水文地貌等级长度						出口水质	出口流量（m³/s）
							总长度（km）	Ⅰ级（km）	Ⅱ级（km）	Ⅲ级（km）	Ⅳ级（km）	Ⅴ级（km）		
356	平谷区	大北关	18.15	1.149	365.93	0	1.57	1.05	0.07	0	0	0.45		
357	平谷区	小峪子	48.90	34.925	675.03	0	11.77	5.93	1.18	4.66	0	0		
358	平谷区	彰作河	9.90	5.752	662.79	0	3.20	0	2.06	1.14	0	0		
359	平谷区	关上	11.00	5.645	412.14	0	6.69	5.64	0	0.11	0.94	0		
360	平谷区	刘家店	10.23	4.238	646.76	0	6.05	2.86	1.80	1.26	0	0.13		
361	平谷区	行宫	20.12	9.646	712.59	0	9.97	7.58	0.87	1.34	0.18	0		
362	平谷区	苏子峪	13.17	5.788	545.31	0	9.75	4.86	0.12	3.53	0.10	1.14		
363	平谷区	大旺务	23.81	3.502	706.12	0	5.27	4.18	0.93	0	0.16	0		
364	平谷区	镇罗营	50.54	28.531	556.85	0	10.65	1.50	3.16	5.84	0.15	0	Ⅴ类	
365	平谷区	清水湖	19.26	8.079	324.50	0	8.19	5.19	0	0.84	0.55	1.61	Ⅱ类	0.12
366	平谷区	刁窝	29.57	18.742	428.47	0	6.05	2.96	0.85	0.38	1.21	0.65	Ⅴ类	
367	平谷区	梨树沟	6.04	2.378	257.86	0	4.04	1.35	1.62	1.05	0.02	0		
368	平谷区	中心村	22.53	15.804	559.01	0	8.20	5.02	1.04	2.14	0	0		
369	平谷区	东上营	14.08	3.953	643.71	0	4.57	2.63	1.75	0	0.19	0		
370	平谷区	黄土梁	13.19	2.708	285.52	0	5.57	0.60	0.56	0.81	3.60	0	Ⅱ类	0.04
371	平谷区	胡家营	9.43	2.570	445.11	0	3.08	2.16	0	0.27	0.65	0		
372	平谷区	太务石河	29.21	3.228	573.51	0	4.97	3.12	0	0	0.75	1.10		
373	密云县	吉家营	34.47	6.805	578.56	0	15.18	15.18	0	0	0	0		
374	密云县	苏家峪	27.22	7.991	1337.97	0	5.26	5.26	0	0	0	0		
375	密云县	令公	19.04	8.238	1616.81	0	8.69	6.29	1.49	0.91	0	0		

续表

序号	区（县）名称	小流域名称	小流域面积（km²）	土壤侵蚀面积（km²）	土壤侵蚀模数	侵蚀沟道（条）	主要河（沟）道各级水文地貌等级长度						出口水质	出口流量（m³/s）
							总长度（km）	Ⅰ级（km）	Ⅱ级（km）	Ⅲ级（km）	Ⅳ级（km）	Ⅴ级（km）		
376	密云县	松树峪	17.85	6.476	1461.25	0	3.80	3.80	0	0	0	0		
377	密云县	杨家堡	24.12	8.981	1097.92	0	9.98	5.89	2.04	2.06	0	0	Ⅱ类	0.6
378	密云县	干峪沟	19.20	17.859	926.42	0	9.95	8.15	1.31	0.49	0	0		
379	密云县	苍术会	33.73	24.728	745.12	0	13.70	13.19	0	0	0.51	0		
380	密云县	张泉	15.43	14.169	709.22	0	9.71	6.56	2.51	0.64	0	0		
381	密云县	庄户峪	4.09	3.199	550.41	0	3.52	2.24	0	1.28	0	0		
382	密云县	柏崖	23.51	19.495	537.44	0	9.70	7.32	1.49	0	0.89	0	Ⅱ类	4
383	密云县	张庄子	9.04	7.123	648.10	0	7.45	6.08	0.71	0.66	0	0	Ⅱ类	0.6
384	密云县	苇子峪	24.54	16.778	751.20	0	7.16	7.16	0	0	0	0		
385	密云县	太师屯	22.98	13.174	726.69	0	4.60	0.40	4.20	0	0	0		
386	密云县	东学各庄	10.12	4.415	1070.87	0	6.92	3.45	1.20	1.18	0	1.09		
387	密云县	车道峪	18.18	8.153	1514.44	0	3.83	2.68	0	1.15	0	0	Ⅱ类	4.8
388	密云县	南台	10.37	4.982	1410.57	0	5.11	1.03	4.08	0	0	0		
389	密云县	太古石	16.12	4.805	591.65	0	6.33	6.33	0	0	0	0	Ⅱ类	2.88
390	密云县	新城子	17.95	8.069	694.03	0	6.10	3.16	2.94	0	0	0	Ⅱ类	1.2
391	密云县	东庄禾	11.50	3.626	1569.57	0	5.23	2.88	1.20	1.16	0	0	Ⅱ类	3.84
392	密云县	古北口	12.38	2.174	690.70	0	8.82	4.04	1.98	1.46	1.35	0	Ⅱ类	0.104
393	密云县	河西	13.87	4.741	675.26	0	9.99	9.00	0.79	0	0.20	0	Ⅱ类	1.76
394	密云县	大开岭	16.91	6.954	584.87	0	8.78	6.54	1.55	0	0.69	0	Ⅱ类	0.001
395	密云县	高岭	17.52	7.620	829.65	0	10.10	8.41	0.15	0.82	0.72	0	Ⅱ类	0.0038

续表

序号	区（县）名称	小流域名称	小流域面积（km^2）	土壤侵蚀面积（km^2）	土壤侵蚀模数	侵蚀沟道（条）	主要河（沟）道各级水文地貌等级长度						出口水质	出口流量（m^3/s）
							总长度（km）	Ⅰ级（km）	Ⅱ级（km）	Ⅲ级（km）	Ⅳ级（km）	Ⅴ级（km）		
396	密云县	辛庄	15.98	4.603	1233.07	0	3.79	1.76	0.48	0	0.19	1.36	Ⅱ类	0.0059
397	密云县	田庄	39.37	10.051	918.61	0	16.66	16.43	0	0	0.23	0	Ⅱ类	0.0176
398	密云县	下营	7.87	2.131	322.12	0	3.50	2.25	1.25	0	0	0	Ⅱ类	0.18
399	密云县	响水峪	9.20	1.828	601.57	0	6.96	5.61	0.68	0.67	0	0	Ⅰ类	0.48
400	密云县	石洞子	14.01	3.382	397.34	0	2.90	1.83	1.07	0	0	0	Ⅱ类	0.06
401	密云县	三岔口	17.35	6.094	438.61	0	5.80	5.80	0	0	0	0	Ⅱ类	0.16
402	密云县	石湖根	15.51	3.463	267.13	0	7.95	7.95	0	0	0	0	Ⅱ类	0.05
403	密云县	朱家峪	11.45	2.999	364.62	0	6.60	5.99	0	0	0.61	0	Ⅱ类	0.32
404	密云县	西白莲峪	9.42	2.029	345.99	0	8.15	4.67	0.43	3.05	0	0	Ⅱ类	0.03
405	密云县	西口外	25.31	3.496	297.24	0	11.61	11.61	0	0	0	0	Ⅱ类	0.04
406	密云县	西庄子	10.91	5.123	321.22	0	3.04	2.01	1.03	0	0	0	Ⅳ类	0.07
407	密云县	上庄子	16.63	11.629	640.28	0	10.51	6.75	0	3.76	0	0		
408	密云县	白庙子	24.86	4.579	291.83	0	10.21	10.21	0	0	0	0	Ⅲ类	0.12
409	密云县	四合堂	24.13	4.247	194.81	0	10.16	9.22	0.94	0	0	0	Ⅱ类	0.2
410	密云县	黄土梁	20.19	1.383	333.72	0	10.99	10.99	0	0	0	0	Ⅱ类	2.4
411	密云县	香水峪	19.50	5.462	1120.96	0	7.09	3.58	1.82	1.69	0	0		
412	密云县	头道沟	9.40	3.199	565.79	0	5.75	5.75	0	0	0	0	Ⅱ类	0.012
413	密云县	遥桥峪	8.88	0.353	464.05	0	6.94	6.94	0	0	0	0	劣Ⅴ类	
414	密云县	西康各庄	28.89	15.728	575.61	0	8.75	8.56	0	0.19	0	0		
415	密云县	银冶岭	18.46	7.444	1497.47	0	7.33	5.85	0	0.65	0.21	0.62		

续表

序号	区（县）名称	小流域名称	小流域面积（km^2）	土壤侵蚀面积（km^2）	土壤侵蚀模数	侵蚀沟道（条）	主要河（沟）道各级水文地貌等级长度						出口水质	出口流量（m^3/s）
							总长度（km）	Ⅰ级（km）	Ⅱ级（km）	Ⅲ级（km）	Ⅳ级（km）	Ⅴ级（km）		
416	密云县	达峪	8.79	6.570	721.11	0	5.43	5.43	0	0	0	0	Ⅱ类	0.15
417	密云县	河下	13.28	9.157	790.57	0	4.47	3.69	0.50	0.28	0	0	Ⅱ类	0.96
418	密云县	卸甲山	20.82	13.873	490.49	0	8.61	8.61	0	0	0	0		
419	密云县	蛇鱼川	25.62	7.082	263.89	0	16.36	8.21	6.02	0.38	1.41	0.34	Ⅱ类	0.12
420	密云县	荆子峪	46.23	12.851	655.40	0	15.44	3.61	7.72	0	4.11	0	Ⅰ类	0.0006
421	密云县	蔡家洼	20.55	0.933	458.76	0	6.87	5.87	0	0	0	1.00		
422	密云县	前焦家坞	27.40	2.198	623.25	0	6.95	4.39	0	0.58	1.98	0		
423	密云县	康各庄	30.95	8.408	732.31	0	10.41	6.03	1.18	3.20	0	0		
424	密云县	穆家峪	19.22	0.460	594.39	0	8.01	4.78	0.29	2.49	0	0.45	Ⅲ类	0.004
425	密云县	小漕村	5.50	3.317	917.55	0	1.83	0.86	0	0	0	0.97		
426	密云县	大漕村	6.85	5.049	629.09	0	2.48	1.00	1.48	0	0	0		
427	密云县	水漳	25.99	3.488	486.34	0	7.22	3.55	0.52	2.58	0	0.57		
428	密云县	黑龙潭	7.28	0.004	313.10	0	7.34	7.19	0.15	0	0	0	Ⅱ类	1.8
429	密云县	保峪岭	14.73	4.843	352.13	0	7.47	7.47	0	0	0	0	Ⅱ类	0.1
430	密云县	转山子	13.73	3.675	399.09	0	7.79	5.51	0.64	0	1.64	0	Ⅳ类	0.0022
431	密云县	流河峪	16.62	12.233	623.56	0	3.78	3.78	0	0	0	0		
432	密云县	石城	14.50	1.658	356.40	0	9.78	8.47	0.65	0	0	0.66	Ⅱ类	0.16
433	密云县	密云水库	202.95	31.531	0	0	—	—	—	—	—	—	Ⅱ类	
434	密云县	北台	6.22	2.617	1342.62	0	2.93	2.47	0	0	0	0.46		
435	密云县	司马台	39.03	6.888	1023.52	0	14.61	7.67	0	0	6.94	0	Ⅱ类	0.39

续表

序号	区（县）名称	小流域名称	小流域面积（km²）	土壤侵蚀面积（km²）	土壤侵蚀模数	侵蚀沟道（条）	主要河（沟）道各级水文地貌等级长度						出口水质	出口流量（m³/s）
							总长度（km）	Ⅰ级（km）	Ⅱ级（km）	Ⅲ级（km）	Ⅳ级（km）	Ⅴ级（km）		
436	密云县	东智北	10.15	1.155	507.62	0	3.89	1.70	0.93	0.51	0	0.75		
437	密云县	对家河	38.76	7.473	375.22	0	16.51	10.53	5.98	0	0	0	Ⅱ类	0.48
438	密云县	石匣	20.84	9.713	864.20	0	3.65	0.27	0.24	3.14	0	0	Ⅳ类	0.0042
439	密云县	古石峪	15.82	4.435	764.24	0	8.79	5.47	2.49	0	0.83	0	Ⅲ类	0.0137
440	密云县	大龙门	17.19	16.707	651.49	0	7.67	6.01	0.88	0.58	0.20	0	Ⅱ类	0.24
441	密云县	查子沟	12.00	9.102	707.79	0	6.84	5.60	0.54	0	0.70	0	Ⅱ类	0.15
442	密云县	芹菜岭	5.56	3.742	945.14	0	3.01	1.45	0.39	1.02	0.15	0	Ⅱ类	0.0009
443	密云县	董各庄	8.95	7.885	263.31	0	1.59	1.59	0	0	0	0		
444	密云县	水道峪	5.81	0	278.79	0	4.76	4.76	0	0	0	0	Ⅱ类	0.05
445	密云县	捧河岩	17.00	3.377	297.97	0	14.50	14.50	0	0	0	0	Ⅱ类	0.855
446	密云县	河北	6.51	3.380	338.89	0	1.87	1.87	0	0	0	0	Ⅱ类	0.06
447	密云县	北栅子	41.95	12.767	217.50	0	16.45	12.62	2.57	0.90	0.35	0	Ⅱ类	0.08
448	密云县	丫髻山	14.55	9.925	758.35	0	7.97	5.53	2.44	0	0	0		
449	密云县	黄土梁西	8.78	1.460	351.75	0	6.34	6.34	0	0	0	0	Ⅱ类	2.4
450	密云县	西苍峪	38.36	9.599	226.31	0	13.01	8.65	4.05	0.31	0	0	Ⅲ类	0.06
451	密云县	北甸子	7.07	2.164	667.34	0	3.21	2.90	0	0.22	0	0.09	Ⅰ类	0.0018
452	密云县	白土沟	20.23	3.312	761.42	0	11.69	9.90	0.83	0	0.96	0		
453	密云县	黄土坎	18.43	6.662	656.94	0	4.19	2.61	0	1.58	0	0		
454	密云县	半城子	22.64	7.479	873.64	0	11.17	6.90	4.27	0	0	0		
455	密云县	破城子	10.03	0.335	1108.66	0	5.92	5.92	0	0	0	0		

续表

序号	区（县）名称	小流域名称	小流域面积（km^2）	土壤侵蚀面积（km^2）	土壤侵蚀模数	侵蚀沟道（条）	主要河（沟）道各级水文地貌等级长度						出口水质	出口流量（m^3/s）
							总长度（km）	Ⅰ级（km）	Ⅱ级（km）	Ⅲ级（km）	Ⅳ级（km）	Ⅴ级（km）		
456	密云县	蔡家甸	11.49	5.084	402.33	0	5.81	4.46	1.35	0	0	0	Ⅱ类	0.0002
457	密云县	朱家湾	17.45	9.396	789.83	0	8.67	4.55	1.89	1.00	0	1.23	Ⅱ类	0.12
458	密云县	东田各庄	12.12	5.318	652.76	0	7.06	5.40	0	1.66	0	0	Ⅱ类	0.08
459	密云县	北白岩	14.85	6.916	528.44	0	7.47	6.99	0	0.22	0	0.26	Ⅰ类	0.0012
460	密云县	金巨罗	22.35	1.971	567.26	0	9.26	8.12	1.14	0	0	0		
461	密云县	溪翁庄	11.40	1.132	595.20	0	5.27	0	1.64	0	0	3.63		
462	密云县	大石门	18.19	6.235	682.03	0	10.22	8.54	0.55	0.38	0.75	0		
463	密云县	西葫芦峪	12.02	2.085	1510.40	0	7.15	5.67	0.84	0	0.64	0		
464	密云县	西邵渠	25.48	5.179	1180.35	0	8.36	5.65	2.33	0	0	0.38		
465	密云县	柳棵峪	13.42	0.583	345.16	0	7.10	5.52	1.26	0.32	0	0	Ⅰ类	0.81
466	密云县	张家坟	17.51	3.314	268.00	0	10.87	10.57	0	0.30	0	0	Ⅱ类	0.4
467	密云县	史长峪	9.37	2.647	753.16	0	6.06	5.83	0	0	0.23	0		
468	密云县	东邵渠	3.59	0.079	787.84	0	2.96	2.58	0	0.38	0	0		
469	密云县	曹家路	22.34	7.155	395.22	0	7.09	5.55	1.54	0	0	0	Ⅱ类	1.2
470	密云县	提辖庄	37.69	9.496	542.51	0	5.38	3.48	0.11	0	1.53	0.26		
471	密云县	河南寨	13.47	5.527	1245.15	0	1.52	1.48	0.04	0	0	0		
472	密云县	白马关	15.83	3.087	263.05	0	5.38	4.65	0.47	0	0.26	0	Ⅱ类	0.12
473	密云县	石峨	10.22	1.256	695.47	0	6.15	5.38	0.14	0.63	0	0		
474	密云县	沙厂	12.45	4.798	718.41	0	4.17	3.87	0.30	0	0	0		
475	密云县	达岩	9.93	2.000	666.95	0	4.32	4.08	0	0	0.24	0	Ⅳ类	0.04

续表

序号	区（县）名称	小流域名称	小流域面积（km²）	土壤侵蚀面积（km²）	土壤侵蚀模数	侵蚀沟道（条）	主要河（沟）道各级水文地貌等级长度						出口水质	出口流量（m³/s）
							总长度（km）	Ⅰ级（km）	Ⅱ级（km）	Ⅲ级（km）	Ⅳ级（km）	Ⅴ级（km）		
476	密云县	聂家峪	17.85	12.647	684.29	0	4.80	3.89	0.44	0.47	0	0	Ⅱ类	1.5
477	密云县	北庄	8.50	3.922	889.70	0	3.35	1.27	0.46	1.01	0.61	0	Ⅱ类	0.05
478	密云县	大角峪	14.98	3.984	379.33	0	4.75	4.75	0	0	0	0	Ⅱ类	0.32
479	密云县	花园	8.89	2.730	378.02	0	3.82	1.47	2.35	0	0	0	Ⅱ类	0.32
480	密云县	西驼古	33.57	11.822	996.03	0	17.46	15.80	1.45	0.21	0	0		
481	密云县	西台子	11.25	0.532	1055.60	0	6.68	6.68	0	0	0	0	Ⅲ类	0.001
482	密云县	西字牌	6.61	0.871	268.14	0	5.40	5.40	0	0	0	0	Ⅰ类	0.03
483	延庆县	水头	31.39	0	152.53	0	12.46	11.74	0.72	0	0	0		
484	延庆县	西沟门	28.67	0.101	219.90	0	10.33	8.62	1.24	0	0.35	0.12		
485	延庆县	下德龙湾	13.46	0.365	324.46	0	10.38	10.38	0	0	0	0		
486	延庆县	桥堡沟	13.40	0.165	271.72	0	11.63	10.06	1.57	0	0	0		
487	延庆县	河南	23.09	0	219.32	0	14.29	14.23	0.06	0	0	0		
488	延庆县	河口	20.65	0	187.73	0	8.78	8.16	0.52	0	0	0.10		
489	延庆县	北梁	13.76	0	203.48	0	8.11	6.68	0.16	0	1.27	0		
490	延庆县	菜木沟	14.50	0.763	361.07	0	9.23	8.41	0.82	0	0	0		
491	延庆县	南天门	17.56	2.057	348.61	0	10.63	8.02	2.37	0	0.24	0		
492	延庆县	瓦窑	12.63	1.729	301.18	0	5.19	2.25	1.90	0.19	0.75	0.10		
493	延庆县	西沟	14.15	2.029	344.45	0	4.16	3.81	0.31	0	0.04	0		
494	延庆县	小川	15.49	1.614	343.46	0	4.49	4.26	0	0	0.23	0		
495	延庆县	转山子	21.83	1.440	297.42	0	11.26	10.37	0.27	0.18	0.44	0		

续表

序号	区（县）名称	小流域名称	小流域面积（km^2）	土壤侵蚀面积（km^2）	土壤侵蚀模数	侵蚀沟道（条）	主要河（沟）道各级水文地貌等级长度						出口水质	出口流量（m^3/s）
							总长度（km）	Ⅰ级（km）	Ⅱ级（km）	Ⅲ级（km）	Ⅳ级（km）	Ⅴ级（km）		
496	延庆县	八亩地桥	10.74	1.586	334.45	0	3.89	3.23	0.52	0	0.14	0		
497	延庆县	椴木沟	29.87	5.445	337.75	0	10.79	5.45	3.02	0.25	2.07	0	Ⅰ类	0.0311
498	延庆县	永安堡	33.80	17.220	410.37	0	11.71	9.60	1.50	0	0.62	0		
499	延庆县	菜食河	13.67	5.385	379.64	0	7.66	5.73	0.87	0.59	0.47	0	Ⅱ类	0.0325
500	延庆县	南湾	24.36	2.498	323.06	0	10.87	10.39	0.30	0	0.18	0		
501	延庆县	马道梁	18.15	0	180.81	0	8.58	6.36	0.80	0	0.56	0.86		
502	延庆县	柏木井	18.13	0	174.79	0	8.75	8.75	0	0	0	0		
503	延庆县	汉家川	21.44	19.383	161.43	0	8.84	6.86	0.96	0	1.02	0	Ⅰ类	0.036
504	延庆县	东三岔	21.41	18.964	252.93	0	5.38	4.70	0.68	0	0	0	Ⅰ类	0.0224
505	延庆县	松树沟	5.70	4.507	226.73	0	4.77	4.57	0.13	0	0.07	0		
506	延庆县	大庄科	22.43	17.975	180.17	0	8.93	8.65	0.06	0	0.22	0	Ⅰ类	0.0054
507	延庆县	暖水面	12.65	11.857	198.86	0	7.20	4.19	1.10	0	1.91	0	Ⅳ类	0.01359
508	延庆县	东沟	8.71	8.318	239.25	0	3.50	2.17	1.11	0	0.22	0		
509	延庆县	铁炉	13.76	13.725	263.89	0	6.57	5.54	0.98	0.05	0	0	Ⅰ类	0.0024
510	延庆县	慈母川	17.94	16.369	245.54	0	6.41	6.20	0	0	0	0.21	Ⅰ类	0.001
511	延庆县	井家庄	41.69	8.925	229.24	23	13.66	13.01	0.38	0	0.27	0		
512	延庆县	冯家庙	29.37	10.287	273.57	10	10.78	10.58	0.20	0	0	0		
513	延庆县	马坊	34.34	3.158	99.44	0	7.01	6.90	0	0.11	0	0		
514	延庆县	庄科	18.82	0	190.47	0	5.25	4.21	0	0.55	0.16	0.34		
515	延庆县	张山营	53.33	0.628	132.74	0	15.46	15.46	0	0	0	0	Ⅲ类	

续表

序号	区（县）名称	小流域名称	小流域面积（km^2）	土壤侵蚀面积（km^2）	土壤侵蚀模数	侵蚀沟道（条）	主要河（沟）道各级水文地貌等级长度						出口水质	出口流量（m^3/s）
							总长度（km）	Ⅰ级（km）	Ⅱ级（km）	Ⅲ级（km）	Ⅳ级（km）	Ⅴ级（km）		
516	延庆县	水峪	21.96	5.621	94.09	0	5.33	0	0	0	0	5.33		
517	延庆县	小泥河	33.20	4.846	221.08	18	12.87	12.12	0.31	0	0.44	0		
518	延庆县	路家河	38.52	0	230.01	0	9.28	9.28	0	0	0	0		
519	延庆县	官厅水库	58.78	0.673	65.38	0	7.64	7.64	0	0	0	0		
520	延庆县	城关镇	21.42	0.011	71.83	0	9.06	6.29	2.51	0.21	0.06	0	Ⅳ类	
521	延庆县	山西沟	25.63	0.934	175.37	9	5.85	4.95	0.15	0.75	0	0		
522	延庆县	养鹅池河	3.36	0.060	81.52	0	4.48	4.27	0.09	0	0.12	0		
523	延庆县	东曹营	32.55	10.506	208.34	32	11.14	10.32	0	0	0	0.82		
524	延庆县	南菜园	19.80	0.131	113.36	0	5.57	1.38	3.73	0.18	0.10	0.18		
525	延庆县	八里庄	20.08	0.002	78.59	0	2.80	2.80	0	0	0	0	Ⅲ类	
526	延庆县	彭家窑	44.46	20.532	199.61	14	14.19	12.32	1.87	0	0	0		
527	延庆县	龙庆峡	28.32	0	261.37	0	15.76	14.82	0.33	0.61	0	0		
528	延庆县	榆林堡	17.69	0.127	110.62	0	—	—	—	—	—	—		
529	延庆县	里炮	37.33	21.940	182.30	0	16.32	13.69	0	0	0.41	2.22		
530	延庆县	周四沟	53.91	0.128	262.20	0	15.06	13.94	0.14	0	0.32	0.66		
531	延庆县	西五里营	18.97	0.010	98.89	0	5.58	4.95	0.40	0	0.23	0		
532	延庆县	马鹿沟	25.69	0	189.19	0	8.93	6.49	2.44	0	0	0		
533	延庆县	滴水壶	15.07	2.602	386.66	0	6.40	4.13	1.72	0	0.27	0.28	Ⅰ类	1.2129
534	延庆县	辛栅子	26.60	2.261	288.73	0	11.92	11.37	0.42	0	0.13	0	Ⅱ类	0.1327
535	延庆县	高庙屯	14.17	1.288	212.09	16	4.33	4.33	0	0	0	0		

续表

序号	区（县）名称	小流域名称	小流域面积（km²）	土壤侵蚀面积（km²）	土壤侵蚀模数	侵蚀沟道（条）	主要河（沟）道各级水文地貌等级长度						出口水质	出口流量（m³/s）
							总长度（km）	Ⅰ级（km）	Ⅱ级（km）	Ⅲ级（km）	Ⅳ级（km）	Ⅴ级（km）		
536	延庆县	西沟里	15.08	4.573	313.85	0	8.89	7.29	0.74	0.86	0	0		
537	延庆县	对白石	39.55	28.107	270.00	0	13.00	9.99	2.70	0	0	0.31		
538	延庆县	排字岭	46.61	0	162.14	0	8.78	8.43	0	0	0.35	0	Ⅱ类	0.1724
539	延庆县	水头半沟	13.61	0	142.48	0	6.58	4.82	1.76	0	0	0		
540	延庆县	八道河	28.48	0	204.71	0	9.86	7.42	2.27	0.17	0	0		
541	延庆县	杏树梁	27.78	0	224.18	0	5.56	5.56	0	0	0	0		
542	延庆县	古城	25.77	0.007	175.70	1	11.35	10.06	1.20	0	0.09	0		
543	延庆县	东桑园	15.51	1.667	155.44	18	6.79	6.79	0	0	0	0		
544	延庆县	大楝树	25.20	3.606	363.21	0	4.74	4.35	0	0.39	0	0		
545	延庆县	平台子	17.85	2.874	358.58	0	5.55	5.55	0	0	0	0		
546	延庆县	沙梁子	18.47	2.797	391.40	0	6.21	5.77	0.44	0	0	0	Ⅰ类	0.1823
547	延庆县	黄柏寺	15.76	0	175.83	0	3.72	0.58	0.12	0.48	0	2.54		
548	延庆县	里仁堡	32.13	0.672	168.34	2	6.39	6.39	0	0	0	0		
549	延庆县	八里店	37.32	0.371	139.14	13	10.45	5.89	3.81	0	0.75	0		
550	延庆县	上水沟	45.01	2.399	278.49	0	18.67	13.17	3.90	0.99	0.50	0.11		
551	延庆县	左所屯	17.63	2.641	157.95	8	10.55	10.16	0.13	0	0.26	0	Ⅱ类	0.0962
552	延庆县	三里墩	28.68	2.190	164.16	8	5.06	0	0	0	0	5.06		
553	延庆县	居庸关	36.68	3.814	233.50	0	12.71	7.75	2.73	0.23	0.60	1.40	Ⅲ类	0.066
554	延庆县	周家坟	19.63	12.880	258.79	0	8.14	7.11	1.03	0	0	0		
555	延庆县	清泉铺	13.00	6.485	148.61	0	5.53	5.40	0.13	0	0	0		

续表

序号	区（县）名称	小流域名称	小流域面积（km²）	土壤侵蚀面积（km²）	土壤侵蚀模数	侵蚀沟道（条）	主要河（沟）道各级水文地貌等级长度						出口水质	出口流量（m³/s）
							总长度（km）	Ⅰ级（km）	Ⅱ级（km）	Ⅲ级（km）	Ⅳ级（km）	Ⅴ级（km）		
556	延庆县	罗家台	23.99	14.680	150.02	0	8.56	8.56	0	0	0	0		
557	延庆县	下垙	29.56	0.220	239.57	7	12.42	9.28	1.30	1.84	0	0		
558	延庆县	东龙湾	11.77	1.088	150.11	3	4.15	3.90	0.12	0	0.13	0	Ⅲ类	0.0461
559	延庆县	东羊坊	47.95	0.011	245.50	3	10.13	9.60	0	0	0	0.53		
560	延庆县	五里波西	10.62	0	261.20	0	4.72	3.55	1.05	0	0.12	0	Ⅰ类	0.003
561	延庆县	杨树河	10.30	0	313.14	0	5.97	5.71	0.26	0	0	0	Ⅲ类	0.0028
562	延庆县	五里波	22.15	0	340.19	0	7.48	7.48	0	0	0	0	Ⅰ类	0.0315
563	延庆县	佛峪口左支	15.08	0	155.22	0	6.36	6.36	0	0	0	0	Ⅰ类	0.0012
564	延庆县	佛峪口沟头	8.06	0.017	140.31	0	5.02	5.02	0	0	0	0	Ⅰ类	0.0036
565	延庆县	西庄科	27.43	1.516	138.46	0	4.59	3.96	0.36	0	0	0.27	Ⅰ类	0.037
566	延庆县	桃条沟口	9.16	0	200.83	0	5.66	5.66	0	0	0	0		
567	延庆县	六道河	20.88	0	177.18	0	6.79	6.55	0.24	0	0	0	Ⅱ类	0.1695
568	丰台区	牤牛河	3.77	1.921	—	—	—	—	—	—	—	—	—	—
569	丰台区	佃起河	13.99	0.039	—	—	—	—	—	—	—	—	—	—
570	石景山区	庞村	14.17	0.240	—	—	—	—	—	—	—	—	—	—
571	昌平区	南邵乡	4.91	1.486	—	—	—	—	—	—	—	—	—	—
572	怀柔区	白家	7.12	1.979	—	—	—	—	—	—	—	—	—	—
573	平谷区	挂甲峪	5.21	2.588	—	—	3.46	1.71	0	0	0	1.75	—	—
574	平谷区	南埝头河	3.31	0.117	—	—	—	—	—	—	—	—	—	—
575	房山区	肖庄	9.39	0.220	—	—	—	—	—	—	—	—	—	—
576	顺义区	大北坞	20.72	15.403	—	—	—	—	—	—	—	—	—	—

注 1. 表中有些小流域由于无法到达等原因，未做普查。

2. “—”代表应该有内容但未收集到，空缺代表没有内容。

表 B-2 平原区小流域土壤侵蚀基本情况

序号	区（县）名称	小流域名称	小流域面积（km^2）	土壤侵蚀面积（km^2）	序号	区（县）名称	小流域名称	小流域面积（km^2）	土壤侵蚀面积（km^2）	序号	区（县）名称	小流域名称	小流域面积（km^2）	土壤侵蚀面积（km^2）
1	朝阳区	南大沟	16.37	0.288	24	房山区	葫芦堡	7.25	0.007	47	通州区	驸马庄	11.84	0.013
2	朝阳区	大鲁店	4.89	0.147	25	房山区	吉羊村	13.73	0.007	48	通州区	高庄	17.62	0.039
3	朝阳区	沙窝	6.73	0.040	26	房山区	后十三里	18.83	0.011	49	通州区	运龙引渠	8.61	0.058
4	朝阳区	旧河湾	12.13	0.034	27	房山区	西坟	8.73	0.007	50	通州区	长陵营	13.26	0.014
5	朝阳区	孙河镇	10.58	0.064	28	房山区	北坊	12.03	0.101	51	通州区	安辛庄	9.17	0.018
6	朝阳区	东坝乡	5.52	0.017	29	房山区	崇各庄	10.38	0.100	52	通州区	候肖沟	10.97	0.015
7	朝阳区	楼梓庄	8.69	0.111	30	通州区	大梁沟	12.81	0.027	53	通州区	南小庄	8.42	0.036
8	朝阳区	上辛堡	11.78	0.032	31	通州区	玉带河	15.86	0.013	54	通州区	金各庄	9.18	0.022
9	朝阳区	东旭新村	13.27	0.128	32	通州区	港沟河(上段)	5.34	0.015	55	通州区	小老沟	16.59	0.084
10	丰台区	北刘庄沟	11.27	5.952	33	通州区	三支沟	10.60	0.009	56	通州区	南高屯	9.54	0.048
11	丰台区	南公村	16.76	0.006	34	通州区	三堡	17.64	0.034	57	通州区	侯东仪	7.22	0.017
12	丰台区	庙耳岗	10.19	4.281	35	通州区	德后北沟	27.88	0.026	58	通州区	车屯	14.21	0.019
13	丰台区	九子河	5.92	0.004	36	通州区	西柏沟	18.90	0.031	59	通州区	谢家楼	12.76	0.009
14	石景山区	张仪村	10.66	0.088	37	通州区	龙门庄	10.20	0.058	60	通州区	侉小沟	16.48	0.017
15	石景山区	八宝渠	11.55	0.082	38	通州区	王各庄	15.94	0.072	61	通州区	减运河	12.90	0.010
16	海淀区	小月河	20.29	0.446	39	通州区	西槐庄	6.08	0.025	62	通州区	丰字沟	13.33	0.037
17	海淀区	团结渠	6.85	0.004	40	通州区	大港沟	12.79	0.046	63	通州区	西黄垡	7.87	0.032
18	房山区	瓦窑头	11.39	0.004	41	通州区	神槐沟	13.38	0.013	64	通州区	东鲁	12.23	0.008
19	房山区	江村	18.19	0.003	42	通州区	周起营	11.56	0.036	65	通州区	三支沟	19.82	0.046
20	房山区	羊头岗	13.27	0.074	43	通州区	大松垡	6.04	0.033	66	通州区	五支沟	14.94	0.035
21	房山区	下滩	8.07	0.015	44	通州区	六郎庄	10.15	0.030	67	通州区	七支沟	12.50	0.013
22	房山区	梨村	7.67	0.031	45	通州区	七支渠	12.86	0.053	68	通州区	小沈庄	7.22	0.036
23	房山区	前柳村	5.14	0.011	46	通州区	五支渠	9.23	0.018	69	通州区	牌楼营引水渠	15.82	0.031

续表

序号	区（县）名称	小流域名称	小流域面积（km^2）	土壤侵蚀面积（km^2）	序号	区（县）名称	小流域名称	小流域面积（km^2）	土壤侵蚀面积（km^2）	序号	区（县）名称	小流域名称	小流域面积（km^2）	土壤侵蚀面积（km^2）
70	通州区	小盐河	13.70	0.022	95	通州区	小杨各庄	11.96	0.048	120	顺义区	张各庄	4.87	0.006
71	通州区	四支渠	10.17	0.004	96	通州区	南庄头	11.77	0.006	121	顺义区	高各庄	9.88	0.037
72	通州区	柏凤沟	7.51	0.004	97	通州区	平家疃	5.91	0.016	122	顺义区	太平辛庄	18.99	0.019
73	通州区	卜落垡	10.72	0.004	98	通州区	王辛庄	7.44	0.401	123	顺义区	豆各庄	9.89	0.016
74	通州区	乔庄	9.30	0.002	99	通州区	吴各庄	11.75	0.047	124	顺义区	李遂村	11.82	0.730
75	通州区	吴凤沟	11.64	0.005	100	通州区	尹各庄	10.20	0.028	125	顺义区	齐家务	13.71	1.577
76	通州区	台湖镇	5.05	0.004	101	通州区	双埠头	14.38	0.030	126	顺义区	沙子营	12.47	0.010
77	通州区	十四支沟	10.06	0.005	102	通州区	北凉运河	8.55	0.018	127	顺义区	安乐庄	4.13	0.019
78	通州区	榆武沟	7.48	0.004	103	顺义区	河北村上游	10.71	0.016	128	顺义区	东江头	8.16	0.018
79	通州区	南堤寺西村	14.09	0.005	104	顺义区	鲍丘河老道	7.84	0.008	129	顺义区	吴庄	6.95	0.004
80	通州区	朱家垡	6.41	0.004	105	顺义区	小屯河	26.15	0.041	130	顺义区	红娘港一支	10.47	0.004
81	通州区	龙庄	6.64	0.005	106	顺义区	冉家河	18.61	0.051	131	顺义区	王庄	6.31	0.004
82	通州区	沙窝	3.22	0.004	107	顺义区	王各庄河	13.56	0.046	132	顺义区	东庄户	7.23	0.895
83	通州区	高楼金	9.65	0.027	108	顺义区	城北减河	7.43	0.036	133	顺义区	王泮庄	11.50	6.804
84	通州区	西下营	5.00	0.018	109	顺义区	郭庄	7.92	0.010	134	顺义区	北孙各庄	7.23	0.482
85	通州区	迎春渠	11.24	0.056	110	顺义区	崇国庄	11.17	0.006	135	顺义区	榆林	14.50	0.022
86	通州区	北火垡	12.21	0.028	111	顺义区	马庄	6.67	0.008	136	顺义区	大韩庄	7.35	0.042
87	通州区	麦庄	7.44	0.012	112	顺义区	顺三排水渠	15.62	0.032	137	顺义区	木林镇	9.87	4.169
88	通州区	五三分支沟	12.72	0.009	113	顺义区	鲍丘河	22.42	0.011	138	顺义区	牛富屯	9.68	0.071
89	通州区	董村	8.27	0.009	114	顺义区	程官营河	12.76	0.022	139	顺义区	东沿头	19.00	0.045
90	通州区	六合村	12.15	0.020	115	顺义区	雁户庄	5.18	0.026	140	顺义区	红铜营	11.36	7.881
91	通州区	西堡	10.48	0.017	116	顺义区	贾家洼子	8.48	0.029	141	顺义区	相各庄	7.33	0.018
92	通州区	白庙新村	16.29	0.006	117	顺义区	沙岭	7.35	0.007	142	顺义区	西陈各庄	10.94	0.554
93	通州区	李庄	9.88	0.018	118	顺义区	白塔	8.57	0.007	143	顺义区	北郎中	13.22	1.745
94	通州区	黎各庄	15.00	0.026	119	顺义区	东干渠	12.61	0.088	144	顺义区	新王峪平原	17.67	5.164

续表

序号	区（县）名称	小流域名称	小流域面积（km^2）	土壤侵蚀面积（km^2）	序号	区（县）名称	小流域名称	小流域面积（km^2）	土壤侵蚀面积（km^2）	序号	区（县）名称	小流域名称	小流域面积（km^2）	土壤侵蚀面积（km^2）
145	顺义区	西降州营	8.40	1.493	170	顺义区	拔子房	9.23	0.015	195	大兴区	张公堡	7.84	0.006
146	顺义区	西小营	12.99	0.258	171	顺义区	英各庄	12.15	0.605	196	大兴区	定福庄	11.38	0.021
147	顺义区	白庙村	15.42	0.022	172	顺义区	高丽营镇	13.31	0.027	197	大兴区	东高各庄	17.91	0.087
148	顺义区	向前村	12.49	0.029	173	顺义区	洼子村	6.04	0.022	198	大兴区	梨园村	14.95	0.018
149	顺义区	西丰乐	9.49	0.047	174	顺义区	北上坡	5.03	0.018	199	大兴区	南各庄	5.19	0.007
150	顺义区	北小营镇	17.71	0.037	175	顺义区	陈各庄	4.98	1.245	200	大兴区	东黄垡	13.56	0.046
151	顺义区	张中坞	5.81	3.600	176	昌平区	鲁疃	8.73	0.014	201	大兴区	张新庄	10.21	0.039
152	顺义区	业兴庄	9.06	4.721	177	昌平区	百合平原	25.67	0.285	202	大兴区	西王庄	9.51	0.013
153	顺义区	红寺	16.51	1.085	178	昌平区	赴任辛庄	7.14	0.031	203	大兴区	北臧村	10.43	0.016
154	顺义区	仇家店	9.50	0.030	179	昌平区	上下庄平原	23.09	1.615	204	大兴区	李各庄	25.91	0.172
155	顺义区	田各庄	11.00	0.004	180	昌平区	酸枣岭	8.67	0.002	205	大兴区	王化庄	4.00	0.017
156	顺义区	阎家营	9.69	0.002	181	昌平区	肖村	9.03	0.010	206	大兴区	孙家营	5.91	0.071
157	顺义区	道仙庄	7.88	0.012	182	昌平区	葫芦河	11.17	0.011	207	大兴区	西白塔	12.29	0.013
158	顺义区	宣庄户	17.25	0.007	183	昌平区	真顺	7.93	0.037	208	大兴区	后杨各庄	13.36	0.026
159	顺义区	杜刘庄	8.11	0.061	184	大兴区	礼贤排沟	18.75	0.087	209	大兴区	北顿垡	8.77	0.007
160	顺义区	市潮白陵园	9.50	0.011	185	大兴区	曹辛庄	10.65	0.012	210	大兴区	魏庄	10.00	0.010
161	顺义区	李家桥	6.25	0.139	186	大兴区	东张华	10.51	0.058	211	大兴区	西芦各庄	25.40	0.086
162	顺义区	月牙河	16.25	0.230	187	大兴区	朱家务	5.95	0.091	212	大兴区	郑福庄	9.74	0.007
163	顺义区	小苏庄	5.37	0.026	188	大兴区	辛村	15.61	0.087	213	大兴区	前大营	9.53	0.005
164	顺义区	张喜庄	14.81	0.022	189	大兴区	东胡林	18.34	0.156	214	大兴区	后大宫	13.12	0.010
165	顺义区	七干渠支	15.69	0.007	190	大兴区	求贤村	10.02	0.037	215	大兴区	李堡	8.03	0.221
166	顺义区	东马各庄	13.91	0.015	191	大兴区	榆垡镇	16.60	0.081	216	大兴区	西北台	8.22	0.033
167	顺义区	后沙峪	13.03	0.015	192	大兴区	魏各庄	10.43	0.007	217	大兴区	罗庄	8.81	0.202
168	顺义区	西白辛庄	10.56	0.013	193	大兴区	石垡	12.46	0.007	218	大兴区	沙河村	12.09	0.065
169	顺义区	西田各庄	8.13	0.028	194	大兴区	梨花村	10.73	0.029	219	大兴区	于家务	12.18	0.123

续表

序号	区（县）名称	小流域名称	小流域面积（km^2）	土壤侵蚀面积（km^2）	序号	区（县）名称	小流域名称	小流域面积（km^2）	土壤侵蚀面积（km^2）	序号	区（县）名称	小流域名称	小流域面积（km^2）	土壤侵蚀面积（km^2）
220	大兴区	廊大引渠	13.09	0.007	246	大兴区	陈各庄	7.17	0.012	272	平谷区	齐各庄	5.65	0.006
221	大兴区	利市营	6.05	0.040	247	大兴区	王家屯	4.13	0.029	273	平谷区	放光庄	3.48	0.025
222	大兴区	东半壁店	11.42	0.011	248	怀柔区	牤牛河	12.56	0.146	274	平谷区	兴隆庄	8.65	0.064
223	大兴区	南辛店	16.95	0.013	249	怀柔区	怀北	5.19	1.298	275	平谷区	南独乐河	14.83	0.289
224	大兴区	周营	13.76	0.052	250	怀柔区	红军庄	23.94	3.478	276	平谷区	胡庄村南	7.44	0.011
225	大兴区	永和庄	5.87	0.013	251	怀柔区	怀柔镇	12.95	0.196	277	平谷区	西寺渠村	8.03	0.026
226	大兴区	青云店镇	13.55	0.022	252	怀柔区	龙各庄	9.00	1.555	278	平谷区	李辛庄	6.55	0.019
227	大兴区	崔家庄	9.08	0.013	253	怀柔区	永乐庄	5.16	0.108	279	平谷区	张辛庄	6.12	0.035
228	大兴区	青马	7.79	0.007	254	怀柔区	永乐庄西	3.62	0.008	280	平谷区	东陈各庄	9.00	0.006
229	大兴区	王各庄	10.99	0.013	255	怀柔区	大辛庄	19.65	0.014	281	平谷区	南张岱	3.70	0.025
230	大兴区	沙子营	10.47	0.024	256	怀柔区	小辛庄	14.87	0.063	282	平谷区	南宅庄户	9.67	0.004
231	大兴区	大张本庄	16.98	0.054	257	怀柔区	杨宋庄	15.16	0.021	283	密云县	新王庄	22.88	4.446
232	大兴区	东赵村	10.06	0.013	258	怀柔区	杨宋镇	9.54	0.007	284	密云县	李各庄	7.52	1.908
233	大兴区	金星庄	27.00	0.008	259	怀柔区	四季屯	9.31	0.032	285	密云县	王家楼	6.99	2.552
234	大兴区	瀛海镇	13.61	0.007	260	怀柔区	东沿头	12.34	2.319	286	密云县	檀营	9.77	0.188
235	大兴区	屈庄	9.31	0.013	261	怀柔区	雁栖镇	4.14	0.035	287	密云县	西田各庄	19.69	3.424
236	大兴区	烧饼庄	11.31	0.033	262	怀柔区	牤牛河	15.41	1.654	288	密云县	季庄	12.25	0.395
237	大兴区	一支沟	11.32	0.014	263	平谷区	曹家庄河	8.40	0.026	289	密云县	燕落寨	10.43	0.047
238	大兴区	霍州营	13.18	0.042	264	平谷区	东石桥河	16.18	0.011	290	密云县	水洼屯	6.53	0.040
239	大兴区	官沟	12.38	0.013	265	平谷区	胡辛庄	30.94	0.127	291	密云县	沿村	4.56	0.011
240	大兴区	临沟屯	17.85	0.045	266	平谷区	杈子庄	6.32	0.010	292	密云县	郑家庄	15.19	0.011
241	大兴区	清合庄	12.23	0.007	267	平谷区	崔家庄	9.02	0.011	293	密云县	团结村	12.68	0.040
242	大兴区	阎家铺	10.12	0.037	268	平谷区	赵各庄	12.34	0.033	294	密云县	小东河改道	23.50	3.523
243	大兴区	诸葛营	12.88	0.035	269	平谷区	贾各庄	6.30	0.007	295	密云县	十里堡镇	9.98	0.004
244	大兴区	伙达营	15.18	0.026	270	平谷区	白各庄	9.76	0.022	296	密云县	水洼屯	6.53	0.040
245	大兴区	四各庄	6.98	0.010	271	平谷区	薄各庄	10.20	0.025					

注 没有土壤侵蚀面积的小流域未列入。

附录C　侵蚀沟道名录

序号	所属乡（镇）	沟道编码	沟道面积（hm^2）	沟道长度（m）	沟道纵比（%）
1	八达岭镇	110229001	1.21	713.9	7.25
2	八达岭镇	110229002	0.27	179.4	6.47
3	八达岭镇	110229003	4.35	952.9	5.42
4	八达岭镇	110229004	2.66	884.7	6.02
5	八达岭镇	110229005	3.28	1222.2	5.53
6	八达岭镇	110229006	0.34	216.3	10.81
7	八达岭镇	110229007	0.23	106.5	13.13
8	八达岭镇	110229008	0.56	232.6	13.62
9	八达岭镇	110229009	2.56	793.6	12.05
10	八达岭镇	110229010	1.70	399.8	10.49
11	八达岭镇	110229011	1.54	513.8	10.11
12	八达岭镇	110229012	8.40	1912.3	8.88
13	八达岭镇	110229013	1.67	377.6	8.35
14	八达岭镇	110229014	1.88	361.3	10.15
15	八达岭镇	110229015	1.28	356.2	12.25
16	八达岭镇	110229016	0.79	399.5	11.60
17	八达岭镇	110229017	0.84	323.8	7.70
18	八达岭镇	110229018	0.49	229.6	7.27
19	八达岭镇	110229019	0.21	155.2	18.57
20	八达岭镇	110229020	0.24	133.0	16.80
21	八达岭镇	110229021	0.38	105.9	13.52
22	八达岭镇	110229022	1.08	463.2	7.29
23	八达岭镇	110229023	0.97	281.7	15.74
24	八达岭镇	110229024	0.53	160.9	5.09
25	八达岭镇	110229025	0.75	251.8	11.48
26	八达岭镇	110229026	1.15	323.6	10.69
27	八达岭镇	110229027	5.19	1163.2	7.33
28	八达岭镇	110229028	2.97	725.2	14.06

续表

序号	所属乡（镇）	沟道编码	沟道面积（hm^2）	沟道长度（m）	沟道纵比（%）
29	八达岭镇	110229029	4.74	1057.9	6.98
30	八达岭镇	110229030	1.78	400.9	2.53
31	八达岭镇	110229031	1.00	492.0	11.35
32	大榆树镇 八达岭镇	110229032	3.28	972.0	7.11
33	大榆树镇	110229033	7.13	1327.7	7.66
34	八达岭镇 大榆树镇	110229034	0.88	165.1	15.18
35	大榆树镇	110229035	1.00	321.8	14.12
36	大榆树镇	110229036	2.21	705.0	14.20
37	大榆树镇	110229037	0.85	277.2	6.67
38	大榆树镇 八达岭镇	110229038	5.31	1240.8	4.80
39	大榆树镇	110229039	0.95	366.0	9.05
40	大榆树镇	110229040	1.99	749.9	4.77
41	大榆树镇	110229041	0.31	151.3	7.70
42	大榆树镇	110229042	0.28	166.6	8.88
43	大榆树镇	110229043	6.84	1107.5	5.93
44	大榆树镇	110229044	5.05	1295.5	6.88
45	大榆树镇	110229045	2.37	646.1	3.46
46	大榆树镇	110229046	4.91	1445.3	4.52
47	大榆树镇	110229047	1.93	752.4	7.66
48	大榆树镇	110229048	1.82	525.0	6.54
49	大榆树镇	110229049	3.95	1005.8	8.39
50	大榆树镇	110229050	1.83	483.6	14.43
51	大榆树镇	110229051	1.72	497.7	6.81
52	大榆树镇	110229052	1.00	623.5	9.83
53	大榆树镇	110229053	0.49	272.4	6.54
54	大榆树镇	110229054	1.55	513.1	14.16
55	大榆树镇	110229055	0.25	88.3	28.55
56	大榆树镇	110229056	0.63	297.2	4.39
57	大榆树镇	110229057	0.38	167.0	8.66
58	大榆树镇	110229058	1.08	384.4	2.88
59	大榆树镇	110229059	1.31	501.7	7.24

续表

序号	所属乡（镇）	沟道编码	沟道面积（hm^2）	沟道长度（m）	沟道纵比（%）
60	大榆树镇	110229060	5.19	1413.5	2.92
61	大榆树镇	110229061	1.86	465.9	12.92
62	大榆树镇	110229062	1.06	431.6	2.52
63	大榆树镇	110229063	2.66	647.8	4.52
64	大榆树镇	110229064	7.22	1347.4	6.07
65	大榆树镇	110229065	0.81	317.2	8.69
66	大榆树镇	110229066	1.82	261.9	7.66
67	大榆树镇	110229067	8.39	736.6	9.88
68	大榆树镇	110229068	1.10	552.7	7.24
69	大榆树镇	110229069	4.80	563.0	4.88
70	大榆树镇	110229070	10.12	1540.5	6.96
71	大榆树镇 井庄镇	110229071	58.58	5470.5	3.24
72	大榆树镇	110229072	1.34	374.8	4.72
73	大榆树镇 井庄镇	110229073	31.02	2737.0	2.88
74	大榆树镇	110229074	6.70	1344.2	3.57
75	大榆树镇 井庄镇	110229075	28.21	3291.1	4.16
76	大榆树镇 井庄镇	110229076	6.62	1159.3	2.64
77	大榆树镇	110229077	1.52	429.4	5.94
78	大榆树镇	110229078	3.37	660.0	1.57
79	大榆树镇 井庄镇	110229079	7.61	1917.6	6.51
80	大榆树镇	110229080	9.84	2262.4	6.38
81	大榆树镇	110229081	0.35	169.9	5.83
82	大榆树镇	110229082	0.82	291.0	6.15
83	大榆树镇	110229083	0.73	183.6	13.01
84	大榆树镇	110229084	4.83	1361.2	9.68
85	大榆树镇	110229085	8.95	1754.8	6.15
86	大榆树镇	110229086	10.33	2053.6	6.35
87	大榆树镇	110229087	5.82	743.1	7.82
88	大榆树镇	110229088	4.23	989.5	8.65

续表

序号	所属乡（镇）	沟道编码	沟道面积（hm^2）	沟道长度（m）	沟道纵比（%）
89	大榆树镇	110229089	2.80	802.2	8.19
90	大榆树镇	110229090	2.83	548.2	7.29
91	大榆树镇	110229091	2.38	488.1	5.84
92	大榆树镇	110229092	2.85	574.5	8.26
93	井庄镇	110229093	1.11	351.6	3.63
94	井庄镇	110229094	1.40	401.5	4.63
95	井庄镇	110229095	0.86	375.5	3.57
96	井庄镇	110229096	2.99	976.0	3.64
97	井庄镇	110229097	0.87	212.0	12.98
98	井庄镇	110229098	7.96	1782.4	5.33
99	井庄镇	110229099	3.36	611.8	7.60
100	井庄镇	110229100	2.39	505.2	8.40
101	井庄镇	110229101	5.97	1182.0	7.09
102	井庄镇	110229102	4.15	635.5	9.25
103	井庄镇	110229103	1.79	414.0	8.38
104	井庄镇	110229104	9.67	3193.0	0.78
105	井庄镇	110229105	2.03	496.2	9.75
106	井庄镇	110229106	0.32	127.5	9.33
107	井庄镇	110229107	0.91	338.5	8.76
108	井庄镇	110229108	1.52	327.9	4.65
109	井庄镇	110229109	31.55	5045.6	6.49
110	井庄镇	110229110	11.55	1073.0	6.54
111	井庄镇	110229111	4.15	1122.8	8.50
112	井庄镇	110229112	7.04	1409.3	8.66
113	井庄镇	110229113	0.98	305.0	15.08
114	井庄镇	110229114	0.70	464.7	2.70
115	井庄镇	110229115	0.62	730.5	2.41
116	井庄镇	110229116	0.97	671.2	1.42
117	井庄镇	110229117	0.47	487.9	1.96
118	井庄镇	110229118	2.05	571.8	8.18
119	井庄镇	110229119	1.77	1408.7	6.53
120	井庄镇	110229120	7.51	2792.5	2.57
121	井庄镇	110229121	2.77	465.0	2.24

续表

序号	所属乡（镇）	沟道编码	沟道面积（hm^2）	沟道长度（m）	沟道纵比（%）
122	井庄镇	110229122	2.09	1261.3	3.63
123	井庄镇	110229123	0.52	316.5	9.52
124	井庄镇	110229124	1.32	607.7	2.68
125	井庄镇	110229125	0.56	329.0	7.48
126	井庄镇	110229126	2.00	766.5	9.23
127	井庄镇	110229127	3.69	766.8	8.16
128	井庄镇	110229128	1.04	296.4	10.19
129	井庄镇	110229129	9.18	1477.4	4.19
130	井庄镇	110229130	5.38	1535.2	3.44
131	永宁镇	110229131	3.88	945.0	7.25
132	永宁镇	110229132	0.34	275.7	6.10
133	永宁镇	110229133	0.84	273.4	5.50
134	永宁镇	110229134	1.16	536.4	5.54
135	永宁镇	110229135	0.52	264.8	8.53
136	永宁镇	110229136	0.22	182.0	7.74
137	永宁镇	110229137	1.84	1145.4	6.49
138	永宁镇	110229138	2.37	759.9	7.13
139	永宁镇	110229139	0.95	619.2	7.31
140	永宁镇	110229140	1.62	669.8	1.04
141	永宁镇	110229141	0.45	316.7	4.07
142	永宁镇	110229142	1.75	1050.3	4.51
143	永宁镇	110229143	2.01	483.3	7.77
144	永宁镇	110229144	2.77	731.2	5.61
145	永宁镇	110229145	0.20	207.2	7.76
146	永宁镇	110229146	0.23	273.8	4.75
147	永宁镇	110229147	0.16	189.8	4.29
148	永宁镇	110229148	1.27	539.7	5.67
149	永宁镇	110229149	0.55	524.5	3.46
150	永宁镇	110229150	0.91	635.7	3.41
151	永宁镇	110229151	14.29	2465.2	4.45
152	永宁镇	110229152	0.95	470.3	2.93
153	永宁镇	110229153	0.76	243.1	15.34
154	永宁镇	110229154	1.43	543.3	6.66

续表

序号	所属乡（镇）	沟道编码	沟道面积（hm^2）	沟道长度（m）	沟道纵比（%）
155	永宁镇	110229155	0.62	483.7	10.11
156	永宁镇	110229156	0.54	284.7	8.72
157	永宁镇	110229157	4.04	934.3	7.61
158	永宁镇	110229158	11.00	2536.5	5.45
159	永宁镇	110229159	3.77	1121.4	6.51
160	永宁镇	110229160	6.74	2368.6	5.37
161	刘斌堡乡	110229161	1.63	331.4	10.37
162	刘斌堡乡	110229162	2.18	554.7	9.78
163	刘斌堡乡	110229163	3.84	593.9	6.51
164	刘斌堡乡	110229164	1.31	300.4	13.18
165	刘斌堡乡	110229165	2.15	417.1	9.37
166	刘斌堡乡	110229166	0.98	288.3	11.41
167	刘斌堡乡	110229167	6.87	1850.0	5.96
168	刘斌堡乡	110229168	2.07	601.9	6.71
169	刘斌堡乡	110229169	4.71	1103.1	9.51
170	香营乡	110229170	3.86	1037.4	12.85
171	香营乡，旧县镇，永宁镇	110229171	17.68	3128.4	4.26
172	香营乡	110229172	1.18	575.6	3.49
173	旧县镇	110229173	2.85	999.7	7.12
174	旧县镇	110229174	6.63	990.2	14.07
175	旧县镇	110229175	1.88	674.3	6.88
176	旧县镇	110229176	4.88	994.6	11.55
177	旧县镇	110229177	4.97	1015.2	11.59
178	旧县镇	110229178	2.32	313.9	14.18
179	旧县镇	110229179	3.28	1444.7	3.82
180	旧县镇	110229180	2.40	705.7	5.11
181	旧县镇	110229181	6.39	1997.3	4.19
182	旧县镇	110229182	11.42	1691.4	0.83
183	旧县镇	110229183	7.44	869.3	5.19
184	旧县镇	110229184	4.82	927.1	5.84
185	张山营镇	110229185	1.51	696.5	1.47

附录 D　小流域名录

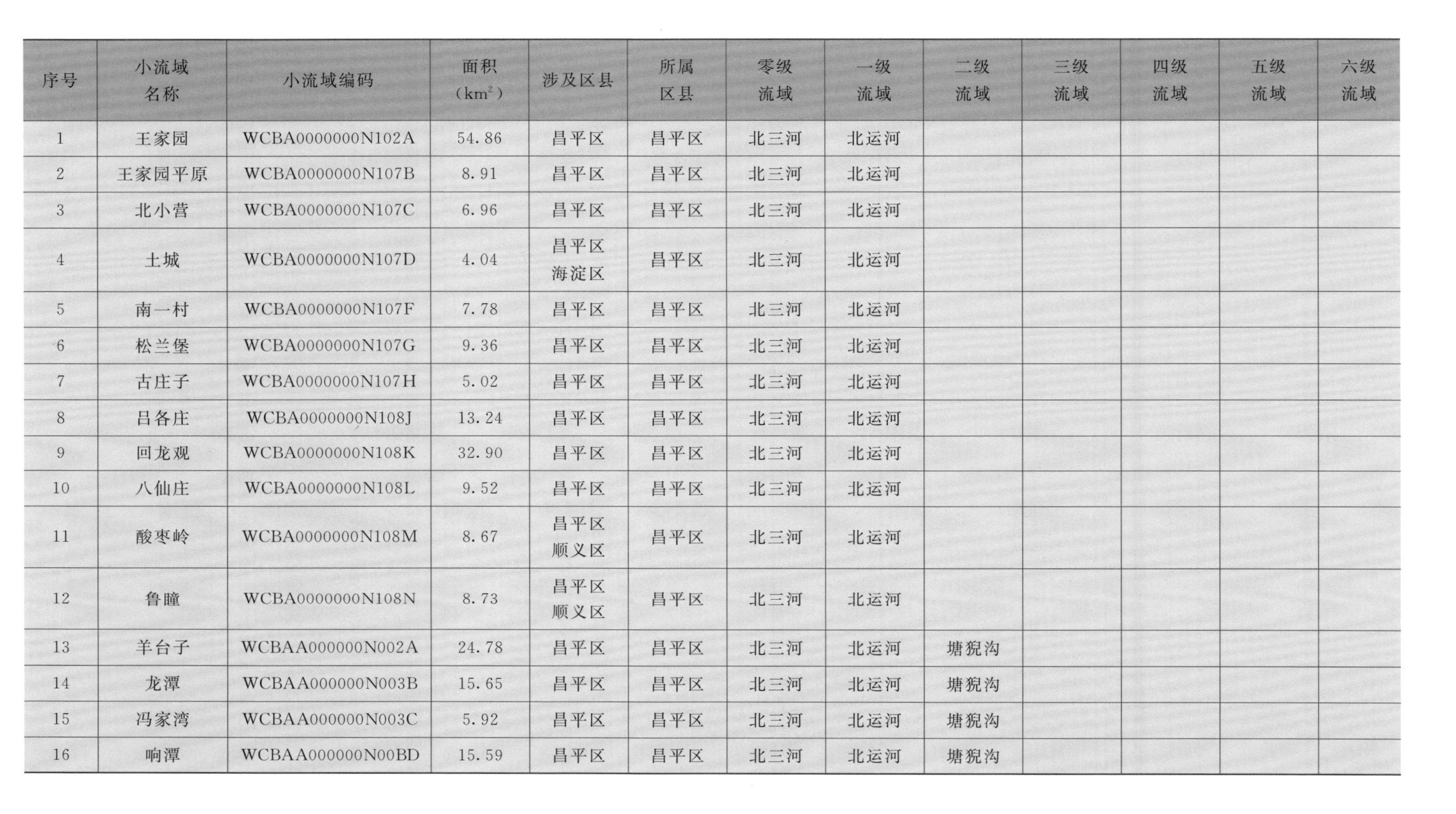

序号	小流域名称	小流域编码	面积（km²）	涉及区县	所属区县	零级流域	一级流域	二级流域	三级流域	四级流域	五级流域	六级流域
1	王家园	WCBA0000000N102A	54.86	昌平区	昌平区	北三河	北运河					
2	王家园平原	WCBA0000000N107B	8.91	昌平区	昌平区	北三河	北运河					
3	北小营	WCBA0000000N107C	6.96	昌平区	昌平区	北三河	北运河					
4	土城	WCBA0000000N107D	4.04	昌平区 海淀区	昌平区	北三河	北运河					
5	南一村	WCBA0000000N107F	7.78	昌平区	昌平区	北三河	北运河					
6	松兰堡	WCBA0000000N107G	9.36	昌平区	昌平区	北三河	北运河					
7	古庄子	WCBA0000000N107H	5.02	昌平区	昌平区	北三河	北运河					
8	吕各庄	WCBA0000000N108J	13.24	昌平区	昌平区	北三河	北运河					
9	回龙观	WCBA0000000N108K	32.90	昌平区	昌平区	北三河	北运河					
10	八仙庄	WCBA0000000N108L	9.52	昌平区	昌平区	北三河	北运河					
11	酸枣岭	WCBA0000000N108M	8.67	昌平区 顺义区	昌平区	北三河	北运河					
12	鲁疃	WCBA0000000N108N	8.73	昌平区 顺义区	昌平区	北三河	北运河					
13	羊台子	WCBAA000000N002A	24.78	昌平区	昌平区	北三河	北运河	塘猊沟				
14	龙潭	WCBAA000000N003B	15.65	昌平区	昌平区	北三河	北运河	塘猊沟				
15	冯家湾	WCBAA000000N003C	5.92	昌平区	昌平区	北三河	北运河	塘猊沟				
16	响潭	WCBAA000000N00BD	15.59	昌平区	昌平区	北三河	北运河	塘猊沟				

续表

序号	小流域名称	小流域编码	面积（km^2）	涉及区县	所属区县	零级流域	一级流域	二级流域	三级流域	四级流域	五级流域	六级流域
17	湾子沟	WCBAAA00000R0010	12.07	昌平区	昌平区	北三河	北运河	塘猊沟	湾子沟			
18	水沟	WCBAAB00000R0010	5.51	昌平区	昌平区	北三河	北运河	塘猊沟	水沟			
19	大石坡	WCBAAC00000R0090	46.78	昌平区	昌平区	北三河	北运河	塘猊沟	兴隆口沟			
20	韩家台	WCBAB000000R003C	23.30	昌平区 门头沟区	昌平区	北三河	北运河	高崖口沟				
21	小水峪	WCBAB000000R004D	16.70	昌平区	昌平区	北三河	北运河	高崖口沟				
22	瓦窑	WCBAB000000R004E	6.82	昌平区	昌平区	北三河	北运河	高崖口沟				
23	西马坊	WCBAB000000R007G	6.92	昌平区	昌平区	北三河	北运河	高崖口沟				
24	南流村	WCBAB000000R00BF	25.53	昌平区	昌平区	北三河	北运河	高崖口沟				
25	狼儿峪	WCBABA00000R0010	25.25	昌平区 门头沟区	昌平区	北三河	北运河	高崖口沟	狼儿峪东沟			
26	溜石港	WCBABB00000L0010	22.30	昌平区	昌平区	北三河	北运河	高崖口沟	高崖口沟左支一河			
27	漆园	WCBABC00000R0010	11.12	昌平区	昌平区	北三河	北运河	高崖口沟	漆园沟			
28	西峰山	WCBABD00000L0010	20.57	昌平区	昌平区	北三河	北运河	高崖口沟	西峰山河			
29	北流村	WCBABE00000L0090	16.21	昌平区	昌平区	北三河	北运河	高崖口沟	柏峪沟			
30	关沟	WCBAC000000L003B	23.18	昌平区	昌平区	北三河	北运河	辛店河				
31	辛店一道河	WCBAC000000L007C	10.42	昌平区	昌平区	北三河	北运河	辛店河				
32	马池口镇	WCBAC000000L007D	5.24	昌平区	昌平区	北三河	北运河	辛店河				
33	九仙庙	WCBACA00000L0010	11.56	昌平区	昌平区	北三河	北运河	辛店河	烧锅峪沟			
34	舒畅河	WCBAD000000L0050	2.40	昌平区 海淀区	昌平区	北三河	北运河	舒畅河				
35	楼自庄	WCBAE000000L007B	8.61	昌平区	昌平区	北三河	北运河	幸福河				

续表

序号	小流域名称	小流域编码	面积（km^2）	涉及区县	所属区县	零级流域	一级流域	二级流域	三级流域	四级流域	五级流域	六级流域
36	虎峪	WCBAE000000L00BA	37.24	昌平区	昌平区	北三河	北运河	幸福河				
37	涧头	WCBAEA00000L0090	17.06	昌平区	昌平区	北三河	北运河	幸福河	邓庄河			
38	创新河	WCBAEB00000L0050	14.00	昌平区	昌平区	北三河	北运河	幸福河	创新河			
39	果庄	WCBAF000000N003B	16.34	延庆县 昌平区	昌平区	北三河	北运河	东沙河				
40	德胜口	WCBAF000000N003C	9.09	昌平区	昌平区	北三河	北运河	东沙河				
41	胡庄	WCBAF000000N003D	7.57	昌平区	昌平区	北三河	北运河	东沙河				
42	十三陵	WCBAF000000N003E	21.56	昌平区	昌平区	北三河	北运河	东沙河				
43	路庄	WCBAF000000N007G	15.43	昌平区	昌平区	北三河	北运河	东沙河				
44	营坊	WCBAF000000N00BF	35.57	昌平区	昌平区	北三河	北运河	东沙河				
45	燕子口	WCBAFA00000L0010	4.00	昌平区	昌平区	北三河	北运河	东沙河	德陵沟			
46	碓臼峪	WCBAFB00000L003D	22.08	延庆县 昌平区	昌平区	北三河	北运河	东沙河	锥石口沟			
47	裕陵	WCBAFB00000L003F	7.28	昌平区	昌平区	北三河	北运河	东沙河	锥石口沟			
48	康陵村	WCBAFB00000L004E	4.43	昌平区	昌平区	北三河	北运河	东沙河	锥石口沟			
49	上下口	WCBAFBA0000L003B	29.25	延庆县 昌平区	昌平区	北三河	北运河	东沙河	锥石口沟	上下口沟		
50	老君堂	WCBAFC00000L0010	25.67	昌平区	昌平区	北三河	北运河	东沙河	老君堂沟			
51	朱辛庄	WCBAG000000N007J	15.28	昌平区	昌平区	北三河	北运河	南沙河				
52	老牛湾	WCBAG000000N008F	3.59	昌平区 海淀区	昌平区	北三河	北运河	南沙河				
53	史各庄	WCBAG000000N008H	6.31	昌平区	昌平区	北三河	北运河	南沙河				
54	二道河	WCBAGA00000L0090	15.62	昌平区 海淀区	昌平区	北三河	北运河	南沙河	叉河			

续表

序号	小流域名称	小流域编码	面积（km^2）	涉及区县	所属区县	零级流域	一级流域	二级流域	三级流域	四级流域	五级流域	六级流域
55	百善西排水	WCBAH000000L0050	12.19	昌平区	昌平区	北三河	北运河	百善西排水				
56	七白河	WCBAJ000000R0050	6.90	昌平区	昌平区	北三河	北运河	七白河				
57	水都河	WCBAK000000R0050	11.77	昌平区	昌平区	北三河	北运河	水都河				
58	孟祖河	WCBAM000000N007C	29.60	昌平区	昌平区	北三河	北运河	孟祖河				
59	大辛峰排水	WCBAM000000N008B	16.83	昌平区	昌平区	北三河	北运河	孟祖河				
60	南邵乡	WCBAM000000N00AA	4.91	昌平区	昌平区	北三河	北运河	孟祖河				
61	上下庄	WCBAN000000N002A	49.65	昌平区	昌平区	北三河	北运河	蔺沟				
62	上下庄平原	WCBAN000000N007B	23.09	昌平区	昌平区	北三河	北运河	蔺沟				
63	赴任辛庄	WCBAN000000N007C	7.14	昌平区	昌平区	北三河	北运河	蔺沟				
64	葫芦河	WCBANA00000N007A	11.17	昌平区	昌平区	北三河	北运河	蔺沟	葫芦河			
65	八家	WCBANAA0000L002A	19.35	昌平区	昌平区	北三河	北运河	蔺沟	葫芦河	肖村河		
66	真顺	WCBANAA0000L007B	7.93	昌平区	昌平区	北三河	北运河	蔺沟	葫芦河	肖村河		
67	东崔村	WCBANAA0000L007C	9.94	昌平区	昌平区	北三河	北运河	蔺沟	葫芦河	肖村河		
68	肖村	WCBANAA0000L007D	9.03	昌平区	昌平区	北三河	北运河	蔺沟	葫芦河	肖村河		
69	西峪	WCBANAAA000L0090	27.20	昌平区	昌平区	北三河	北运河	蔺沟	葫芦河	肖村河	西峪沟	
70	百合	WCBANB00000N002A	40.86	怀柔区 昌平区	昌平区	北三河	北运河	蔺沟	秦屯河			
71	百合平原	WCBANB00000N007B	25.67	昌平区 顺义区	昌平区	北三河	北运河	蔺沟	秦屯河			
72	半壁店	WCBANBAA000R0090	19.81	昌平区 顺义区	昌平区	北三河	北运河	蔺沟	秦屯河	白浪河	小沙河	
73	七北河	WCBAP000000R0050	16.28	昌平区	昌平区	北三河	北运河	七北河				

续表

序号	小流域名称	小流域编码	面积（km²）	涉及区县	所属区县	零级流域	一级流域	二级流域	三级流域	四级流域	五级流域	六级流域
74	新贺村	WCBAR000000R007G	16.10	昌平区 朝阳区 海淀区	昌平区	北三河	北运河	清河				
75	天通苑	WCBAR000000R007H	10.04	昌平区 朝阳区	昌平区	北三河	北运河	清河				
76	黑山寨	WCBBjD00000R0010	36.41	怀柔区 昌平区	昌平区	北三河	潮白河	怀河	黑山寨沟			
77	慈悲峪	WCBBjE00000R0010	11.34	怀柔区 昌平区	昌平区	北三河	潮白河	怀河	慈悲峪沟			
78	长峪城	WCCCA000000L002A	18.83	昌平区	昌平区	永定河	湫河	老峪沟				
79	马刨泉南	WCCCA000000L004B	4.40	昌平区	昌平区	永定河	湫河	老峪沟				
80	马刨泉	WCCCA000000L004C	12.88	昌平区	昌平区	永定河	湫河	老峪沟				
81	老峪沟	WCCCAA00000L0010	18.35	昌平区	昌平区	永定河	湫河	老峪沟	长井沟			
82	上辛堡	WCBA0000000N108Q	11.78	朝阳区 顺义区	朝阳区	北三河	北运河					
83	孙河镇	WCBA0000000N108R	10.58	朝阳区	朝阳区	北三河	北运河					
84	旧河湾	WCBA0000000N108U	12.13	朝阳区	朝阳区	北三河	北运河					
85	东窑	WCBA0000000N008W	8.24	朝阳区 通州区	朝阳区	北三河	北运河					
86	立先村	WCBAR000000R007K	12.96	昌平区 朝阳区	朝阳区	北三河	北运河	清河				
87	沈家村	WCBAR000000R007L	10.34	昌平区 朝阳区	朝阳区	北三河	北运河	清河				
88	大羊坊排水河	WCBAR000000R008J	5.84	朝阳区	朝阳区	北三河	北运河	清河				

续表

序号	小流域名称	小流域编码	面积（km^2）	涉及区县	所属区县	零级流域	一级流域	二级流域	三级流域	四级流域	五级流域	六级流域
89	清洋河	WCBARC00000R0050	9.80	朝阳区	朝阳区	北三河	北运河	清河	清洋河			
90	西干沟	WCBAS000000R0050	14.12	朝阳区	朝阳区	北三河	北运河	西干沟				
91	左家庄	WCBAU000000R007A	2.81	朝阳区 东城区	朝阳区	北三河	北运河	坝河				
92	东坝河村	WCBAU000000R007B	14.57	朝阳区	朝阳区	北三河	北运河	坝河				
93	洼子村	WCBAU000000R007C	10.49	朝阳区	朝阳区	北三河	北运河	坝河				
94	北岗子	WCBAU000000R007D	7.82	朝阳区	朝阳区	北三河	北运河	坝河				
95	沙窝	WCBAU000000R007G	6.73	朝阳区 通州区	朝阳区	北三河	北运河	坝河				
96	大望京	WCBAU000000R008D	3.51	朝阳区	朝阳区	北三河	北运河	坝河	北小河			
97	楼梓庄	WCBAU000000R008E	8.69	朝阳区	朝阳区	北三河	北运河	坝河				
98	焦庄	WCBAU000000R008F	4.99	朝阳区	朝阳区	北三河	北运河	坝河				
99	黄寺村	WCBAUA00000L007B	4.84	朝阳区 西城区 东城区	朝阳区	北三河	北运河	坝河	土城沟			
100	和平街	WCBAUA00000L007C	7.23	朝阳区 东城区	朝阳区	北三河	北运河	坝河	土城沟			
101	三元里	WCBAUB00000R007A	6.35	朝阳区 东城区	朝阳区	北三河	北运河	坝河	亮马河			
102	辛庄	WCBAUB00000R007B	7.15	朝阳区	朝阳区	北三河	北运河	坝河	亮马河			
103	将台洼村	WCBAUB00000R007C	7.98	朝阳区	朝阳区	北三河	北运河	坝河	亮马河			
104	东坝乡	WCBAUC00000L007G	5.52	朝阳区	朝阳区	北三河	北运河	坝河	北小河			
105	崔家村	WCBAUC00000L008A	11.77	朝阳区	朝阳区	北三河	北运河	坝河	北小河			

续表

序号	小流域名称	小流域编码	面积（km^2）	涉及区县	所属区县	零级流域	一级流域	二级流域	三级流域	四级流域	五级流域	六级流域
106	世纪村	WCBAUC00000L008B	5.14	朝阳区	朝阳区	北三河	北运河	坝河	北小河			
107	索家村	WCBAUC00000L008C	8.48	朝阳区	朝阳区	北三河	北运河	坝河	北小河			
108	北皋村	WCBAUC00000L008E	10.73	朝阳区	朝阳区	北三河	北运河	坝河	北小河			
109	小白家村	WCBAUC00000L008F	9.47	朝阳区	朝阳区	北三河	北运河	坝河	北小河			
110	小场沟	WCBAV000000R006A	14.07	朝阳区	朝阳区	北三河	北运河	小场沟				
111	高安屯	WCBAV000000R007B	6.03	朝阳区 通州区	朝阳区	北三河	北运河	小场沟				
112	常营中心沟	WCBAVA00000R0050	8.44	朝阳区	朝阳区	北三河	北运河	小场沟	常营中心沟			
113	光华里	WCBAX000000P007J	8.80	朝阳区 东城区	朝阳区	北三河	北运河	通惠河				
114	松公村	WCBAX000000P007K	6.87	朝阳区	朝阳区	北三河	北运河	通惠河				
115	大黄庄	WCBAX000000P007L	7.38	朝阳区	朝阳区	北三河	北运河	通惠河				
116	果家店	WCBAX000000P007M	11.62	朝阳区 通州区	朝阳区	北三河	北运河	通惠河				
117	二道沟	WCBAXJ00000L0050	15.02	朝阳区 东城区	朝阳区	北三河	北运河	通惠河	二道沟			
118	半壁店河	WCBAXK00000R0050	10.02	朝阳区	朝阳区	北三河	北运河	通惠河	半壁店沟			
119	青年路沟	WCBAXM00000L0050	10.96	朝阳区	朝阳区	北三河	北运河	通惠河	青年路沟			
120	陈家村	WCBAYH00000P008A	4.42	朝阳区	朝阳区	北三河	北运河	凉水河	大羊坊沟			
121	祁庄新村	WCBAYH00000P008B	8.43	丰台区 朝阳区	朝阳区	北三河	北运河	凉水河	大羊坊沟			
122	阎家场	WCBAYH00000P008D	5.13	大兴区 朝阳区	朝阳区	北三河	北运河	凉水河	大羊坊沟			

续表

序号	小流域名称	小流域编码	面积（km^2）	涉及区县	所属区县	零级流域	一级流域	二级流域	三级流域	四级流域	五级流域	六级流域
123	南何家村	WCBAYJ00000P006A	3.47	朝阳区	朝阳区	北三河	北运河	凉水河	通惠排干			
124	东太平庄	WCBAYJ00000P007B	9.98	朝阳区	朝阳区	北三河	北运河	凉水河	通惠排干			
125	观音堂沟	WCBAYJA0000R0050	5.46	朝阳区	朝阳区	北三河	北运河	凉水河	通惠排干	观音堂沟		
126	大柳树沟	WCBAYJB0000R0050	12.40	朝阳区	朝阳区	北三河	北运河	凉水河	通惠排干	大柳树沟		
127	萧太后河	WCBAYK00000P006A	17.46	朝阳区	朝阳区	北三河	北运河	凉水河	萧太后河			
128	大鲁店	WCBAYK00000P007B	4.89	朝阳区 通州区	朝阳区	北三河	北运河	凉水河	萧太后河			
129	南大沟	WCBAYKA0000L0050	16.37	朝阳区 通州区	朝阳区	北三河	北运河	凉水河	萧太后河	南大沟		
130	东旭新村	WCBAYKB0000L006A	13.27	朝阳区 通州区	朝阳区	北三河	北运河	凉水河	萧太后河	大稿沟		
131	一支沟	WCBAb000000P007A	11.32	大兴区 通州区	大兴区	北三河	北运河	凤港减河				
132	屈庄	WCBAc000000P007A	9.31	大兴区	大兴区	北三河	北运河	凤河				
133	霍州营	WCBAc000000P007B	13.18	大兴区	大兴区	北三河	北运河	凤河				
134	周营	WCBAc000000P007C	13.76	大兴区	大兴区	北三河	北运河	凤河				
135	廊大引渠	WCBAc000000P007D	13.09	大兴区	大兴区	北三河	北运河	凤河				
136	利市营	WCBAc000000P007E	6.05	大兴区	大兴区	北三河	北运河	凤河				
137	沙窝店	WCBAc000000P007F	7.08	大兴区	大兴区	北三河	北运河	凤河				
138	青云店镇	WCBAcA00000P007C	13.55	大兴区	大兴区	北三河	北运河	凤河	旱河			
139	永和庄	WCBAcA00000P007D	5.87	大兴区	大兴区	北三河	北运河	凤河	旱河			
140	大张本庄	WCBAcA00000P008A	16.98	大兴区	大兴区	北三河	北运河	凤河	旱河			
141	沙子营	WCBAcA00000P008B	10.47	大兴区	大兴区	北三河	北运河	凤河	旱河			

续表

序号	小流域名称	小流域编码	面积（km^2）	涉及区县	所属区县	零级流域	一级流域	二级流域	三级流域	四级流域	五级流域	六级流域
142	西北台	WCBAcB00000P007F	8.22	大兴区	大兴区	北三河	北运河	凤河	岔河			
143	青马	WCBAcB00000P008A	7.79	大兴区	大兴区	北三河	北运河	凤河	岔河			
144	崔家庄	WCBAcB00000P008B	9.08	大兴区	大兴区	北三河	北运河	凤河	岔河			
145	沙河村	WCBAcB00000P008C	12.09	大兴区	大兴区	北三河	北运河	凤河	岔河			
146	李堡	WCBAcB00000P008D	8.03	大兴区	大兴区	北三河	北运河	凤河	岔河			
147	罗庄	WCBAcB00000P008E	8.81	大兴区	大兴区	北三河	北运河	凤河	岔河			
148	官沟	WCBAcC00000L006A	12.83	大兴区 通州区	大兴区	北三河	北运河	凤河	官沟			
149	南辛店	WCBAcC00000L007B	16.95	大兴区	大兴区	北三河	北运河	凤河	官沟			
150	东半壁店	WCBAcC00000L007C	11.42	大兴区	大兴区	北三河	北运河	凤河	官沟			
151	临沟屯	WCBAcD00000P008C	17.85	大兴区 通州区	大兴区	北三河	北运河	凤河	通大边沟			
152	旧宫镇	WCBAY000000P007J	7.24	大兴区 朝阳区	大兴区	北三河	北运河	凉水河				
153	清合庄	WCBAY000000P007K	12.23	大兴区	大兴区	北三河	北运河	凉水河				
154	三合庄	WCBAY000000P007L	5.86	大兴区 通州区	大兴区	北三河	北运河	凉水河				
155	北程庄	WCBAYG00000P007B	4.72	大兴区	大兴区	北三河	北运河	凉水河	新凤河			
156	李庄子	WCBAYG00000P007C	11.09	大兴区	大兴区	北三河	北运河	凉水河	新凤河			
157	烧饼庄	WCBAYG00000P007J	11.31	大兴区 通州区	大兴区	北三河	北运河	凉水河	新凤河			
158	团河农场界沟	WCBAYG00000P008D	6.12	大兴区	大兴区	北三河	北运河	凉水河	新凤河			
159	霍村	WCBAYG00000P008E	8.65	大兴区	大兴区	北三河	北运河	凉水河	新凤河			

续表

序号	小流域名称	小流域编码	面积（km^2）	涉及区县	所属区县	零级流域	一级流域	二级流域	三级流域	四级流域	五级流域	六级流域
160	宫颐府	WCBAYG00000P008F	7.09	大兴区	大兴区	北三河	北运河	凉水河	新凤河			
161	四义庄	WCBAYG00000P008G	28.75	丰台区 大兴区	大兴区	北三河	北运河	凉水河	新凤河			
162	东赵村	WCBAYG00000P008H	10.06	大兴区	大兴区	北三河	北运河	凉水河	新凤河			
163	陈留村	WCBAYGA0000L006A	13.49	丰台区 大兴区	大兴区	北三河	北运河	凉水河	新凤河	老凤河		
164	金星庄	WCBAYGA0000L007B	27.00	丰台区 大兴区	大兴区	北三河	北运河	凉水河	新凤河	老凤河		
165	青年渠	WCBAYGB0000L008A	9.12	大兴区	大兴区	北三河	北运河	凉水河	新凤河	青年渠		
166	瀛海镇	WCBAYGB0000L008B	13.61	丰台区 大兴区	大兴区	北三河	北运河	凉水河	新凤河	青年渠		
167	张家店	WCBAYH00000P008C	7.98	大兴区 朝阳区	大兴区	北三河	北运河	凉水河	大羊坊沟			
168	金地格林小镇	WCBAYH00000P008E	14.27	大兴区 通州区	大兴区	北三河	北运河	凉水河	大羊坊沟			
169	六合庄	WCC00000000N007U	5.62	大兴区 房山区	大兴区	永定河						
170	阎家铺	WCC00000000N007X	10.12	大兴区 房山区	大兴区	永定河						
171	王家屯	WCC00000000N007Y	4.13	大兴区	大兴区	永定河						
172	诸葛营	WCC00000000N008V	12.88	大兴区	大兴区	永定河						
173	东张华	WCCW0000000P0061	10.51	大兴区	大兴区	永定河	天堂河					
174	郝庄子	WCCW0000000P006A	11.92	大兴区	大兴区	永定河	天堂河					
175	念坛引水渠	WCCW0000000P006B	9.87	大兴区	大兴区	永定河	天堂河					

续表

序号	小流域名称	小流域编码	面积（km^2）	涉及区县	所属区县	零级流域	一级流域	二级流域	三级流域	四级流域	五级流域	六级流域
176	前辛庄	WCCW0000000P006C	19.46	大兴区	大兴区	永定河	天堂河					
177	桑马房	WCCW0000000P007D	14.46	大兴区	大兴区	永定河	天堂河					
178	北臧村	WCCW0000000P007E	10.48	大兴区	大兴区	永定河	天堂河					
179	西王庄	WCCW0000000P007F	9.51	大兴区	大兴区	永定河	天堂河					
180	曹辛庄	WCCW0000000P0082	10.65	大兴区	大兴区	永定河	天堂河					
181	辛村	WCCW0000000P0083	15.61	大兴区	大兴区	永定河	天堂河					
182	梨园村	WCCW0000000P008G	14.95	大兴区	大兴区	永定河	天堂河					
183	庞各庄镇	WCCW0000000P008H	11.54	大兴区	大兴区	永定河	天堂河					
184	东高各庄	WCCW0000000P008J	17.91	大兴区	大兴区	永定河	天堂河					
185	张新庄	WCCW0000000P008K	10.21	大兴区	大兴区	永定河	天堂河					
186	定福庄	WCCW0000000P008L	11.38	大兴区	大兴区	永定河	天堂河					
187	张公堡	WCCW0000000P008M	7.84	大兴区	大兴区	永定河	天堂河					
188	东黄堡	WCCW0000000P008N	13.56	大兴区	大兴区	永定河	天堂河					
189	梨花村	WCCW0000000P008P	10.73	大兴区	大兴区	永定河	天堂河					
190	石堡	WCCW0000000P008Q	12.46	大兴区	大兴区	永定河	天堂河					
191	留士庄	WCCW0000000P008R	11.02	大兴区	大兴区	永定河	天堂河					
192	东安村	WCCW0000000P008S	6.46	大兴区	大兴区	永定河	天堂河					
193	魏各庄	WCCW0000000P008T	10.43	大兴区	大兴区	永定河	天堂河					
194	榆垡镇	WCCW0000000P008U	16.60	大兴区	大兴区	永定河	天堂河					
195	求贤村	WCCW0000000P008V	10.02	大兴区	大兴区	永定河	天堂河					
196	东胡林	WCCW0000000P008W	18.34	大兴区	大兴区	永定河	天堂河					
197	南各庄	WCCW0000000P008X	5.19	大兴区	大兴区	永定河	天堂河					

续表

序号	小流域名称	小流域编码	面积（km^2）	涉及区县	所属区县	零级流域	一级流域	二级流域	三级流域	四级流域	五级流域	六级流域
198	朱家务	WCCW0000000P008Y	5.95	大兴区	大兴区	永定河	天堂河					
199	后杨各庄	WCCWA000000P007E	13.36	大兴区	大兴区	永定河	天堂河	大狼垡排沟				
200	董各庄	WCCWA000000P007F	14.50	大兴区	大兴区	永定河	天堂河	大狼垡排沟				
201	陈各庄	WCCWA000000P008A	7.17	大兴区	大兴区	永定河	天堂河	大狼垡排沟				
202	四各庄	WCCWA000000P008B	6.98	大兴区	大兴区	永定河	天堂河	大狼垡排沟				
203	大狼垡	WCCWA000000P008C	5.33	大兴区	大兴区	永定河	天堂河	大狼垡排沟				
204	北顿垡	WCCWA000000P008D	8.77	大兴区	大兴区	永定河	天堂河	大狼垡排沟				
205	后大宫	WCCX0000000P006A	13.12	大兴区	大兴区	永定河	龙河					
206	于家务	WCCX0000000P006E	12.18	大兴区	大兴区	永定河	龙河					
207	王各庄	WCCX0000000P007B	10.99	大兴区	大兴区	永定河	龙河					
208	郑福庄	WCCX0000000P007C	9.74	大兴区	大兴区	永定河	龙河					
209	伙达营	WCCX0000000P007D	15.18	大兴区	大兴区	永定河	龙河					
210	大庄新村	WCCXA000000P006A	7.16	大兴区	大兴区	永定河	龙河	小龙河				
211	魏庄	WCCXA000000P007D	10.00	大兴区	大兴区	永定河	龙河	小龙河				
212	西芦各庄	WCCXA000000P007E	25.40	大兴区	大兴区	永定河	龙河	小龙河				
213	前大营	WCCXA000000P008B	9.53	大兴区	大兴区	永定河	龙河	小龙河				
214	狼各庄	WCCXA000000P008C	15.24	大兴区	大兴区	永定河	龙河	小龙河				
215	王化庄	WCCXB000000P006A	4.00	大兴区	大兴区	永定河	龙河	永北干渠				
216	龙头	WCCXBA00000P007A	3.81	大兴区	大兴区	永定河	龙河	永北干渠	田营排沟			
217	西白塔	WCCXBA00000P007C	12.29	大兴区	大兴区	永定河	龙河	永北干渠	田营排沟			
218	孙家营	WCCXBA00000P007D	5.91	大兴区	大兴区	永定河	龙河	永北干渠	田营排沟			
219	马各庄	WCCXBA00000P008B	7.30	大兴区	大兴区	永定河	龙河	永北干渠	田营排沟			

续表

序号	小流域名称	小流域编码	面积（km^2）	涉及区县	所属区县	零级流域	一级流域	二级流域	三级流域	四级流域	五级流域	六级流域
220	礼贤排沟	WCCXBAA0000P0050	18.75	大兴区	大兴区	永定河	龙河	永北干渠	田营排沟	礼贤排沟		
221	李各庄	WCCXC000000P0050	25.81	大兴区	大兴区	永定河	龙河	老天堂河				
222	蒲黄榆	WCBAX000000P007G	6.50	丰台区 东城区	东城区	北三河	北运河	通惠河				
223	龙潭湖	WCBAX000000P007H	10.17	丰台区 朝阳区 东城区	东城区	北三河	北运河	通惠河				
224	北护城河	WCBAXG00000L0050	7.65	朝阳区 海淀区 西城区 东城区	东城区	北三河	北运河	通惠河	北护城河			
225	东护城河	WCBAXH00000L0050	12.56	朝阳区 西城区 东城区	东城区	北三河	北运河	通惠河	东护城河			
226	夏场	WCC00000000N008W	8.13	大兴区 房山区	房山区	永定河						
227	天花板	WCDB0000000M003A	15.66	房山区	房山区	大清河	拒马河					
228	石门	WCDB0000000M003B	33.62	房山区	房山区	大清河	拒马河					
229	孤山寨	WCDB0000000M003C	15.93	房山区	房山区	大清河	拒马河					
230	穆家口	WCDB0000000M003D	15.16	房山区	房山区	大清河	拒马河					
231	下寺	WCDB0000000M004E	14.36	房山区	房山区	大清河	拒马河					
232	芦子水	WCDBAA00000L0010	27.10	房山区	房山区	大清河	拒马河	紫石口沟	芦子水沟			
233	森水	WCDBB000000L0010	8.99	房山区	房山区	大清河	拒马河	森水沟				
234	平峪	WCDBC000000L0010	9.01	房山区	房山区	大清河	拒马河	平峪沟				

续表

序号	小流域名称	小流域编码	面积（km^2）	涉及区县	所属区县	零级流域	一级流域	二级流域	三级流域	四级流域	五级流域	六级流域
235	蒲洼沟	WCDBD000000L002A	16.09	房山区	房山区	大清河	拒马河	马鞍沟				
236	富合	WCDBD000000L002B	9.65	房山区	房山区	大清河	拒马河	马鞍沟				
237	议合	WCDBD000000L003C	17.15	房山区	房山区	大清河	拒马河	马鞍沟				
238	卧龙	WCDBD000000L003D	10.00	房山区	房山区	大清河	拒马河	马鞍沟				
239	马安	WCDBD000000L003E	15.63	房山区	房山区	大清河	拒马河	马鞍沟				
240	东村	WCDBDA00000R0010	14.54	房山区	房山区	大清河	拒马河	马鞍沟	栗树旮旯沟			
241	西太平	WCDBDB00000L0010	25.50	房山区	房山区	大清河	拒马河	马鞍沟	太平沟			
242	六合	WCDBDC00000L0010	14.73	房山区	房山区	大清河	拒马河	马鞍沟	六合沟			
243	万景仙沟	WCDBE000000R0010	10.55	房山区	房山区	大清河	拒马河	万景仙沟				
244	五合	WCDBF000000L0010	29.50	房山区	房山区	大清河	拒马河	五合沟				
245	东关上	WCDBG000000L002A	17.60	房山区	房山区	大清河	拒马河	仙栖沟				
246	三合庄	WCDBG000000L003B	21.25	房山区	房山区	大清河	拒马河	仙栖沟				
247	黑牛水	WCDBGA00000L0010	13.75	房山区	房山区	大清河	拒马河	仙栖沟	黑牛水沟			
248	千河口北沟	WCDBGB00000R0010	18.85	房山区	房山区	大清河	拒马河	仙栖沟	千河口北沟			
249	下滩	WCDBH000000P007A	8.07	房山区	房山区	大清河	拒马河	北拒马河				
250	三岔沟	WCDBH000000P008C	9.56	房山区	房山区	大清河	拒马河	北拒马河				
251	广禄庄	WCDBH000000P00CB	21.41	房山区	房山区	大清河	拒马河	北拒马河				
252	大峪沟	WCDBHA00000L0090	22.14	房山区	房山区	大清河	拒马河	北拒马河	大峪沟			
253	云居寺	WCDBHB00000L002A	16.96	房山区	房山区	大清河	拒马河	北拒马河	胡良河			
254	杨家庄	WCDBHB00000L008C	7.27	房山区	房山区	大清河	拒马河	北拒马河	胡良河			
255	高庄	WCDBHB00000L00BB	37.06	房山区	房山区	大清河	拒马河	北拒马河	胡良河			
256	三岔	WCDBHBA0000L0010	11.48	房山区	房山区	大清河	拒马河	北拒马河	胡良河	下庄沟		

续表

序号	小流域名称	小流域编码	面积（km^2）	涉及区县	所属区县	零级流域	一级流域	二级流域	三级流域	四级流域	五级流域	六级流域
257	三座庵	WCDBHBB0000L0090	24.74	房山区	房山区	大清河	拒马河	北拒马河	胡良河	北泉水河		
258	堂上	WCDBHC00000N002A	23.94	房山区	房山区	大清河	拒马河	北拒马河	琉璃河			
259	鱼骨寺	WCDBHC00000N002C	6.45	房山区	房山区	大清河	拒马河	北拒马河	琉璃河			
260	四合村	WCDBHC00000N002G	8.31	房山区	房山区	大清河	拒马河	北拒马河	琉璃河			
261	上石堡	WCDBHC00000N002J	8.36	房山区	房山区	大清河	拒马河	北拒马河	琉璃河			
262	口儿村	WCDBHC00000N002Q	10.41	房山区	房山区	大清河	拒马河	北拒马河	琉璃河			
263	何家台	WCDBHC00000N003B	9.49	房山区	房山区	大清河	拒马河	北拒马河	琉璃河			
264	南沟	WCDBHC00000N003H	18.85	房山区	房山区	大清河	拒马河	北拒马河	琉璃河			
265	贾峪口	WCDBHC00000N003L	17.67	房山区	房山区	大清河	拒马河	北拒马河	琉璃河			
266	英水沟	WCDBHC00000N003N	27.13	房山区	房山区	大清河	拒马河	北拒马河	琉璃河			
267	笛子港	WCDBHC00000N004D	14.11	房山区	房山区	大清河	拒马河	北拒马河	琉璃河			
268	柳树沟	WCDBHC00000N004E	9.70	房山区	房山区	大清河	拒马河	北拒马河	琉璃河			
269	刺港	WCDBHC00000N004F	10.50	房山区	房山区	大清河	拒马河	北拒马河	琉璃河			
270	下石堡	WCDBHC00000N004K	11.44	房山区	房山区	大清河	拒马河	北拒马河	琉璃河			
271	大港	WCDBHC00000N004M	11.51	房山区	房山区	大清河	拒马河	北拒马河	琉璃河			
272	北港沟	WCDBHC00000N004P	16.92	房山区	房山区	大清河	拒马河	北拒马河	琉璃河			
273	石花洞	WCDBHC00000N004S	17.07	房山区	房山区	大清河	拒马河	北拒马河	琉璃河			
274	芦村	WCDBHC00000N0072	6.55	房山区	房山区	大清河	拒马河	北拒马河	琉璃河			
275	大董村	WCDBHC00000N007V	11.85	房山区	房山区	大清河	拒马河	北拒马河	琉璃河			
276	西坟	WCDBHC00000N007W	8.73	房山区	房山区	大清河	拒马河	北拒马河	琉璃河			
277	夏村	WCDBHC00000N0081	8.21	房山区	房山区	大清河	拒马河	北拒马河	琉璃河			
278	刘李店村	WCDBHC00000N0083	5.66	房山区	房山区	大清河	拒马河	北拒马河	琉璃河			

续表

序号	小流域名称	小流域编码	面积（km^2）	涉及区县	所属区县	零级流域	一级流域	二级流域	三级流域	四级流域	五级流域	六级流域
279	吉羊村	WCDBHC00000N0084	13.73	房山区	房山区	大清河	拒马河	北拒马河	琉璃河			
280	立教村	WCDBHC00000N0085	5.88	房山区	房山区	大清河	拒马河	北拒马河	琉璃河			
281	平各庄	WCDBHC00000N0086	7.81	房山区	房山区	大清河	拒马河	北拒马河	琉璃河			
282	庄头村	WCDBHC00000N0087	6.60	房山区	房山区	大清河	拒马河	北拒马河	琉璃河			
283	中干沟	WCDBHC00000N0088	12.36	房山区	房山区	大清河	拒马河	北拒马河	琉璃河			
284	刘平庄	WCDBHC00000N0089	10.93	房山区	房山区	大清河	拒马河	北拒马河	琉璃河			
285	北坊	WCDBHC00000N008U	12.03	房山区	房山区	大清河	拒马河	北拒马河	琉璃河			
286	田各庄	WCDBHC00000N008X	4.39	房山区	房山区	大清河	拒马河	北拒马河	琉璃河			
287	瓦窑头	WCDBHC00000N008Y	11.39	房山区	房山区	大清河	拒马河	北拒马河	琉璃河			
288	辛开口	WCDBHC00000N00CR	24.90	房山区	房山区	大清河	拒马河	北拒马河	琉璃河			
289	南观	WCDBHC00000N00CT	16.95	房山区	房山区	大清河	拒马河	北拒马河	琉璃河			
290	四马台	WCDBHCA0000L0010	21.48	房山区	房山区	大清河	拒马河	北拒马河	琉璃河	四马台沟		
291	大草岭	WCDBHCB0000R0010	25.39	房山区	房山区	大清河	拒马河	北拒马河	琉璃河	南坡沟		
292	峪子沟	WCDBHCC0000L0010	34.98	房山区	房山区	大清河	拒马河	北拒马河	琉璃河	峪子沟		
293	秋林铺	WCDBHCD0000L002A	24.40	房山区	房山区	大清河	拒马河	北拒马河	琉璃河	史家营沟		
294	柳林水	WCDBHCD0000L003B	17.03	房山区	房山区	大清河	拒马河	北拒马河	琉璃河	史家营沟		
295	鸳鸯水	WCDBHCD0000L004C	9.01	房山区	房山区	大清河	拒马河	北拒马河	琉璃河	史家营沟		
296	莲花庵	WCDBHCDA000L0010	26.65	房山区	房山区	大清河	拒马河	北拒马河	琉璃河	史家营沟	青林台沟	
297	金鸡台	WCDBHCDB000L0010	25.22	房山区	房山区	大清河	拒马河	北拒马河	琉璃河	史家营沟	金鸡台沟	
298	杨林水	WCDBHCDC000R0010	10.24	房山区	房山区	大清河	拒马河	北拒马河	琉璃河	史家营沟	杨林水沟	
299	石板房	WCDBHCE0000L0010	15.39	房山区	房山区	大清河	拒马河	北拒马河	琉璃河	九道河沟		
300	西苑	WCDBHCF0000L002A	21.52	房山区	房山区	大清河	拒马河	北拒马河	琉璃河	大安山沟		

续表

序号	小流域名称	小流域编码	面积（km^2）	涉及区县	所属区县	零级流域	一级流域	二级流域	三级流域	四级流域	五级流域	六级流域
301	教军场	WCDBHCF0000L003D	8.06	房山区	房山区	大清河	拒马河	北拒马河	琉璃河	大安山沟		
302	中山	WCDBHCF0000L004B	10.62	房山区	房山区	大清河	拒马河	北拒马河	琉璃河	大安山沟		
303	万顷园	WCDBHCF0000L004C	13.47	房山区	房山区	大清河	拒马河	北拒马河	琉璃河	大安山沟		
304	瞧煤涧	WCDBHCFA000L0010	15.15	房山区	房山区	大清河	拒马河	北拒马河	琉璃河	大安山沟	瞧煤涧沟	
305	北峪	WCDBHCFB000L0010	11.58	房山区	房山区	大清河	拒马河	北拒马河	琉璃河	大安山沟	桑树园沟	
306	大西沟	WCDBHCG0000R002B	8.12	房山区	房山区	大清河	拒马河	北拒马河	琉璃河	南窖沟		
307	北安	WCDBHCG0000R002C	5.09	房山区	房山区	大清河	拒马河	北拒马河	琉璃河	南窖沟		
308	水峪	WCDBHCG0000R003A	21.44	房山区	房山区	大清河	拒马河	北拒马河	琉璃河	南窖沟		
309	北窖	WCDBHCG0000R003D	15.37	房山区	房山区	大清河	拒马河	北拒马河	琉璃河	南窖沟		
310	陈家坟	WCDBHCH0000L0010	42.93	房山区	房山区	大清河	拒马河	北拒马河	琉璃河	沙塘沟		
311	将军坨	WCDBHCJ0000L003B	15.29	门头沟区 房山区	房山区	大清河	拒马河	北拒马河	琉璃河	白石沟		
312	三十亩地	WCDBHCJB000R0010	10.15	房山区	房山区	大清河	拒马河	北拒马河	琉璃河	白石沟	三十亩地沟	
313	羊头岗	WCDBHCK0000R007B	5.14	房山区	房山区	大清河	拒马河	北拒马河	琉璃河	丁家洼河		
314	东流水	WCDBHCK0000R00AA	10.37	房山区	房山区	大清河	拒马河	北拒马河	琉璃河	丁家洼河		
315	北台子	WCDBHCKA000R0090	14.40	房山区	房山区	大清河	拒马河	北拒马河	琉璃河	丁家洼河	双泉河	
316	燕山	WCDBHCM0000R0090	15.65	房山区	房山区	大清河	拒马河	北拒马河	琉璃河	东沙河		
317	长沟峪	WCDBHCN0000R002A	12.08	房山区	房山区	大清河	拒马河	北拒马河	琉璃河	周口店河		
318	石楼镇	WCDBHCN0000R007C	16.28	房山区	房山区	大清河	拒马河	北拒马河	琉璃河	周口店河		
319	周口	WCDBHCN0000R00BB	21.33	房山区	房山区	大清河	拒马河	北拒马河	琉璃河	周口店河		
320	良各庄	WCDBHCNA000L0010	23.02	房山区	房山区	大清河	拒马河	北拒马河	琉璃河	周口店河	金陵沟	
321	坨头村	WCDBHCNB000L007B	9.51	房山区	房山区	大清河	拒马河	北拒马河	琉璃河	周口店河	马刨泉河	

续表

序号	小流域名称	小流域编码	面积（km^2）	涉及区县	所属区县	零级流域	一级流域	二级流域	三级流域	四级流域	五级流域	六级流域
322	肖庄	WCDBHCNB000L00BA	9.39	房山区	房山区	大清河	拒马河	北拒马河	琉璃河	周口店河	马刨泉河	
323	牛口峪	WCDBHCNBA00L0090	7.66	房山区	房山区	大清河	拒马河	北拒马河	琉璃河	周口店河	马刨泉河	西沙河
324	后十三里	WCDBHCP0000L006A	18.83	房山区	房山区	大清河	拒马河	北拒马河	琉璃河	窦店沟		
325	窦店沟	WCDBHCP0000L007B	11.37	房山区	房山区	大清河	拒马河	北拒马河	琉璃河	窦店沟		
326	泗马沟	WCDBHCQ0000N002A	14.98	房山区	房山区	大清河	拒马河	北拒马河	琉璃河	夹括河		
327	白庄	WCDBHCQ0000N007F	5.54	房山区	房山区	大清河	拒马河	北拒马河	琉璃河	夹括河		
328	西东村	WCDBHCQ0000N008D	6.52	房山区	房山区	大清河	拒马河	北拒马河	琉璃河	夹括河		
329	曹章村	WCDBHCQ0000N008E	10.77	房山区	房山区	大清河	拒马河	北拒马河	琉璃河	夹括河		
330	红螺谷	WCDBHCQ0000N00BB	23.81	房山区	房山区	大清河	拒马河	北拒马河	琉璃河	夹括河		
331	东周各庄	WCDBHCQ0000N00BC	23.79	房山区	房山区	大清河	拒马河	北拒马河	琉璃河	夹括河		
332	宝金山	WCDBHCQA000R0010	13.60	房山区	房山区	大清河	拒马河	北拒马河	琉璃河	夹括河	宝金山沟	
333	黄院	WCDBHCQB000L0090	12.86	房山区	房山区	大清河	拒马河	北拒马河	琉璃河	夹括河	黄院沟	
334	上方山	WCDBHCQC000N0090	65.33	房山区	房山区	大清河	拒马河	北拒马河	琉璃河	夹括河	牤牛河	
335	江村	WCDBHCR0000N006A	18.19	房山区	房山区	大清河	拒马河	北拒马河	琉璃河	六股道沟		
336	后街村	WCDBHCR0000N007B	11.18	房山区	房山区	大清河	拒马河	北拒马河	琉璃河	六股道沟		
337	东南召	WCDBHCR0000N007C	8.08	房山区	房山区	大清河	拒马河	北拒马河	琉璃河	六股道沟		
338	刘平庄沟	WCDBHCR0000N007D	10.84	房山区	房山区	大清河	拒马河	北拒马河	琉璃河	六股道沟		
339	兴隆庄沟	WCDBHCRA000L0050	23.93	房山区	房山区	大清河	拒马河	北拒马河	琉璃河	六股道沟	兴隆庄沟	
340	军留庄	WCDBHD00000N007C	13.26	丰台区 房山区	房山区	大清河	拒马河	北拒马河	小清河			
341	张家场	WCDBHD00000N007D	15.43	房山区	房山区	大清河	拒马河	北拒马河	小清河			
342	朱家岗	WCDBHD00000N007E	18.57	房山区	房山区	大清河	拒马河	北拒马河	小清河			

续表

序号	小流域名称	小流域编码	面积（km^2）	涉及区县	所属区县	零级流域	一级流域	二级流域	三级流域	四级流域	五级流域	六级流域
343	葫芦堡	WCDBHD00000N007F	7.25	房山区	房山区	大清河	拒马河	北拒马河	小清河			
344	梨村	WCDBHD00000N007G	13.27	房山区	房山区	大清河	拒马河	北拒马河	小清河			
345	会议庄	WCDBHD00000N007H	15.26	房山区	房山区	大清河	拒马河	北拒马河	小清河			
346	窑上村	WCDBHD00000N007J	13.26	房山区	房山区	大清河	拒马河	北拒马河	小清河			
347	官庄	WCDBHD00000N007K	12.02	房山区	房山区	大清河	拒马河	北拒马河	小清河			
348	北广阳城	WCDBHDC0000R007C	4.71	丰台区 房山区	房山区	大清河	拒马河	北拒马河	小清河	哑叭河		
349	吴店河	WCDBHDD0000R0050	15.33	丰台区 房山区	房山区	大清河	拒马河	北拒马河	小清河	吴店河		
350	前柳村	WCDBHDE0000N007L	7.67	房山区	房山区	大清河	拒马河	北拒马河	小清河	刺猬河		
351	崇各庄	WCDBHDE0000N008G	10.38	房山区	房山区	大清河	拒马河	北拒马河	小清河	刺猬河		
352	詹庄	WCDBHDE0000N008H	6.64	丰台区 房山区	房山区	大清河	拒马河	北拒马河	小清河	刺猬河		
353	东杨庄村	WCDBHDE0000N008J	11.86	房山区	房山区	大清河	拒马河	北拒马河	小清河	刺猬河		
354	夏庄	WCDBHDE0000N008K	5.25	房山区	房山区	大清河	拒马河	北拒马河	小清河	刺猬河		
355	晓幼营	WCDBHDEA000R002B	7.40	门头沟区 房山区	房山区	大清河	拒马河	北拒马河	小清河	刺猬河	吕玉沟	
356	北车营	WCDBHDEA000R00AA	22.47	房山区	房山区	大清河	拒马河	北拒马河	小清河	刺猬河	吕玉沟	
357	青龙湖	WCDBHDEC000R0090	22.51	房山区	房山区	大清河	拒马河	北拒马河	小清河	刺猬河	南上岗沟	
358	卫强校村	WCBAY000000P007E	6.34	丰台区 西城区	丰台区	北三河	北运河	凉水河				
359	马公庄	WCBAY000000P007F	9.85	丰台区 东城区	丰台区	北三河	北运河	凉水河				

续表

序号	小流域名称	小流域编码	面积（km^2）	涉及区县	所属区县	零级流域	一级流域	二级流域	三级流域	四级流域	五级流域	六级流域
360	金家村	WCBAY000000P008D	4.35	丰台区 海淀区 西城区	丰台区	北三河	北运河	凉水河				
361	西马场	WCBAY000000P008G	9.27	丰台区 大兴区 朝阳区	丰台区	北三河	北运河	凉水河				
362	南窑村	WCBAY000000P008H	14.07	丰台区 朝阳区	丰台区	北三河	北运河	凉水河				
363	水衙沟	WCBAYA00000R0050	11.29	丰台区 海淀区 西城区	丰台区	北三河	北运河	凉水河	水衙沟			
364	新丰草河	WCBAYB00000R0050	23.30	丰台区	丰台区	北三河	北运河	凉水河	新丰草河			
365	马草河	WCBAYD00000R007A	22.79	丰台区	丰台区	北三河	北运河	凉水河	马草河			
366	造玉沟	WCBAYDA0000L0050	3.59	丰台区	丰台区	北三河	北运河	凉水河	马草河	造玉沟		
367	旱河	WCBAYE00000R0050	9.55	丰台区	丰台区	北三河	北运河	凉水河	旱河			
368	北小龙河	WCBAYF00000R0050	30.42	丰台区 大兴区 朝阳区	丰台区	北三河	北运河	凉水河	小龙河			
369	大兴灌渠	WCBAYG00000P006A	32.06	丰台区 大兴区	丰台区	北三河	北运河	凉水河	新凤河			
370	刘庄子	WCC00000000N007S	8.12	丰台区 石景山区	丰台区	永定河						
371	北天堂	WCC00000000N007T	14.14	丰台区 大兴区 房山区	丰台区	永定河						

续表

序号	小流域名称	小流域编码	面积（km^2）	涉及区县	所属区县	零级流域	一级流域	二级流域	三级流域	四级流域	五级流域	六级流域
372	杜家坎	WCDBHD00000N007B	9.69	丰台区 房山区	丰台区	大清河	拒马河	北拒马河	小清河			
373	辛庄	WCDBHD00000N00AA	17.22	丰台区 门头沟区	丰台区	大清河	拒马河	北拒马河	小清河			
374	九子河	WCDBHDA0000R0050	5.92	丰台区	丰台区	大清河	拒马河	北拒马河	小清河	九子河		
375	李家峪	WCDBHDB0000R0090	17.02	丰台区	丰台区	大清河	拒马河	北拒马河	小清河	蟒牛河		
376	南公村	WCDBHDC0000R007B	16.76	丰台区 房山区	丰台区	大清河	拒马河	北拒马河	小清河	哑叭河		
377	马家坟	WCDBHDC0000R00CA	19.13	丰台区 门头沟区	丰台区	大清河	拒马河	北拒马河	小清河	哑叭河		
378	牤牛河	WCDBHDCA000R0090	3.77	丰台区	丰台区	大清河	拒马河	北拒马河	小清河	哑叭河	牤牛河	
379	佃起河	WCDBHDCB000L0090	13.99	丰台区 房山区	丰台区	大清河	拒马河	北拒马河	小清河	哑叭河	佃起河	
380	周家坡	WCDBHDE0000N003E	6.54	丰台区 门头沟区	丰台区	大清河	拒马河	北拒马河	小清河	刺猬河		
381	庙耳岗	WCDBHDE0000N008F	10.19	丰台区 房山区	丰台区	大清河	拒马河	北拒马河	小清河	刺猬河		
382	北刘庄沟	WCDBHDEB000L0050	11.27	丰台区 房山区	丰台区	大清河	拒马河	北拒马河	小清河	刺猬河	北刘庄沟	
383	上庄二干渠	WCBA0000000N107E	17.55	昌平区 海淀区	海淀区	北三河	北运河					
384	前沙涧排洪沟	WCBAG000000N007B	8.26	昌平区 海淀区	海淀区	北三河	北运河	南沙河				
385	沙涧北干渠	WCBAG000000N007C	8.68	昌平区 海淀区	海淀区	北三河	北运河	南沙河				

续表

序号	小流域名称	小流域编码	面积（km^2）	涉及区县	所属区县	零级流域	一级流域	二级流域	三级流域	四级流域	五级流域	六级流域
386	签章村排洪沟	WCBAG000000N007D	11.97	昌平区 海淀区	海淀区	北三河	北运河	南沙河				
387	上庄镇	WCBAG000000N007E	9.74	海淀区	海淀区	北三河	北运河	南沙河				
388	友谊渠	WCBAG000000N008G	21.09	昌平区 海淀区	海淀区	北三河	北运河	南沙河				
389	北安河	WCBAG000000N00CA	40.56	昌平区 海淀区	海淀区	北三河	北运河	南沙河				
390	柳林河	WCBAGB00000R0050	5.51	海淀区	海淀区	北三河	北运河	南沙河	柳林河			
391	西小营南干渠	WCBAGC00000N007B	8.51	海淀区	海淀区	北三河	北运河	南沙河	周家巷排洪沟			
392	大工	WCBAGC00000N00AA	29.69	门头沟区 海淀区	海淀区	北三河	北运河	南沙河	周家巷排洪沟			
393	大寨渠	WCBAGCA0000R007B	4.97	海淀区	海淀区	北三河	北运河	南沙河	周家巷排洪沟	东埠头排洪沟		
394	太舟坞	WCBAGCA0000R00AA	21.20	海淀区	海淀区	北三河	北运河	南沙河	周家巷排洪沟	东埠头排洪沟		
395	宏丰排水渠	WCBAGD00000R007B	8.78	海淀区	海淀区	北三河	北运河	南沙河	宏丰排水渠			
396	西北旺	WCBAGD00000R00AA	10.68	海淀区	海淀区	北三河	北运河	南沙河	宏丰排水渠			
397	团结渠	WCBAGDA0000L007B	6.85	海淀区	海淀区	北三河	北运河	南沙河	宏丰排水渠	团结渠		
398	冷泉	WCBAGDA0000L00AA	12.61	海淀区	海淀区	北三河	北运河	南沙河	宏丰排水渠	团结渠		
399	马连洼	WCBAR000000R007B	6.75	海淀区	海淀区	北三河	北运河	清河				

续表

序号	小流域名称	小流域编码	面积（km^2）	涉及区县	所属区县	零级流域	一级流域	二级流域	三级流域	四级流域	五级流域	六级流域
400	树村	WCBAR000000R007C	9.19	海淀区	海淀区	北三河	北运河	清河				
401	西洼村	WCBAR000000R007D	11.09	昌平区 海淀区	海淀区	北三河	北运河	清河				
402	潘庄	WCBAR000000R007E	12.94	昌平区 朝阳区 海淀区	海淀区	北三河	北运河	清河				
403	河北新村	WCBAR000000R007F	7.90	昌平区 朝阳区 海淀区	海淀区	北三河	北运河	清河				
404	厢红旗	WCBAR000000R00AA	15.92	海淀区	海淀区	北三河	北运河	清河				
405	五道口村	WCBARA00000R008A	6.61	海淀区	海淀区	北三河	北运河	清河	万泉河			
406	万泉河	WCBARA00000R008B	9.54	海淀区	海淀区	北三河	北运河	清河	万泉河			
407	燕归园	WCBARA00000R008C	9.50	海淀区	海淀区	北三河	北运河	清河	万泉河			
408	小月河	WCBARB00000R0050	20.29	朝阳区 海淀区	海淀区	北三河	北运河	清河	小月河			
409	转河	WCBAXF00000L0050	4.67	海淀区 西城区	海淀区	北三河	北运河	通惠河	转河			
410	蓟门里	WCBAUA00000L007A	10.14	海淀区 西城区	海淀区	北三河	北运河	坝河	土城沟			
411	铁家坟	WCBAX000000P007B	6.18	海淀区	海淀区	北三河	北运河	通惠河				
412	甄家坟村	WCBAX000000P007C	7.33	海淀区	海淀区	北三河	北运河	通惠河				
413	玉渊潭	WCBAX000000P007D	9.86	海淀区 西城区	海淀区	北三河	北运河	通惠河				
414	正白旗	WCBAX000000P00AA	33.34	石景山区 海淀区	海淀区	北三河	北运河	通惠河				

续表

序号	小流域名称	小流域编码	面积（km^2）	涉及区县	所属区县	零级流域	一级流域	二级流域	三级流域	四级流域	五级流域	六级流域
415	什坊院	WCBAXA00000R007B	11.71	石景山区 海淀区	海淀区	北三河	北运河	通惠河	永定河引水渠			
416	颐和园	WCBAXB00000L007A	3.48	海淀区	海淀区	北三河	北运河	通惠河	京密引水渠昆玉段			
417	中坞村	WCBAXB00000L007B	11.50	海淀区	海淀区	北三河	北运河	通惠河	京密引水渠昆玉段			
418	佟家坟	WCBAXB00000L007C	11.32	海淀区	海淀区	北三河	北运河	通惠河	京密引水渠昆玉段			
419	北长河	WCBAXBA0000R0050	0.95	海淀区	海淀区	北三河	北运河	通惠河	京密引水渠昆玉段	北长河		
420	金河	WCBAXBB0000R0050	2.62	海淀区	海淀区	北三河	北运河	通惠河	京密引水渠昆玉段	金河		
421	南长河	WCBAXE00000L007A	4.92	海淀区 西城区	海淀区	北三河	北运河	通惠河	南长河			
422	双紫支渠	WCBAXEA0000R0050	2.27	海淀区	海淀区	北三河	北运河	通惠河	南长河	双紫支渠		
423	吴家场	WCBAY000000P008C	9.30	丰台区 海淀区 西城区	海淀区	北三河	北运河	凉水河				
424	新王峪	WCBANBA0000N002A	20.86	怀柔区 昌平区	怀柔区	北三河	北运河	蔺沟	秦屯河	白浪河		
425	苏峪口	WCBANBB0000L00AA	29.15	怀柔区 顺义区	怀柔区	北三河	北运河	蔺沟	秦屯河	牤牛河		
426	东沿头	WCBAW000000L006A	12.34	怀柔区 顺义区	怀柔区	北三河	北运河	小中河				
427	盘道湾	WCBB0000000M003G	21.01	怀柔区	怀柔区	北三河	潮白河					

续表

序号	小流域名称	小流域编码	面积（km^2）	涉及区县	所属区县	零级流域	一级流域	二级流域	三级流域	四级流域	五级流域	六级流域
428	宝山寺	WCBB0000000M003H	24.13	怀柔区	怀柔区	北三河	潮白河					
429	东帽湾	WCBB0000000M004J	16.24	怀柔区	怀柔区	北三河	潮白河					
430	大黄塘	WCBB0000000M004K	14.86	怀柔区	怀柔区	北三河	潮白河					
431	白河北	WCBB0000000M004L	6.94	怀柔区	怀柔区	北三河	潮白河					
432	青石岭	WCBB0000000M004M	12.01	密云县 怀柔区	怀柔区	北三河	潮白河					
433	小辛庄	WCBB0000000M0087	14.87	怀柔区	怀柔区	北三河	潮白河					
434	黄坎	WCBBj000000R002H	9.35	怀柔区	怀柔区	北三河	潮白河	怀河				
435	一渡河	WCBBj000000R002K	7.25	怀柔区	怀柔区	北三河	潮白河	怀河				
436	峪沟	WCBBj000000R002M	7.14	怀柔区	怀柔区	北三河	潮白河	怀河				
437	西水峪	WCBBj000000R003C	15.17	延庆县 怀柔区 昌平区	怀柔区	北三河	潮白河	怀河				
438	西四渡河	WCBBj000000R003J	18.97	怀柔区	怀柔区	北三河	潮白河	怀河				
439	黄花城	WCBBj000000R004D	16.73	怀柔区	怀柔区	北三河	潮白河	怀河				
440	红庙	WCBBj000000R004E	9.19	怀柔区	怀柔区	北三河	潮白河	怀河				
441	九渡河	WCBBj000000R004F	18.94	怀柔区	怀柔区	北三河	潮白河	怀河				
442	局里	WCBBj000000R004G	13.87	怀柔区 昌平区	怀柔区	北三河	潮白河	怀河				
443	红军庄	WCBBj000000R007N	23.94	怀柔区	怀柔区	北三河	潮白河	怀河				
444	怀柔镇	WCBBj000000R007P	12.95	怀柔区	怀柔区	北三河	潮白河	怀河				
445	杨宋庄	WCBBj000000R007Q	15.16	怀柔区	怀柔区	北三河	潮白河	怀河				
446	四季屯	WCBBj000000R008R	9.31	怀柔区 顺义区	怀柔区	北三河	潮白河	怀河				

续表

序号	小流域名称	小流域编码	面积（km^2）	涉及区县	所属区县	零级流域	一级流域	二级流域	三级流域	四级流域	五级流域	六级流域
447	北宅	WCBBj000000R00BL	21.45	怀柔区	怀柔区	北三河	潮白河	怀河				
448	杏树台	WCBBjC00000L002A	19.35	怀柔区	怀柔区	北三河	潮白河	怀河	东沟			
449	鹞子峪	WCBBjC00000L003B	24.18	怀柔区	怀柔区	北三河	潮白河	怀河	东沟			
450	庙上	WCBBjCA0000R0010	13.97	怀柔区	怀柔区	北三河	潮白河	怀河	东沟	庙上沟		
451	吉寺	WCBBjF00000L0010	12.92	怀柔区	怀柔区	北三河	潮白河	怀河	吉寺沟			
452	岐庄	WCBBjG00000R0090	12.42	怀柔区	怀柔区	北三河	潮白河	怀河	前辛庄沟			
453	大榛峪	WCBBjH00000L002A	25.12	怀柔区	怀柔区	北三河	潮白河	怀河	怀沙河			
454	渤海	WCBBjH00000L003B	19.06	怀柔区	怀柔区	北三河	潮白河	怀河	怀沙河			
455	六渡河	WCBBjH00000L003C	10.86	怀柔区	怀柔区	北三河	潮白河	怀河	怀沙河			
456	口头	WCBBjH00000L00BD	8.88	怀柔区	怀柔区	北三河	潮白河	怀河	怀沙河			
457	三岔	WCBBjHA0000R0010	23.37	延庆县 怀柔区	怀柔区	北三河	潮白河	怀河	怀沙河	洞台沟		
458	兴隆城	WCBBjHB0000R0010	16.42	怀柔区	怀柔区	北三河	潮白河	怀河	怀沙河	兴隆沟		
459	龙泉庄	WCBBjHC0000L0010	12.80	怀柔区	怀柔区	北三河	潮白河	怀河	怀沙河	龙泉沟		
460	辛营	WCBBjHD0000L0010	31.24	怀柔区	怀柔区	北三河	潮白河	怀河	怀沙河	辛营西沟		
461	三渡河	WCBBjHE0000L0010	11.54	怀柔区	怀柔区	北三河	潮白河	怀河	怀沙河	三渡河沟		
462	甘涧峪	WCBBjJ00000L0090	34.66	怀柔区	怀柔区	北三河	潮白河	怀河	小泉河			
463	西栅子	WCBBjK00000L002A	15.90	怀柔区	怀柔区	北三河	潮白河	怀河	雁栖河			
464	八道河	WCBBjK00000L003B	19.15	怀柔区	怀柔区	北三河	潮白河	怀河	雁栖河			
465	神堂峪	WCBBjK00000L003C	20.14	怀柔区	怀柔区	北三河	潮白河	怀河	雁栖河			
466	永乐庄西	WCBBjK00000L007F	3.62	怀柔区	怀柔区	北三河	潮白河	怀河	雁栖河			
467	雁栖镇	WCBBjK00000L007G	4.14	怀柔区	怀柔区	北三河	潮白河	怀河	雁栖河			

续表

序号	小流域名称	小流域编码	面积（km²）	涉及区县	所属区县	零级流域	一级流域	二级流域	三级流域	四级流域	五级流域	六级流域
468	陈各庄	WCBBjK00000L007H	4.74	怀柔区	怀柔区	北三河	潮白河	怀河	雁栖河			
469	大屯	WCBBjK00000L007J	5.98	怀柔区	怀柔区	北三河	潮白河	怀河	雁栖河			
470	杨宋镇	WCBBjK00000L007K	9.54	怀柔区	怀柔区	北三河	潮白河	怀河	雁栖河			
471	柏崖厂	WCBBjK00000L00BD	13.56	怀柔区	怀柔区	北三河	潮白河	怀河	雁栖河			
472	下辛庄	WCBBjK00000L00CE	6.62	怀柔区	怀柔区	北三河	潮白河	怀河	雁栖河			
473	六道窑沟	WCBBjKA0000L0010	10.50	怀柔区	怀柔区	北三河	潮白河	怀河	雁栖河	交界河北沟		
474	长园	WCBBjKB0000R0010	25.52	怀柔区	怀柔区	北三河	潮白河	怀河	雁栖河	长园河		
475	牤牛河	WCBBjKC0000L007B	12.56	密云县 怀柔区	怀柔区	北三河	潮白河	怀河	雁栖河	牤牛河		
476	永乐庄	WCBBjKC0000L008A	5.16	怀柔区	怀柔区	北三河	潮白河	怀河	雁栖河	牤牛河		
477	大水峪	WCBBjKD0000L002A	58.78	密云县 怀柔区	怀柔区	北三河	潮白河	怀河	雁栖河	沙河		
478	大辛庄	WCBBjKD0000L007K	19.65	密云县 怀柔区	怀柔区	北三河	潮白河	怀河	雁栖河	沙河		
479	北房镇	WCBBjKD0000L007L	8.34	怀柔区	怀柔区	北三河	潮白河	怀河	雁栖河	沙河		
480	龙各庄	WCBBjKD0000L008G	9.00	怀柔区	怀柔区	北三河	潮白河	怀河	雁栖河	沙河		
481	白家	WCBBjKD0000L00BD	7.12	密云县 怀柔区	怀柔区	北三河	潮白河	怀河	雁栖河	沙河		
482	邓各庄	WCBBjKDA000R002A	13.23	怀柔区	怀柔区	北三河	潮白河	怀河	雁栖河	沙河	石匣子河	
483	怀北	WCBBjKDA000R007B	5.19	怀柔区	怀柔区	北三河	潮白河	怀河	雁栖河	沙河	石匣子河	
484	牤牛河	WCBBjM00000L0050	15.41	怀柔区 顺义区	怀柔区	北三河	潮白河	怀河	牤牛河			
485	牛圈子	WCBBM000000R003G	15.47	延庆县 怀柔区	怀柔区	北三河	潮白河	菜食河				

续表

序号	小流域名称	小流域编码	面积（km^2）	涉及区县	所属区县	零级流域	一级流域	二级流域	三级流域	四级流域	五级流域	六级流域
486	道德坑	WCBBN000000L003A	45.02	怀柔区	怀柔区	北三河	潮白河	天河				
487	三块石	WCBBN000000L004B	24.29	怀柔区	怀柔区	北三河	潮白河	天河				
488	碾子	WCBBN000000L004C	20.95	怀柔区	怀柔区	北三河	潮白河	天河				
489	对石	WCBBN000000L004D	14.04	怀柔区	怀柔区	北三河	潮白河	天河				
490	超梁子	WCBBN000000L004E	19.85	怀柔区	怀柔区	北三河	潮白河	天河				
491	温栅子	WCBBNA00000R0010	32.81	怀柔区	怀柔区	北三河	潮白河	天河	温栅子沟			
492	四窝铺	WCBBNB00000L0010	21.06	怀柔区	怀柔区	北三河	潮白河	天河	四窝铺北沟			
493	黄木厂	WCBBP000000R0010	13.52	怀柔区	怀柔区	北三河	潮白河	黄木厂沟				
494	黑柳沟	WCBBQ000000L0010	21.27	怀柔区	怀柔区	北三河	潮白河	黑柳沟				
495	庄户沟	WCBBR000000L0010	84.18	怀柔区	怀柔区	北三河	潮白河	庄户沟				
496	西府营	WCBBS000000L003A	43.16	怀柔区	怀柔区	北三河	潮白河	汤河				
497	对角沟门	WCBBS000000L003D	8.34	怀柔区	怀柔区	北三河	潮白河	汤河				
498	二道河	WCBBS000000L003E	12.67	怀柔区	怀柔区	北三河	潮白河	汤河				
499	老西沟	WCBBS000000L003G	15.53	怀柔区	怀柔区	北三河	潮白河	汤河				
500	东黄梁	WCBBS000000L003J	12.50	怀柔区	怀柔区	北三河	潮白河	汤河				
501	汤河口	WCBBS000000L003K	5.49	怀柔区	怀柔区	北三河	潮白河	汤河				
502	北甸子	WCBBS000000L004B	8.27	怀柔区	怀柔区	北三河	潮白河	汤河				
503	大甸子	WCBBS000000L004C	8.37	怀柔区	怀柔区	北三河	潮白河	汤河				
504	七道河	WCBBS000000L004F	7.91	怀柔区	怀柔区	北三河	潮白河	汤河				
505	东南沟	WCBBS000000L004H	12.48	怀柔区	怀柔区	北三河	潮白河	汤河				
506	上帽山	WCBBSA00000L002A	17.55	怀柔区	怀柔区	北三河	潮白河	汤河	帽山沟			
507	帽山	WCBBSA00000L003B	6.54	怀柔区	怀柔区	北三河	潮白河	汤河	帽山沟			

续表

序号	小流域名称	小流域编码	面积（km^2）	涉及区县	所属区县	零级流域	一级流域	二级流域	三级流域	四级流域	五级流域	六级流域
508	汤池子	WCBBSAA0000L0010	21.31	怀柔区	怀柔区	北三河	潮白河	汤河	帽山沟	汤池子沟		
509	胡营	WCBBSB00000R0010	26.65	怀柔区	怀柔区	北三河	潮白河	汤河	胡营沟			
510	河东沟	WCBBSC00000R002A	6.66	怀柔区	怀柔区	北三河	潮白河	汤河	后喇叭沟			
511	后喇叭沟口	WCBBSC00000R003B	44.32	怀柔区	怀柔区	北三河	潮白河	汤河	后喇叭沟			
512	黄甸子	WCBBSCA0000L0010	10.76	怀柔区	怀柔区	北三河	潮白河	汤河	后喇叭沟	黄甸子沟		
513	前喇叭沟	WCBBSD00000R0010	57.36	怀柔区	怀柔区	北三河	潮白河	汤河	前喇叭沟			
514	东岔	WCBBSE00000L0010	25.54	怀柔区	怀柔区	北三河	潮白河	汤河	大甸子东沟			
515	上台子	WCBBSF00000R0010	19.04	怀柔区	怀柔区	北三河	潮白河	汤河	对角沟			
516	项栅子	WCBBSG00000L0010	16.50	怀柔区	怀柔区	北三河	潮白河	汤河	八道河后沟			
517	七道河西沟	WCBBSH00000R0010	10.41	怀柔区	怀柔区	北三河	潮白河	汤河	七道河西沟			
518	三岔口	WCBBSJ00000L0010	31.52	怀柔区	怀柔区	北三河	潮白河	汤河	二道河东沟			
519	北湾子	WCBBSK00000L003B	6.78	怀柔区	怀柔区	北三河	潮白河	汤河	汤河东沟			
520	榆树湾	WCBBSK00000L003C	9.58	怀柔区	怀柔区	北三河	潮白河	汤河	汤河东沟			
521	东辛店	WCBBSKA0000R0010	21.15	怀柔区	怀柔区	北三河	潮白河	汤河	汤河东沟	东辛店沟		
522	七道梁	WCBBSKB0000R0010	11.27	怀柔区	怀柔区	北三河	潮白河	汤河	汤河东沟	七道梁沟		
523	后沟	WCBBSKC0000L002A	11.96	怀柔区	怀柔区	北三河	潮白河	汤河	汤河东沟	古洞沟		
524	古洞沟	WCBBSKC0000L003B	9.44	怀柔区	怀柔区	北三河	潮白河	汤河	汤河东沟	古洞沟		
525	东石门	WCBBSKCA000R0010	9.75	怀柔区	怀柔区	北三河	潮白河	汤河	汤河东沟	古洞沟	东石门沟	
526	老沟	WCBBSM00000R0010	39.42	怀柔区	怀柔区	北三河	潮白河	汤河	老沟			
527	卜营	WCBBSN00000L0010	14.36	怀柔区	怀柔区	北三河	潮白河	汤河	卜营沟			
528	古石沟	WCBBSP00000R0010	14.09	怀柔区	怀柔区	北三河	潮白河	汤河	古石沟			
529	大蒲池沟	WCBBSQ00000L0010	13.32	怀柔区	怀柔区	北三河	潮白河	汤河	大蒲池沟			

续表

序号	小流域名称	小流域编码	面积（km^2）	涉及区县	所属区县	零级流域	一级流域	二级流域	三级流域	四级流域	五级流域	六级流域
530	连石沟	WCBBSR00000R0010	8.50	怀柔区	怀柔区	北三河	潮白河	汤河	连石沟			
531	东湾子	WCBBT000000L0010	20.91	怀柔区	怀柔区	北三河	潮白河	科汰沟				
532	梁根	WCBBU000000R002A	12.43	怀柔区	怀柔区	北三河	潮白河	琉璃河				
533	得田沟	WCBBU000000R002E	7.97	怀柔区	怀柔区	北三河	潮白河	琉璃河				
534	二台子	WCBBU000000R003B	21.02	怀柔区	怀柔区	北三河	潮白河	琉璃河				
535	鱼水洞	WCBBU000000R003C	18.62	怀柔区	怀柔区	北三河	潮白河	琉璃河				
536	碾子湾	WCBBU000000R003D	18.34	怀柔区	怀柔区	北三河	潮白河	琉璃河				
537	安洲坝	WCBBU000000R003F	21.89	怀柔区	怀柔区	北三河	潮白河	琉璃河				
538	杨树下	WCBBUA00000R0010	11.96	怀柔区	怀柔区	北三河	潮白河	琉璃河	杨树下南沟			
539	北湾	WCBBUB00000R0010	32.19	怀柔区	怀柔区	北三河	潮白河	琉璃河	河北沟			
540	崎峰茶	WCBBUC00000R003A	22.06	怀柔区	怀柔区	北三河	潮白河	琉璃河	崎峰茶东沟			
541	孙胡沟	WCBBUCA0000L0010	12.04	怀柔区	怀柔区	北三河	潮白河	琉璃河	崎峰茶东沟	孙胡沟		
542	平甸子	WCBBUD00000L0010	11.82	怀柔区	怀柔区	北三河	潮白河	琉璃河	长岭沟			
543	柏查子	WCBBUE00000R003B	24.14	密云县 怀柔区	怀柔区	北三河	潮白河	琉璃河	琉璃庙南沟			
544	黄泉峪	WCBBUEA0000L0010	11.75	怀柔区	怀柔区	北三河	潮白河	琉璃河	琉璃庙南沟	黄泉峪沟		
545	西湾子	WCBBUF00000L0010	13.50	怀柔区	怀柔区	北三河	潮白河	琉璃河	西湾子沟			
546	柏瀑寺	WCBAB000000R002A	7.63	门头沟区	门头沟区	北三河	北运河	高崖口沟				
547	泗家水	WCBAB000000R002B	5.29	昌平区 门头沟区	门头沟区	北三河	北运河	高崖口沟				
548	刘公沟	WCC00000000N002F	7.46	门头沟区	门头沟区	永定河						
549	狮子沟	WCC00000000N003A	38.52	门头沟区	门头沟区	永定河						
550	珠窝	WCC00000000N003B	35.14	门头沟区	门头沟区	永定河						

续表

序号	小流域名称	小流域编码	面积（km^2）	涉及区县	所属区县	零级流域	一级流域	二级流域	三级流域	四级流域	五级流域	六级流域
551	太子墓	WCC00000000N003E	12.10	门头沟区	门头沟区	永定河						
552	河北	WCC00000000N003L	13.43	门头沟区	门头沟区	永定河						
553	水玉嘴	WCC00000000N003M	19.56	门头沟区	门头沟区	永定河						
554	闸西	WCC00000000N003P	16.12	门头沟区	门头沟区	永定河						
555	立石窟	WCC00000000N004C	7.74	门头沟区	门头沟区	永定河						
556	碣石	WCC00000000N004D	25.09	门头沟区	门头沟区	永定河						
557	雁翅北	WCC00000000N004G	14.92	门头沟区	门头沟区	永定河						
558	雁翅南	WCC00000000N004H	6.58	门头沟区	门头沟区	永定河						
559	安家庄北	WCC00000000N004J	7.50	门头沟区	门头沟区	永定河						
560	安家庄南	WCC00000000N004K	14.70	门头沟区	门头沟区	永定河						
561	韭园	WCC00000000N004N	10.40	门头沟区	门头沟区	永定河						
562	闸东	WCC00000000N004Q	7.47	石景山区 门头沟区	门头沟区	永定河						
563	石羊沟	WCCB0000000R002A	30.06	门头沟区	门头沟区	永定河	沿河城沟					
564	龙门沟	WCCBA000000R002A	37.77	门头沟区	门头沟区	永定河	沿河城沟	龙门沟				
565	龙门口	WCCBA000000R003B	5.52	门头沟区	门头沟区	永定河	沿河城沟	龙门沟				
566	刘家峪沟	WCCBAA00000R0010	20.93	门头沟区	门头沟区	永定河	沿河城沟	龙门沟	刘家峪沟			
567	林子台	WCCBB000000R0010	12.70	门头沟区	门头沟区	永定河	沿河城沟	林子台沟				
568	口子沟	WCCC0000000L003A	5.46	门头沟区	门头沟区	永定河	湫河					
569	湫河沟	WCCC0000000L003B	40.65	门头沟区	门头沟区	永定河	湫河					
570	房良沟	WCCCA000000L003D	8.98	门头沟区	门头沟区	永定河	湫河	老峪沟				
571	马套	WCCCB000000R0010	30.91	门头沟区	门头沟区	永定河	湫河	南石羊沟				

续表

序号	小流域名称	小流域编码	面积（km^2）	涉及区县	所属区县	零级流域	一级流域	二级流域	三级流域	四级流域	五级流域	六级流域
572	洪水口	WCCD0000000R002A	39.92	门头沟区	门头沟区	永定河	清水河					
573	斋堂水库	WCCD0000000R003H	7.85	门头沟区	门头沟区	永定河	清水河					
574	东胡林	WCCD0000000R003J	8.30	门头沟区	门头沟区	永定河	清水河					
575	塔岭	WCCD0000000R003K	6.22	门头沟区	门头沟区	永定河	清水河					
576	碰水沟	WCCD0000000R004B	17.59	门头沟区	门头沟区	永定河	清水河					
577	背子沟	WCCD0000000R004C	6.52	门头沟区	门头沟区	永定河	清水河					
578	罗班	WCCD0000000R004D	9.77	门头沟区	门头沟区	永定河	清水河					
579	西峪	WCCD0000000R004E	15.37	门头沟区	门头沟区	永定河	清水河					
580	三里沟	WCCD0000000R004F	9.12	门头沟区	门头沟区	永定河	清水河					
581	后港	WCCD0000000R004G	5.77	门头沟区	门头沟区	永定河	清水河					
582	段江沟	WCCD0000000R004L	7.75	门头沟区	门头沟区	永定河	清水河					
583	瓦窑沟	WCCDA000000L0010	11.72	门头沟区	门头沟区	永定河	清水河	瓦窑沟				
584	小龙门沟	WCCDB000000R0010	22.09	门头沟区	门头沟区	永定河	清水河	小龙门沟				
585	南沟	WCCDC000000R0010	66.71	门头沟区 房山区	门头沟区	永定河	清水河	大南沟				
586	田寺	WCCDD000000R0010	20.44	门头沟区	门头沟区	永定河	清水河	田寺沟				
587	东龙门涧	WCCDE000000L002A	35.92	门头沟区	门头沟区	永定河	清水河	大北沟				
588	北沟	WCCDE000000L003B	21.84	门头沟区	门头沟区	永定河	清水河	大北沟				
589	西龙门涧	WCCDEA00000R0010	12.19	门头沟区	门头沟区	永定河	清水河	大北沟	西龙门涧			
590	梨园岭	WCCDEB00000R0010	11.16	门头沟区	门头沟区	永定河	清水河	大北沟	煤窑涧沟			
591	上达摩	WCCDF000000R003A	18.20	门头沟区	门头沟区	永定河	清水河	达摩沟				
592	西达摩	WCCDFA00000L0010	14.15	门头沟区	门头沟区	永定河	清水河	达摩沟	西达摩沟			

续表

序号	小流域名称	小流域编码	面积（km^2）	涉及区县	所属区县	零级流域	一级流域	二级流域	三级流域	四级流域	五级流域	六级流域
593	大三里	WCCDG000000R0010	8.52	门头沟区	门头沟区	永定河	清水河	大三里沟				
594	青龙涧	WCCDH000000L0010	42.08	门头沟区	门头沟区	永定河	清水河	青龙涧沟				
595	马栏	WCCDJ000000R0010	14.68	门头沟区	门头沟区	永定河	清水河	马栏沟				
596	九龙头	WCCDK000000L0010	12.69	门头沟区	门头沟区	永定河	清水河	北山沟				
597	白虎头	WCCDM000000L0010	17.12	门头沟区	门头沟区	永定河	清水河	白虎头沟				
598	火村	WCCDN000000R0010	15.30	门头沟区	门头沟区	永定河	清水河	火村沟				
599	东西马涧	WCCDP000000R0010	8.26	门头沟区	门头沟区	永定河	清水河	西麻涧沟				
600	七里沟	WCCDQ000000R003A	24.62	门头沟区	门头沟区	永定河	清水河	七里沟				
601	鳌鱼沟	WCCDQA00000L0010	12.68	门头沟区	门头沟区	永定河	清水河	七里沟	鳌鱼沟			
602	桑峪	WCCDR000000L002B	9.53	门头沟区	门头沟区	永定河	清水河	灵水沟				
603	灵水	WCCDR000000L003A	10.40	门头沟区	门头沟区	永定河	清水河	灵水沟				
604	法城沟	WCCDS000000R0010	6.90	门头沟区	门头沟区	永定河	清水河	法城沟				
605	水泉子沟	WCCDT000000L0010	5.37	门头沟区	门头沟区	永定河	清水河	水泉子沟				
606	黄岩沟	WCCE0000000R0010	10.95	门头沟区	门头沟区	永定河	黄崖沟					
607	观涧台沟	WCCF0000000R0010	5.59	门头沟区	门头沟区	永定河	观涧台沟					
608	田庄沟	WCCG0000000L0010	50.09	门头沟区	门头沟区	永定河	下马岭沟					
609	南港	WCCH0000000R002A	9.72	门头沟区	门头沟区	永定河	清水涧沟					
610	娘娘庙	WCCH0000000R002D	7.30	门头沟区	门头沟区	永定河	清水涧沟					
611	盐梨沟	WCCH0000000R002F	9.48	门头沟区	门头沟区	永定河	清水涧沟					
612	桃园	WCCH0000000R003G	11.58	门头沟区	门头沟区	永定河	清水涧沟					
613	曹家沟	WCCH0000000R004B	15.29	门头沟区	门头沟区	永定河	清水涧沟					
614	台港沟	WCCH0000000R004C	14.30	门头沟区	门头沟区	永定河	清水涧沟					

续表

序号	小流域名称	小流域编码	面积（km^2）	涉及区县	所属区县	零级流域	一级流域	二级流域	三级流域	四级流域	五级流域	六级流域
615	灰地	WCCH0000000R004E	9.09	门头沟区	门头沟区	永定河	清水涧沟					
616	木城涧沟	WCCHA000000R0010	13.77	门头沟区	门头沟区	永定河	清水涧沟	双道岔沟				
617	王平沟	WCCJ0000000R0010	6.79	门头沟区	门头沟区	永定河	王平村沟					
618	南涧沟	WCCK0000000R0010	15.02	门头沟区	门头沟区	永定河	南涧沟					
619	苇甸沟	WCCM0000000L0010	53.52	门头沟区	门头沟区	永定河	苇甸沟					
620	樱桃沟	WCCN0000000L0010	33.43	门头沟区	门头沟区	永定河	樱桃沟					
621	军庄沟	WCCP0000000L0010	26.75	门头沟区	门头沟区	永定河	军庄沟					
622	门头沟	WCCS0000000R0010	25.55	石景山区 门头沟区	门头沟区	永定河	门头沟					
623	中门寺沟	WCCU0000000R0090	11.39	石景山区 门头沟区	门头沟区	永定河	中门寺沟					
624	冯人寺沟	WCCⅤ0000000R00BA	18.28	丰台区 门头沟区	门头沟区	永定河	冯村沟					
625	西峰寺沟	WCCⅤA000000R0090	13.29	门头沟区	门头沟区	永定河	冯村沟	西峰寺沟				
626	白石沟头	WCDBHCJ0000L002A	11.38	门头沟区	门头沟区	大清河	拒马河	北拒马河	琉璃河	白石沟		
627	东港西沟	WCDBHCJA000R0010	10.31	门头沟区 房山区	门头沟区	大清河	拒马河	北拒马河	琉璃河	白石沟	东港西沟	
628	赵家台	WCDBHDE0000N002A	15.87	门头沟区	门头沟区	大清河	拒马河	北拒马河	小清河	刺猬河		
629	潭柘寺	WCDBHDE0000N002B	9.45	门头沟区	门头沟区	大清河	拒马河	北拒马河	小清河	刺猬河		
630	鲁家滩	WCDBHDE0000N004C	13.02	门头沟区	门头沟区	大清河	拒马河	北拒马河	小清河	刺猬河		
631	南村	WCDBHDE0000N004D	13.10	门头沟区	门头沟区	大清河	拒马河	北拒马河	小清河	刺猬河		
632	黑龙潭	WCBB0000000M002S	7.28	密云县	密云县	北三河	潮白河					
633	黄土梁西	WCBB0000000M003N	8.78	密云县	密云县	北三河	潮白河					

续表

序号	小流域名称	小流域编码	面积（km^2）	涉及区县	所属区县	零级流域	一级流域	二级流域	三级流域	四级流域	五级流域	六级流域
634	张家坟	WCBB0000000M003P	17.51	密云县	密云县	北三河	潮白河					
635	捧河岩	WCBB0000000M003Q	17.00	密云县	密云县	北三河	潮白河					
636	密云水库	WCBB0000000M003T	202.95	密云县	密云县	北三河	潮白河					
637	河北	WCBB0000000M004R	6.51	密云县	密云县	北三河	潮白河					
638	董各庄	WCBB0000000M004U	8.95	密云县	密云县	北三河	潮白河					
639	王家楼	WCBB0000000M0081	6.99	密云县	密云县	北三河	潮白河					
640	季庄	WCBB0000000M0082	12.25	密云县	密云县	北三河	潮白河					
641	燕落寨	WCBB0000000M0083	10.43	密云县	密云县	北三河	潮白河					
642	团结村	WCBB0000000M0084	12.68	密云县 怀柔区 顺义区	密云县	北三河	潮白河					
643	十里堡镇	WCBB0000000M0085	9.98	密云县	密云县	北三河	潮白河					
644	郑家庄	WCBB0000000M0086	15.19	密云县 怀柔区	密云县	北三河	潮白河					
645	李各庄	WCBB0000000M008X	7.52	密云县	密云县	北三河	潮白河					
646	檀营	WCBB0000000M008Y	9.77	密云县	密云县	北三河	潮白河					
647	溪翁庄	WCBB0000000M00BV	11.40	密云县	密云县	北三河	潮白河					
648	东智北	WCBB0000000M00CW	10.15	密云县	密云县	北三河	潮白河					
649	蛇鱼川	WCBBa000000L0010	25.62	密云县	密云县	北三河	潮白河	蛇鱼川				
650	西苍峪	WCBBb000000L002A	38.36	密云县	密云县	北三河	潮白河	白马关河				
651	西字牌	WCBBb000000L002C	6.61	密云县	密云县	北三河	潮白河	白马关河				
652	响水峪	WCBBb000000L002D	9.20	密云县	密云县	北三河	潮白河	白马关河				
653	西白莲峪	WCBBb000000L002H	9.42	密云县	密云县	北三河	潮白河	白马关河				

续表

序号	小流域名称	小流域编码	面积（km^2）	涉及区县	所属区县	零级流域	一级流域	二级流域	三级流域	四级流域	五级流域	六级流域
654	白马关	WCBBb000000L003B	15.83	密云县	密云县	北三河	潮白河	白马关河				
655	石洞子	WCBBb000000L003J	14.01	密云县	密云县	北三河	潮白河	白马关河				
656	下营	WCBBb000000L004E	7.87	密云县	密云县	北三河	潮白河	白马关河				
657	三岔口	WCBBb000000L004F	17.35	密云县	密云县	北三河	潮白河	白马关河				
658	朱家峪	WCBBb000000L004G	11.45	密云县	密云县	北三河	潮白河	白马关河				
659	西庄子	WCBBb000000L004K	10.91	密云县	密云县	北三河	潮白河	白马关河				
660	保峪岭	WCBBb000000L004L	14.73	密云县	密云县	北三河	潮白河	白马关河				
661	石湖根	WCBBbA00000R0010	15.51	密云县	密云县	北三河	潮白河	白马关河	番字牌村沟			
662	西口外	WCBBbB00000R0010	25.31	密云县	密云县	北三河	潮白河	白马关河	西口外沟			
663	石城	WCBBc000000R0010	14.50	密云县	密云县	北三河	潮白河	九道湾				
664	对家河	WCBBd000000R0010	38.76	密云县	密云县	北三河	潮白河	对家河				
665	北白岩	WCBBe000000R0090	14.85	密云县	密云县	北三河	潮白河	黑山寺村沟				
666	金叵罗	WCBBf000000L0090	22.35	密云县	密云县	北三河	潮白河	金叵罗村沟				
667	河西	WCBBg000000N003A	13.87	密云县	密云县	北三河	潮白河	潮河				
668	北甸子	WCBBg000000N004B	7.07	密云县	密云县	北三河	潮白河	潮河				
669	北台	WCBBg000000N004C	6.22	密云县	密云县	北三河	潮白河	潮河				
670	辛庄	WCBBg000000N004D	15.98	密云县	密云县	北三河	潮白河	潮河				
671	南台	WCBBg000000N004E	10.37	密云县	密云县	北三河	潮白河	潮河				
672	小漕村	WCBBg000000N004F	5.50	密云县	密云县	北三河	潮白河	潮河				
673	芹菜岭	WCBBg000000N004G	5.56	密云县	密云县	北三河	潮白河	潮河				
674	黄土坎	WCBBg000000N004H	18.43	密云县	密云县	北三河	潮白河	潮河				
675	流河峪	WCBBg000000N004J	16.62	密云县	密云县	北三河	潮白河	潮河				

续表

序号	小流域名称	小流域编码	面积（km^2）	涉及区县	所属区县	零级流域	一级流域	二级流域	三级流域	四级流域	五级流域	六级流域
676	荆子峪	WCBBg000000N00BK	46.23	密云县	密云县	北三河	潮白河	潮河				
677	蔡家洼	WCBBg000000N00BL	20.55	密云县	密云县	北三河	潮白河	潮河				
678	提辖庄	WCBBg000000N00BM	37.69	密云县	密云县	北三河	潮白河	潮河				
679	破城子	WCBBgA00000R0010	10.03	密云县	密云县	北三河	潮白河	潮河	破城子河			
680	古北口	WCBBgB00000L0010	12.38	密云县	密云县	北三河	潮白河	潮河	古北口沟			
681	大开岭	WCBBgC00000R0010	16.91	密云县	密云县	北三河	潮白河	潮河	上甸子沟			
682	司马台	WCBBgD00000L0010	39.03	密云县	密云县	北三河	潮白河	潮河	小汤河			
683	头道沟	WCBBgE00000N002D	9.40	密云县	密云县	北三河	潮白河	潮河	安达木河			
684	大角峪	WCBBgE00000N003A	14.98	密云县	密云县	北三河	潮白河	潮河	安达木河			
685	曹家路	WCBBgE00000N003B	22.34	密云县	密云县	北三河	潮白河	潮河	安达木河			
686	太古石	WCBBgE00000N003C	16.12	密云县	密云县	北三河	潮白河	潮河	安达木河			
687	新城子	WCBBgE00000N004E	17.95	密云县	密云县	北三河	潮白河	潮河	安达木河			
688	苏家峪	WCBBgE00000N004F	27.22	密云县	密云县	北三河	潮白河	潮河	安达木河			
689	东庄禾	WCBBgE00000N004G	11.50	密云县	密云县	北三河	潮白河	潮河	安达木河			
690	车道峪	WCBBgE00000N004H	18.18	密云县	密云县	北三河	潮白河	潮河	安达木河			
691	松树峪	WCBBgE00000N004J	17.85	密云县	密云县	北三河	潮白河	潮河	安达木河			
692	花园	WCBBgEA0000N0010	8.89	密云县	密云县	北三河	潮白河	潮河	安达木河	乱水河		
693	蔡家甸	WCBBgEB0000R0010	11.49	密云县	密云县	北三河	潮白河	潮河	安达木河	蔡家店沟		
694	遥桥峪	WCBBgEC0000L0010	8.88	密云县	密云县	北三河	潮白河	潮河	安达木河	云岫谷		
695	吉家营	WCBBgED0000L0010	34.47	密云县	密云县	北三河	潮白河	潮河	安达木河	坡头沟		
696	令公	WCBBgEE0000L0010	19.04	密云县	密云县	北三河	潮白河	潮河	安达木河	令公东沟		
697	东学各庄	WCBBgEF0000L0010	10.12	密云县	密云县	北三河	潮白河	潮河	安达木河	石门沟		

续表

序号	小流域名称	小流域编码	面积（km^2）	涉及区县	所属区县	零级流域	一级流域	二级流域	三级流域	四级流域	五级流域	六级流域
698	高岭	WCBBgF00000R0010	17.52	密云县	密云县	北三河	潮白河	潮河	东河			
699	田庄	WCBBgG00000R0010	39.37	密云县	密云县	北三河	潮白河	潮河	龙潭沟			
700	石匣	WCBBgH00000R0010	20.84	密云县	密云县	北三河	潮白河	潮河	栗榛寨沟			
701	西驼古	WCBBgJ00000N003A	33.57	密云县	密云县	北三河	潮白河	潮河	牤牛河			
702	半城子	WCBBgJ00000N003B	22.64	密云县	密云县	北三河	潮白河	潮河	牤牛河			
703	西台子	WCBBgJA0000L0010	11.25	密云县	密云县	北三河	潮白河	潮河	牤牛河	西台子河		
704	古石峪	WCBBgJB0000R0010	15.82	密云县	密云县	北三河	潮白河	潮河	牤牛河	史庄子沟		
705	香水峪	WCBBgJC0000L0010	19.50	密云县	密云县	北三河	潮白河	潮河	牤牛河	北香峪村河		
706	白土沟	WCBBgJD0000R0010	20.23	密云县	密云县	北三河	潮白河	潮河	牤牛河	边庄子沟		
707	苍术会	WCBBgK00000N003A	33.73	密云县	密云县	北三河	潮白河	潮河	清水河			
708	苇子峪	WCBBgK00000N003B	24.54	密云县	密云县	北三河	潮白河	潮河	清水河			
709	太师屯	WCBBgK00000N003E	22.98	密云县	密云县	北三河	潮白河	潮河	清水河			
710	干峪沟	WCBBgK00000N004C	19.20	密云县	密云县	北三河	潮白河	潮河	清水河			
711	北庄	WCBBgK00000N004D	8.50	密云县	密云县	北三河	潮白河	潮河	清水河			
712	杨家堡	WCBBgKA0000N0010	24.12	密云县	密云县	北三河	潮白河	潮河	清水河	大黄岩河		
713	朱家湾	WCBBgKB0000L0010	17.45	密云县	密云县	北三河	潮白河	潮河	清水河	坑子地河		
714	大漕村	WCBBgKC0000R0010	6.85	密云县	密云县	北三河	潮白河	潮河	清水河	陡子峪东沟		
715	东田各庄	WCBBgKD0000L0010	12.12	密云县	密云县	北三河	潮白河	潮河	清水河	东田各庄河		
716	上庄子	WCBBgKE0000L0010	16.63	密云县	密云县	北三河	潮白河	潮河	清水河	龙潭沟		
717	转山子	WCBBgM00000R0010	13.73	密云县	密云县	北三河	潮白河	潮河	秀才峪沟			
718	柏崖	WCBBgN00000L003A	23.51	密云县	密云县	北三河	潮白河	潮河	红门川			
719	河下	WCBBgN00000L003E	13.28	密云县	密云县	北三河	潮白河	潮河	红门川			

续表

序号	小流域名称	小流域编码	面积（km^2）	涉及区县	所属区县	零级流域	一级流域	二级流域	三级流域	四级流域	五级流域	六级流域
720	达峪	WCBBgN00000L003F	8.79	密云县	密云县	北三河	潮白河	潮河	红门川			
721	沙厂	WCBBgN00000L003G	12.45	密云县	密云县	北三河	潮白河	潮河	红门川			
722	达岩	WCBBgN00000L003H	9.93	密云县	密云县	北三河	潮白河	潮河	红门川			
723	张庄子	WCBBgN00000L004B	9.04	密云县 平谷区	密云县	北三河	潮白河	潮河	红门川			
724	聂家峪	WCBBgN00000L004C	17.85	密云县	密云县	北三河	潮白河	潮河	红门川			
725	大龙门	WCBBgN00000L004D	17.19	密云县	密云县	北三河	潮白河	潮河	红门川			
726	庄户峪	WCBBgNA0000L0010	4.09	密云县	密云县	北三河	潮白河	潮河	红门川	庄户峪沟		
727	张泉	WCBBgNB0000R0010	15.43	密云县	密云县	北三河	潮白河	潮河	红门川	肖河峪沟		
728	查子沟	WCBBgNC0000R0010	12.00	密云县	密云县	北三河	潮白河	潮河	红门川	插旗沟		
729	穆家峪	WCBBgP00000R0090	19.22	密云县	密云县	北三河	潮白河	潮河	南穆峪沟			
730	康各庄	WCBBgQ00000L002A	30.95	密云县	密云县	北三河	潮白河	潮河	后焦家坞河			
731	前焦家坞	WCBBgQ00000L00BB	27.40	密云县	密云县	北三河	潮白河	潮河	后焦家坞河			
732	水漳	WCBBgR00000R0090	25.99	密云县	密云县	北三河	潮白河	潮河	水沙河			
733	小东河改道	WCBBh000000N007C	23.50	密云县 顺义区	密云县	北三河	潮白河	小东河				
734	河南寨	WCBBh000000N00BB	13.47	密云县 顺义区	密云县	北三河	潮白河	小东河				
735	西康各庄	WCBBjKD0000L004B	28.89	密云县 怀柔区	密云县	北三河	潮白河	怀河	雁栖河	沙河		
736	卸甲山	WCBBjKD0000L004C	20.82	密云县	密云县	北三河	潮白河	怀河	雁栖河	沙河		
737	水洼屯	WCBBjKD0000L007H	6.53	密云县	密云县	北三河	潮白河	怀河	雁栖河	沙河		
738	沿村	WCBBjKD0000L007J	4.56	密云县	密云县	北三河	潮白河	怀河	雁栖河	沙河		

续表

序号	小流域名称	小流域编码	面积（km^2）	涉及区县	所属区县	零级流域	一级流域	二级流域	三级流域	四级流域	五级流域	六级流域
739	新王庄	WCBBjKD0000L008E	22.88	密云县 怀柔区	密云县	北三河	潮白河	怀河	雁栖河	沙河		
740	西田各庄	WCBBjKD0000L008F	19.69	密云县 怀柔区	密云县	北三河	潮白河	怀河	雁栖河	沙河		
741	北栅子	WCBBSK00000L002A	41.95	密云县 怀柔区	密云县	北三河	潮白河	汤河	汤河东沟			
742	水道峪	WCBBUE00000R002A	5.81	密云县	密云县	北三河	潮白河	琉璃河	琉璃庙南沟			
743	白庙子	WCBBV000000L0010	24.86	密云县	密云县	北三河	潮白河	白庙子沟				
744	四合堂	WCBBW000000L0010	24.13	密云县	密云县	北三河	潮白河	四合堂村沟				
745	黄土梁	WCBBX000000R0010	20.19	密云县	密云县	北三河	潮白河	黄土梁沟				
746	柳棵峪	WCBBY000000R0010	13.42	密云县	密云县	北三河	潮白河	柳棵峪沟				
747	银冶岭	WCBCKD00000N002A	18.46	密云县	密云县	北三河	蓟运河	泃河	泃河右支			
748	西邵渠	WCBCKD00000N003B	25.48	密云县	密云县	北三河	蓟运河	泃河	泃河右支			
749	西葫芦峪	WCBCKDA0000R0010	12.02	密云县	密云县	北三河	蓟运河	泃河	泃河右支	东葫芦峪河		
750	大石门	WCBCKDB0000L0010	18.19	密云县	密云县	北三河	蓟运河	泃河	泃河右支	东邵渠河		
751	史长峪	WCBCKDC0000L002A	9.37	密云县	密云县	北三河	蓟运河	泃河	泃河右支	高各庄河		
752	东邵渠	WCBCKDC0000L003B	3.59	密云县	密云县	北三河	蓟运河	泃河	泃河右支	高各庄河		
753	石峨	WCBCKDCA000R0010	10.22	密云县	密云县	北三河	蓟运河	泃河	泃河右支	高各庄河	石峨河	
754	丫髻山	WCBCKDD0000R0090	14.55	密云县 平谷区	密云县	北三河	蓟运河	泃河	泃河右支	前吉山河		
755	酸枣峪	WCBC0000000N003A	30.61	平谷区	平谷区	北三河	蓟运河					
756	胡庄村南	WCBC0000000N007C	7.44	平谷区	平谷区	北三河	蓟运河					
757	张辛庄	WCBC0000000N007D	6.12	平谷区	平谷区	北三河	蓟运河					

续表

序号	小流域名称	小流域编码	面积（km^2）	涉及区县	所属区县	零级流域	一级流域	二级流域	三级流域	四级流域	五级流域	六级流域
758	西寺渠村	WCBC0000000N007F	8.03	平谷区	平谷区	北三河	蓟运河					
759	东鹿角	WCBC0000000N007G	6.48	平谷区	平谷区	北三河	蓟运河					
760	崔家庄	WCBC0000000N007H	9.02	平谷区	平谷区	北三河	蓟运河					
761	张岱辛庄	WCBC0000000N007J	5.98	平谷区	平谷区	北三河	蓟运河					
762	南张岱	WCBC0000000N007K	3.70	平谷区	平谷区	北三河	蓟运河					
763	南宅庄户	WCBC0000000N007L	9.67	平谷区	平谷区	北三河	蓟运河					
764	李辛庄	WCBC0000000N008E	6.55	平谷区	平谷区	北三河	蓟运河					
765	水峪	WCBC0000000N00BB	17.18	平谷区	平谷区	北三河	蓟运河					
766	上堡子	WCBCA000000R0010	9.34	平谷区	平谷区	北三河	蓟运河	红石坎沟				
767	中心村	WCBCB000000R003A	22.53	平谷区	平谷区	北三河	蓟运河	将军关石河				
768	东上营	WCBCB000000R00BB	14.08	平谷区	平谷区	北三河	蓟运河	将军关石河				
769	彰作河	WCBCBA00000L0010	9.90	平谷区	平谷区	北三河	蓟运河	将军关石河	彰作河			
770	胡庄	WCBCC000000R0090	23.96	平谷区	平谷区	北三河	蓟运河	土门石河				
771	南山村	WCBCD000000L0090	16.49	平谷区	平谷区	北三河	蓟运河	豹子峪石河				
772	黄土梁	WCBCE000000R002A	13.19	平谷区	平谷区	北三河	蓟运河	黄松峪石河				
773	梨树沟	WCBCE000000R002B	6.04	平谷区	平谷区	北三河	蓟运河	黄松峪石河				
774	刁窝	WCBCE000000R003C	29.57	平谷区	平谷区	北三河	蓟运河	黄松峪石河				
775	黄松峪	WCBCE000000R003D	21.10	平谷区	平谷区	北三河	蓟运河	黄松峪石河				
776	南独乐河	WCBCE000000R007E	14.83	平谷区	平谷区	北三河	蓟运河	黄松峪石河				
777	峨眉山	WCBCEA00000R0090	26.37	平谷区	平谷区	北三河	蓟运河	黄松峪石河	北寨石河			
778	鱼子山	WCBCF000000R0090	31.56	平谷区	平谷区	北三河	蓟运河	鱼子山石河				
779	夏各庄	WCBCG000000N00BA	25.01	平谷区	平谷区	北三河	蓟运河	夏各庄石河				

续表

序号	小流域名称	小流域编码	面积（km^2）	涉及区县	所属区县	零级流域	一级流域	二级流域	三级流域	四级流域	五级流域	六级流域
780	太务石河	WCBCGA00000R0090	29.21	平谷区	平谷区	北三河	蓟运河	夏各庄石河	太务石河			
781	杨庄户河	WCBCGB00000L0090	8.36	平谷区	平谷区	北三河	蓟运河	夏各庄石河	杨庄户河			
782	南埝头河	WCBCH000000L0090	3.31	平谷区	平谷区	北三河	蓟运河	南埝头河				
783	大旺务	WCBCJ000000L0090	23.81	平谷区	平谷区	北三河	蓟运河	大旺务石河				
784	清水湖	WCBCK000000N002A	19.26	平谷区	平谷区	北三河	蓟运河	泃河				
785	镇罗营	WCBCK000000N003B	50.54	平谷区	平谷区	北三河	蓟运河	泃河				
786	小峪子	WCBCK000000N003C	48.90	平谷区	平谷区	北三河	蓟运河	泃河				
787	兴隆庄	WCBCK000000N007E	8.65	平谷区	平谷区	北三河	蓟运河	泃河				
788	白各庄	WCBCK000000N007F	9.76	平谷区	平谷区	北三河	蓟运河	泃河				
789	赵各庄	WCBCK000000N007H	12.34	平谷区	平谷区	北三河	蓟运河	泃河				
790	贾各庄	WCBCK000000N008G	6.30	平谷区	平谷区	北三河	蓟运河	泃河				
791	前北宫	WCBCK000000N00BD	10.14	平谷区	平谷区	北三河	蓟运河	泃河				
792	关上	WCBCKA00000R0010	11.00	平谷区	平谷区	北三河	蓟运河	泃河	关上东沟			
793	挂甲峪	WCBCKB00000N004D	5.21	平谷区	平谷区	北三河	蓟运河	泃河	熊儿寨石河			
794	花峪	WCBCKB00000N002A	26.25	平谷区	平谷区	北三河	蓟运河	泃河	熊儿寨石河			
795	熊耳寨	WCBCKB00000N004B	18.18	平谷区	平谷区	北三河	蓟运河	泃河	熊儿寨石河			
796	老泉口	WCBCKB00000N004C	8.24	平谷区	平谷区	北三河	蓟运河	泃河	熊儿寨石河			
797	大华山	WCBCKB00000N00BE	18.37	平谷区	平谷区	北三河	蓟运河	泃河	熊儿寨石河			
798	苏子峪	WCBCKC00000L0090	13.17	平谷区	平谷区	北三河	蓟运河	泃河	后北宫河			
799	行宫	WCBCKD00000N00BC	20.12	密云县 平谷区	平谷区	北三河	蓟运河	泃河	泃河右支			
800	胡家营	WCBCKD00000N00BD	9.43	平谷区	平谷区	北三河	蓟运河	泃河	泃河右支			

续表

序号	小流域名称	小流域编码	面积（km²）	涉及区县	所属区县	零级流域	一级流域	二级流域	三级流域	四级流域	五级流域	六级流域
801	刘家店	WCBCKDE0000R0090	10.23	平谷区	平谷区	北三河	蓟运河	泃河	泃河右支	万庄子河		
802	齐各庄	WCBCKE00000N007B	5.65	平谷区	平谷区	北三河	蓟运河	泃河	小辛寨石河			
803	熊耳营	WCBCKE00000N00AA	21.67	平谷区	平谷区	北三河	蓟运河	泃河	小辛寨石河			
804	放光庄	WCBCKEA0000R008B	3.48	平谷区	平谷区	北三河	蓟运河	泃河	小辛寨石河			
805	乐政务	WCBCKEA0000R0090	23.13	平谷区	平谷区	北三河	蓟运河	泃河	小辛寨石河	北太平庄河		
806	大北关	WCBCKEB0000L0090	18.15	平谷区	平谷区	北三河	蓟运河	泃河	小辛寨石河	中罗庄河		
807	东石桥河	WCBCKF00000R0050	16.18	平谷区	平谷区	北三河	蓟运河	泃河	东石桥河			
808	胡辛庄	WCBCM000000N007B	30.94	平谷区 顺义区	平谷区	北三河	蓟运河	龙河				
809	薄各庄	WCBCM000000N007C	10.20	平谷区 顺义区	平谷区	北三河	蓟运河	龙河				
810	三白山	WCBCM000000N00AA	18.17	密云县 平谷区	平谷区	北三河	蓟运河	龙河				
811	东陈各庄	WCBCMA00000N007D	9.00	平谷区	平谷区	北三河	蓟运河	龙河	无名河			
812	杈子庄	WCBCN000000R007H	6.32	平谷区	平谷区	北三河	蓟运河	金鸡河				
813	马坊南干渠	WCBCQ000000R0050	8.29	平谷区	平谷区	北三河	蓟运河	马坊南干渠				
814	曹家庄河	WCBCR000000L0050	8.40	平谷区	平谷区	北三河	蓟运河	曹家庄河				
815	东下庄	WCBAXA00000R00BA	19.00	石景山区 海淀区	石景山区	北三河	北运河	通惠河	永定河引水渠			
816	金顶街	WCBAXAA0000L0090	4.94	石景山区	石景山区	北三河	北运河	通惠河	永定河引水渠	八引渠		
817	八宝渠	WCBAY000000P008A	11.55	石景山区	石景山区	北三河	北运河	凉水河				
818	张仪村	WCBAY000000P008B	10.66	丰台区 石景山区	石景山区	北三河	北运河	凉水河				

续表

序号	小流域名称	小流域编码	面积（km^2）	涉及区县	所属区县	零级流域	一级流域	二级流域	三级流域	四级流域	五级流域	六级流域
819	庞村	WCC00000000N00BR	14.17	丰台区 石景山区 门头沟区	石景山区	永定河						
820	高井沟	WCCT0000000L002A	14.69	石景山区 门头沟区 海淀区	石景山区	永定河	高井沟					
821	麻峪	WCCT0000000L00BB	8.74	石景山区	石景山区	永定河	高井沟					
822	黑石头	WCCTB000000L0010	8.02	石景山区 海淀区	石景山区	永定河	高井沟	黑石头沟				
823	西白辛庄	WCBA0000000N108P	10.56	顺义区	顺义区	北三河	北运河					
824	七干渠	WCBA0000000N108S	14.94	朝阳区 顺义区	顺义区	北三河	北运河					
825	小王辛庄	WCBA0000000N108T	15.60	朝阳区 顺义区	顺义区	北三河	北运河					
826	新王峪平原	WCBANBA0000N007B	17.67	怀柔区 昌平区 顺义区	顺义区	北三河	北运河	蔺沟	秦屯河	白浪河		
827	西降州营	WCBANBB0000L007B	8.40	顺义区	顺义区	北三河	北运河	蔺沟	秦屯河	牤牛河		
828	板桥	WCBANBB0000L007C	7.25	顺义区	顺义区	北三河	北运河	蔺沟	秦屯河	牤牛河		
829	高丽营镇	WCBANBB0000L007D	13.31	昌平区 顺义区	顺义区	北三河	北运河	蔺沟	秦屯河	牤牛河		
830	大东流	WCBANBB0000L007E	8.69	昌平区 顺义区	顺义区	北三河	北运河	蔺沟	秦屯河	牤牛河		
831	北郎中	WCBAQ000000L008A	13.22	顺义区	顺义区	北三河	北运河	方氏渠				

续表

序号	小流域名称	小流域编码	面积（km^2）	涉及区县	所属区县	零级流域	一级流域	二级流域	三级流域	四级流域	五级流域	六级流域
832	西小营	WCBAQ000000L008B	12.99	顺义区	顺义区	北三河	北运河	方氏渠				
833	张喜庄	WCBAQ000000L008C	14.81	顺义区	顺义区	北三河	北运河	方氏渠				
834	阎家营	WCBAQ000000L008D	9.69	昌平区 顺义区	顺义区	北三河	北运河	方氏渠				
835	东马各庄	WCBAQ000000L008E	13.91	顺义区	顺义区	北三河	北运河	方氏渠				
836	西田各庄	WCBAT000000L006A	8.13	顺义区	顺义区	北三河	北运河	龙道河				
837	后沙峪	WCBAT000000L007B	13.03	顺义区	顺义区	北三河	北运河	龙道河				
838	拔子房	WCBAT000000L007C	9.23	顺义区	顺义区	北三河	北运河	龙道河				
839	红铜营	WCBAW000000L007B	11.36	怀柔区 顺义区	顺义区	北三河	北运河	小中河				
840	七干渠支	WCBAW000000L007G	15.69	顺义区	顺义区	北三河	北运河	小中河				
841	英各庄	WCBAW000000L007P	12.15	通州区 顺义区	顺义区	北三河	北运河	小中河				
842	相各庄	WCBAW000000L008C	7.33	顺义区	顺义区	北三河	北运河	小中河				
843	西陈各庄	WCBAW000000L008D	10.94	顺义区	顺义区	北三河	北运河	小中河				
844	向前村	WCBAW000000L008E	12.49	顺义区	顺义区	北三河	北运河	小中河				
845	白庙村	WCBAW000000L008F	15.42	顺义区	顺义区	北三河	北运河	小中河				
846	石门村	WCBAW000000L008H	7.33	顺义区	顺义区	北三河	北运河	小中河				
847	焦各庄	WCBAW000000L008J	9.97	顺义区	顺义区	北三河	北运河	小中河				
848	杨家营	WCBAW000000L008K	8.24	顺义区	顺义区	北三河	北运河	小中河				
849	马家营	WCBAW000000L008L	27.60	朝阳区 顺义区	顺义区	北三河	北运河	小中河				
850	米各庄	WCBAW000000L008M	12.39	顺义区	顺义区	北三河	北运河	小中河				

续表

序号	小流域名称	小流域编码	面积（km²）	涉及区县	所属区县	零级流域	一级流域	二级流域	三级流域	四级流域	五级流域	六级流域
851	洼子村	WCBAW000000L008N	6.04	顺义区	顺义区	北三河	北运河	小中河				
852	小苏庄	WCBAWA00000P008A	5.37	顺义区	顺义区	北三河	北运河	小中河	中坝河			
853	郭庄	WCBAWA00000P008B	7.92	通州区 顺义区	顺义区	北三河	北运河	小中河	中坝河			
854	吴庄	WCBAWA00000P008C	6.95	顺义区	顺义区	北三河	北运河	小中河	中坝河			
855	月牙河	WCBAWAA0000R007A	16.25	通州区 顺义区	顺义区	北三河	北运河	小中河	中坝河	月牙河		
856	李家桥	WCBAWAA0000R008B	6.25	通州区 顺义区	顺义区	北三河	北运河	小中河	中坝河	月牙河		
857	月牙河右支流	WCBAWAAA000R0050	14.56	顺义区	顺义区	北三河	北运河	小中河	中坝河	月牙河	月牙河右支流	
858	榆林	WCBB0000000M0078	14.50	怀柔区 顺义区	顺义区	北三河	潮白河					
859	河南村	WCBB0000000M007d	12.51	顺义区	顺义区	北三河	潮白河					
860	崇国庄	WCBB0000000M007f	11.17	顺义区	顺义区	北三河	潮白河					
861	西丰乐	WCBB0000000M0089	9.49	顺义区	顺义区	北三河	潮白河					
862	奥体公园	WCBB0000000M008a	5.20	顺义区	顺义区	北三河	潮白河					
863	市潮白陵园	WCBB0000000M008b	9.50	顺义区	顺义区	北三河	潮白河					
864	北上坡	WCBB0000000M008c	5.03	顺义区	顺义区	北三河	潮白河					
865	李遂村	WCBB0000000M008e	11.82	顺义区	顺义区	北三河	潮白河					
866	茶棚村	WCBBh000000N002A	7.89	顺义区	顺义区	北三河	潮白河	小东河				
867	大韩庄	WCBBh000000N007D	7.35	顺义区	顺义区	北三河	潮白河	小东河				
868	牛富屯	WCBBh000000N007E	9.68	顺义区	顺义区	北三河	潮白河	小东河				

续表

序号	小流域名称	小流域编码	面积（km^2）	涉及区县	所属区县	零级流域	一级流域	二级流域	三级流域	四级流域	五级流域	六级流域
869	北孙各庄	WCBBj000000R008S	7.23	怀柔区 顺义区	顺义区	北三河	潮白河	怀河				
870	金牛村	WCBBj000000R008T	5.56	顺义区	顺义区	北三河	潮白河	怀河				
871	城北减河	WCBBk000000R0050	7.43	顺义区	顺义区	北三河	潮白河	城北减河				
872	河北村上游	WCBBm000000L0050	10.71	顺义区	顺义区	北三河	潮白河	六眼涵沟				
873	杜刘庄	WCBBn000000N007F	8.11	顺义区	顺义区	北三河	潮白河	箭杆河上段				
874	木林镇	WCBBn000000N008A	9.87	顺义区	顺义区	北三河	潮白河	箭杆河上段				
875	陈各庄	WCBBn000000N008B	4.98	顺义区	顺义区	北三河	潮白河	箭杆河上段				
876	东沿头	WCBBn000000N008C	19.00	顺义区	顺义区	北三河	潮白河	箭杆河上段				
877	仇家店	WCBBn000000N008D	9.50	顺义区	顺义区	北三河	潮白河	箭杆河上段				
878	北小营镇	WCBBn000000N008E	17.71	顺义区	顺义区	北三河	潮白河	箭杆河上段				
879	马庄	WCBBp000000N007D	6.67	顺义区	顺义区	北三河	潮白河	箭杆河下段				
880	宣庄户	WCBBp000000N008A	17.25	顺义区	顺义区	北三河	潮白河	箭杆河下段				
881	豆各庄	WCBBp000000N008B	9.89	顺义区	顺义区	北三河	潮白河	箭杆河下段				
882	太平辛庄	WCBBp000000N008C	18.99	顺义区	顺义区	北三河	潮白河	箭杆河下段				
883	王泮庄	WCBBpA00000L006A	11.50	顺义区	顺义区	北三河	潮白河	箭杆河下段	蔡家河			
884	东庄户	WCBBpA00000L008B	7.23	顺义区	顺义区	北三河	潮白河	箭杆河下段	蔡家河			
885	红寺	WCBBpA00000L008C	16.51	顺义区	顺义区	北三河	潮白河	箭杆河下段	蔡家河			
886	沙子营	WCBBpA00000L008D	12.47	顺义区	顺义区	北三河	潮白河	箭杆河下段	蔡家河			
887	安乐庄	WCBBpA00000L008E	4.13	顺义区	顺义区	北三河	潮白河	箭杆河下段	蔡家河			
888	道仙庄	WCBBpAA0000R006A	7.88	顺义区	顺义区	北三河	潮白河	箭杆河下段	蔡家河	江南渠		
889	东江头	WCBBpAA0000R007B	8.16	顺义区	顺义区	北三河	潮白河	箭杆河下段	蔡家河	江南渠		

续表

序号	小流域名称	小流域编码	面积（km^2）	涉及区县	所属区县	零级流域	一级流域	二级流域	三级流域	四级流域	五级流域	六级流域
890	业兴庄	WCBBpB00000L006A	9.06	顺义区	顺义区	北三河	潮白河	箭杆河下段	顺三排水渠			
891	齐家务	WCBBpB00000L007B	13.71	顺义区	顺义区	北三河	潮白河	箭杆河下段	顺三排水渠			
892	高各庄	WCBBpB00000L007C	9.88	顺义区	顺义区	北三河	潮白河	箭杆河下段	顺三排水渠			
893	顺三排水渠	WCBBpB00000L007D	15.62	顺义区	顺义区	北三河	潮白河	箭杆河下段	顺三排水渠			
894	王庄	WCBCMA00000N007B	6.31	顺义区	顺义区	北三河	蓟运河	龙河	无名河			
895	张各庄	WCBCMA00000N007C	4.87	平谷区 顺义区	顺义区	北三河	蓟运河	龙河	无名河			
896	山里辛庄	WCBCMA00000N00AA	16.93	密云县 平谷区 顺义区	顺义区	北三河	蓟运河	龙河	无名河			
897	王各庄河	WCBCMAA0000R0050	13.56	平谷区 顺义区	顺义区	北三河	蓟运河	龙河	无名河	王各庄河		
898	沙岭	WCBCN000000R007D	7.35	顺义区	顺义区	北三河	蓟运河	金鸡河				
899	贾家洼子	WCBCN000000R007E	8.48	顺义区	顺义区	北三河	蓟运河	金鸡河				
900	雁户庄	WCBCN000000R007F	5.18	顺义区	顺义区	北三河	蓟运河	金鸡河				
901	田各庄	WCBCN000000R007G	11.00	平谷区 顺义区	顺义区	北三河	蓟运河	金鸡河				
902	东干渠	WCBCN000000R008B	12.61	顺义区	顺义区	北三河	蓟运河	金鸡河				
903	白塔	WCBCN000000R008C	8.57	顺义区	顺义区	北三河	蓟运河	金鸡河				
904	龙湾屯	WCBCN000000R00BA	24.23	密云县 顺义区	顺义区	北三河	蓟运河	金鸡河				

续表

序号	小流域名称	小流域编码	面积 (km^2)	涉及区县	所属区县	零级流域	一级流域	二级流域	三级流域	四级流域	五级流域	六级流域
905	张中坞	WCBCNA00000R007B	5.81	顺义区	顺义区	北三河	蓟运河	金鸡河	麻河			
906	大北坞	WCBCNA00000R00AA	20.72	顺义区	顺义区	北三河	蓟运河	金鸡河	麻河			
907	冉家河	WCBCNB00000R0050	18.61	顺义区	顺义区	北三河	蓟运河	金鸡河	冉家河			
908	小屯河	WCBCP000000R0050	26.15	平谷区 顺义区	顺义区	北三河	蓟运河	碱沟				
909	红娘港一支	WCBCS000000P0050	10.47	顺义区	顺义区	北三河	蓟运河	红娘港一支				
910	鲍丘河	WCBCT000000P006A	22.42	顺义区	顺义区	北三河	蓟运河	鲍丘河				
911	程官营河	WCBCTA00000L0050	12.76	顺义区	顺义区	北三河	蓟运河	鲍丘河	程官营河			
912	鲍丘河老道	WCBCTB00000R0050	7.84	顺义区	顺义区	北三河	蓟运河	鲍丘河	鲍丘河老道			
913	减运河	WCBA0000000N2072	12.90	通州区	通州区	北三河	北运河					
914	榆武沟	WCBA0000000N2073	7.48	通州区	通州区	北三河	北运河					
915	侉小沟	WCBA0000000N2074	16.48	通州区	通州区	北三河	北运河					
916	小老沟	WCBA0000000N2075	16.59	通州区	通州区	北三河	北运河					
917	候肖沟	WCBA0000000N207a	10.97	通州区	通州区	北三河	北运河					
918	黎各庄	WCBA0000000N107X	15.00	朝阳区 通州区	通州区	北三河	北运河					
919	乔庄	WCBA0000000N2081	9.30	通州区	通州区	北三河	北运河					
920	长陵营	WCBA0000000N2086	13.26	通州区	通州区	北三河	北运河					
921	金各庄	WCBA0000000N2087	9.18	通州区	通州区	北三河	北运河					
922	南小庄	WCBA0000000N2088	8.42	通州区	通州区	北三河	北运河					
923	安辛庄	WCBA0000000N2089	9.17	通州区	通州区	北三河	北运河					
924	吴各庄	WCBA0000000N108V	11.75	通州区 顺义区	通州区	北三河	北运河					

续表

序号	小流域名称	小流域编码	面积（km^2）	涉及区县	所属区县	零级流域	一级流域	二级流域	三级流域	四级流域	五级流域	六级流域
925	丰字沟	WCBA0000000N208Y	13.33	通州区	通州区	北三河	北运河					
926	三支沟	WCBAb000000P006H	19.82	通州区	通州区	北三河	北运河	凤港减河				
927	三支沟	WCBAb000000P007B	10.60	大兴区 通州区	通州区	北三河	北运河	凤港减河				
928	四支渠	WCBAb000000P007C	10.17	通州区	通州区	北三河	北运河	凤港减河				
929	五支渠	WCBAb000000P007D	9.23	大兴区 通州区	通州区	北三河	北运河	凤港减河				
930	西黄垡	WCBAb000000P007N	7.87	通州区	通州区	北三河	北运河	凤港减河				
931	高庄	WCBAb000000P007P	17.62	通州区	通州区	北三河	北运河	凤港减河				
932	运龙引渠	WCBAb000000P007Q	8.61	通州区	通州区	北三河	北运河	凤港减河				
933	七支渠	WCBAb000000P008E	12.86	大兴区 通州区	通州区	北三河	北运河	凤港减河				
934	大松垡	WCBAb000000P008F	6.04	大兴区 通州区	通州区	北三河	北运河	凤港减河				
935	六郎庄	WCBAb000000P008G	10.15	通州区	通州区	北三河	北运河	凤港减河				
936	五支沟	WCBAb000000P008J	14.94	通州区	通州区	北三河	北运河	凤港减河				
937	东鲁	WCBAb000000P008K	12.23	通州区	通州区	北三河	北运河	凤港减河				
938	七支沟	WCBAb000000P008L	12.50	通州区	通州区	北三河	北运河	凤港减河				
939	吴凤沟	WCBAb000000P008M	11.64	通州区	通州区	北三河	北运河	凤港减河				
940	小沈庄	WCBAb000000P008S	7.22	通州区	通州区	北三河	北运河	凉水河				
941	港沟河（上段）	WCBAbA00000L0050	5.34	通州区	通州区	北三河	北运河	凤港减河	港沟河（上段）			
942	三垡	WCBAc000000P007G	17.64	通州区	通州区	北三河	北运河	凤河				

续表

序号	小流域名称	小流域编码	面积（km^2）	涉及区县	所属区县	零级流域	一级流域	二级流域	三级流域	四级流域	五级流域	六级流域
943	西柏沟	WCBAcD00000P007A	18.90	大兴区 通州区	通州区	北三河	北运河	凤河	通大边沟			
944	红旗干渠	WCBAcD00000P008B	9.73	通州区	通州区	北三河	北运河	凤河	通大边沟			
945	龙门庄	WCBAcD00000P008D	10.20	大兴区 通州区	通州区	北三河	北运河	凤河	通大边沟			
946	小海子	WCBAcDA0000L008A	10.39	通州区	通州区	北三河	北运河	凤河	通大边沟	柏凤沟		
947	柏凤沟	WCBAcDA0000L008B	7.51	通州区	通州区	北三河	北运河	凤河	通大边沟	柏凤沟		
948	十四支沟	WCBAcDA0000L008C	10.06	通州区	通州区	北三河	北运河	凤河	通大边沟	柏凤沟		
949	德后北沟	WCBAcE00000P007E	27.88	通州区	通州区	北三河	北运河	凤河	港沟河			
950	龙庄	WCBAcE00000P008A	6.64	通州区	通州区	北三河	北运河	凤河	港沟河			
951	周起营	WCBAcE00000P008B	11.56	通州区	通州区	北三河	北运河	凤河	港沟河			
952	神槐沟	WCBAcE00000P008C	13.38	通州区	通州区	北三河	北运河	凤河	港沟河			
953	大港沟	WCBAcE00000P008D	12.79	通州区	通州区	北三河	北运河	凤河	港沟河			
954	王各庄	WCBAcEA0000R006A	15.94	通州区	通州区	北三河	北运河	凤河	港沟河	永乐河		
955	南堤寺西村	WCBAcEA0000R007B	14.09	通州区	通州区	北三河	北运河	凤河	港沟河	永乐河		
956	西槐庄	WCBAcEA0000R007C	6.08	通州区	通州区	北三河	北运河	凤河	港沟河	永乐河		
957	大梁沟	WCBAcEB0000L0050	12.81	通州区	通州区	北三河	北运河	凤河	港沟河	大梁沟		
958	王辛庄	WCBAW000000L007Q	7.44	通州区 顺义区	通州区	北三河	北运河	小中河				
959	尹各庄	WCBAW000000L007R	10.20	通州区	通州区	北三河	北运河	小中河				
960	平家疃	WCBAWA00000P007D	5.91	通州区 顺义区	通州区	北三河	北运河	小中河	中坝河			
961	李庄	WCBAWA00000P007G	9.88	通州区	通州区	北三河	北运河	小中河	中坝河			

续表

序号	小流域名称	小流域编码	面积（km^2）	涉及区县	所属区县	零级流域	一级流域	二级流域	三级流域	四级流域	五级流域	六级流域
962	丛林庄园	WCBAWA00000P008E	10.00	通州区	通州区	北三河	北运河	小中河	中坝河			
963	双埠头	WCBAWA00000P008F	14.38	通州区	通州区	北三河	北运河	小中河	中坝河			
964	取中庄	WCBAX000000P007N	7.78	朝阳区 通州区	通州区	北三河	北运河	通惠河				
965	麦庄	WCBAY000000P006Q	7.44	通州区	通州区	北三河	北运河	凉水河				
966	马驹桥镇	WCBAY000000P007M	7.77	通州区	通州区	北三河	北运河	凉水河				
967	五三分支沟	WCBAY000000P008N	12.72	通州区	通州区	北三河	北运河	凉水河				
968	驸马庄	WCBAY000000P008P	11.84	通州区	通州区	北三河	北运河	凉水河				
969	北火堡	WCBAY000000P008R	12.21	朝阳区 通州区	通州区	北三河	北运河	凉水河				
970	迎春渠	WCBAY000000P008T	11.24	朝阳区 通州区	通州区	北三河	北运河	凉水河				
971	小盐河	WCBAY000000P008U	13.70	通州区	通州区	北三河	北运河	凉水河				
972	牌楼营引水渠	WCBAY000000P008V	15.82	通州区	通州区	北三河	北运河	凉水河				
973	北凉运河	WCBAY000000P008W	8.55	通州区	通州区	北三河	北运河	凉水河				
974	郑庄	WCBAYH00000P008F	8.28	大兴区 通州区	通州区	北三河	北运河	凉水河	大羊坊沟			
975	董村	WCBAYJ00000P007C	8.27	朝阳区 通州区	通州区	北三河	北运河	凉水河	通惠排干			
976	孟庄	WCBAYJ00000P007D	7.22	大兴区 朝阳区 通州区	通州区	北三河	北运河	凉水河	通惠排干			
977	玉江佳园	WCBAYJ00000P007E	3.22	通州区	通州区	北三河	北运河	凉水河	通惠排干			
978	崔家窑	WCBAYJ00000P007F	2.23	通州区	通州区	北三河	北运河	凉水河	通惠排干			

续表

序号	小流域名称	小流域编码	面积（km^2）	涉及区县	所属区县	零级流域	一级流域	二级流域	三级流域	四级流域	五级流域	六级流域
979	朱家垡	WCBAYK00000P007C	6.41	通州区	通州区	北三河	北运河	凉水河	萧太后河			
980	台湖镇	WCBAYK00000P007D	5.05	通州区	通州区	北三河	北运河	凉水河	萧太后河			
981	西下营	WCBAYK00000P007E	5.00	通州区	通州区	北三河	北运河	凉水河	萧太后河			
982	高楼金	WCBAYK00000P007F	9.65	通州区	通州区	北三河	北运河	凉水河	萧太后河			
983	大稿沟	WCBAYKB0000L007B	8.23	通州区	通州区	北三河	北运河	凉水河	萧太后河	大稿沟		
984	玉带河	WCBAYKC0000L0050	15.86	通州区	通州区	北三河	北运河	凉水河	萧太后河	玉带河		
985	小杨各庄	WCBB0000000M007h	11.96	通州区	通州区	北三河	潮白河					
986	白庙新村	WCBB0000000M007i	16.29	通州区	通州区	北三河	潮白河					
987	沙窝	WCBB0000000M007j	3.22	通州区	通州区	北三河	潮白河					
988	卜落垡	WCBB0000000M007k	10.72	通州区	通州区	北三河	潮白河					
989	谢家楼	WCBB0000000M007m	12.76	通州区	通州区	北三河	潮白河					
990	车屯	WCBB0000000M007n	14.21	通州区	通州区	北三河	潮白河					
991	南庄头	WCBB0000000M008g	11.77	通州区 顺义区	通州区	北三河	潮白河					
992	南高屯	WCBB0000000M008p	9.54	通州区	通州区	北三河	潮白河					
993	侯东仪	WCBB0000000M008q	7.22	通州区	通州区	北三河	潮白河					
994	六合村	WCBBq000000P007A	12.15	通州区	通州区	北三河	潮白河	运潮减河				
995	西堡	WCBBq000000P007B	10.48	通州区	通州区	北三河	潮白河	运潮减河				
996	新安南里	WCBAX000000P007E	8.79	丰台区 西城区	西城区	北三河	北运河	通惠河				
997	东庄	WCBAX000000P007F	6.23	丰台区 西城区 东城区	西城区	北三河	北运河	通惠河				
998	西护城河	WCBAXC00000L0050	11.96	西城区	西城区	北三河	北运河	通惠河	西护城河			

续表

序号	小流域名称	小流域编码	面积（km^2）	涉及区县	所属区县	零级流域	一级流域	二级流域	三级流域	四级流域	五级流域	六级流域
999	前三门护城河	WCBAXD00000L007A	9.26	西城区 东城区	西城区	北三河	北运河	通惠河	前三门护城河			
1000	筒子河	WCBAXDA0000L0050	11.41	西城区 东城区	西城区	北三河	北运河	通惠河	前三门护城河	金水河		
1001	居庸关	WCBAC000000L002A	36.68	延庆县 昌平区	延庆县	北三河	北运河	辛店河				
1002	对白石	WCBAF000000N002A	39.55	延庆县 昌平区	延庆县	北三河	北运河	东沙河				
1003	慈母川	WCBAFB00000L002A	17.94	延庆县	延庆县	北三河	北运河	东沙河	锥石口沟			
1004	东沟	WCBAFB00000L004B	8.71	延庆县 昌平区	延庆县	北三河	北运河	东沙河	锥石口沟			
1005	铁炉	WCBAFB00000L004C	13.76	延庆县	延庆县	北三河	北运河	东沙河	锥石口沟			
1006	松树沟	WCBAFBA0000L002A	5.70	延庆县 昌平区	延庆县	北三河	北运河	东沙河	锥石口沟	上下口沟		
1007	杏树梁	WCBB0000000M003A	27.78	延庆县	延庆县	北三河	潮白河					
1008	八道河	WCBB0000000M003B	28.48	延庆县	延庆县	北三河	潮白河					
1009	六道河	WCBB0000000M003C	20.88	延庆县	延庆县	北三河	潮白河					
1010	排字岭	WCBB0000000M003D	46.61	延庆县	延庆县	北三河	潮白河					
1011	辛栅子	WCBB0000000M003E	26.60	延庆县	延庆县	北三河	潮白河					
1012	滴水壶	WCBB0000000M003F	15.07	延庆县	延庆县	北三河	潮白河					
1013	庄科	WCBBA000000R0010	18.82	延庆县	延庆县	北三河	潮白河	三道沟河				
1014	北梁	WCBBB000000L0010	13.76	延庆县	延庆县	北三河	潮白河	小川沟				
1015	柏木井	WCBBC000000R002A	18.13	延庆县	延庆县	北三河	潮白河	桃条沟				
1016	桃条沟口	WCBBC000000R003B	9.16	延庆县	延庆县	北三河	潮白河	桃条沟				
1017	马道梁	WCBBCA00000R0010	18.15	延庆县	延庆县	北三河	潮白河	桃条沟	营盘沟			

续表

序号	小流域名称	小流域编码	面积（km^2）	涉及区县	所属区县	零级流域	一级流域	二级流域	三级流域	四级流域	五级流域	六级流域
1018	马鹿沟	WCBBD000000L003A	25.69	延庆县	延庆县	北三河	潮白河	红旗甸沟				
1019	水头半沟	WCBBD000000L003B	13.61	延庆县	延庆县	北三河	潮白河	红旗甸沟				
1020	水头	WCBBDA00000L0010	31.39	延庆县	延庆县	北三河	潮白河	红旗甸沟	东湾沟			
1021	河口	WCBBE000000R0010	20.65	延庆县	延庆县	北三河	潮白河	水泉沟				
1022	河南	WCBBF000000R0010	23.09	延庆县	延庆县	北三河	潮白河	河南沟				
1023	桥堡沟	WCBBG000000R0010	13.40	延庆县	延庆县	北三河	潮白河	大半沟				
1024	下德龙湾	WCBBH000000R0010	13.46	延庆县	延庆县	北三河	潮白河	白河右支一河				
1025	沙梁子	WCBBJ000000L003C	18.47	延庆县	延庆县	北三河	潮白河	黑河				
1026	大楝树	WCBBJ000000L004A	25.20	延庆县	延庆县	北三河	潮白河	黑河				
1027	平台子	WCBBJ000000L004B	17.85	延庆县	延庆县	北三河	潮白河	黑河				
1028	大庄科	WCBBj000000R002A	22.43	延庆县	延庆县	北三河	潮白河	怀河				
1029	东三岔	WCBBj000000R003B	21.41	延庆县 怀柔区	延庆县	北三河	潮白河	怀河				
1030	西沟门	WCBBJA00000R0010	28.67	延庆县	延庆县	北三河	潮白河	黑河	花盆沟			
1031	暖水面	WCBBjA00000R0010	12.65	延庆县	延庆县	北三河	潮白河	怀河	暖水面沟			
1032	汉家川	WCBBjB00000L0010	21.44	延庆县	延庆县	北三河	潮白河	怀河	河口沟			
1033	菜木沟	WCBBK000000R0010	14.50	延庆县	延庆县	北三河	潮白河	菜木沟				
1034	菜食河	WCBBM000000R002A	13.67	延庆县 怀柔区	延庆县	北三河	潮白河	菜食河				
1035	椴木沟	WCBBM000000R003B	29.87	延庆县	延庆县	北三河	潮白河	菜食河				
1036	八亩地桥	WCBBM000000R004C	10.74	延庆县	延庆县	北三河	潮白河	菜食河				
1037	西沟	WCBBM000000R004D	14.15	延庆县	延庆县	北三河	潮白河	菜食河				
1038	小川	WCBBM000000R004E	15.49	延庆县	延庆县	北三河	潮白河	菜食河				

续表

序号	小流域名称	小流域编码	面积（km^2）	涉及区县	所属区县	零级流域	一级流域	二级流域	三级流域	四级流域	五级流域	六级流域
1039	瓦窑	WCBBM000000R004F	12.63	延庆县 怀柔区	延庆县	北三河	潮白河	菜食河				
1040	南湾	WCBBMA00000L002A	24.36	延庆县	延庆县	北三河	潮白河	菜食河	天门关沟			
1041	西沟里	WCBBMAA0000R0010	15.08	延庆县	延庆县	北三河	潮白河	菜食河	天门关沟	四海镇沟		
1042	永安堡	WCBBMB00000R0010	33.80	延庆县	延庆县	北三河	潮白河	菜食河	岔石口沟			
1043	上水沟	WCBBMC00000L0010	45.01	延庆县	延庆县	北三河	潮白河	菜食河	下水沟			
1044	转山子	WCBBMD00000L0010	21.83	延庆县	延庆县	北三河	潮白河	菜食河	八亩地沟			
1045	南天门	WCBBME00000L0010	17.56	延庆县	延庆县	北三河	潮白河	菜食河	古道河			
1046	周四沟	WCCA0000000N002A	53.91	延庆县	延庆县	永定河	妫水河					
1047	山西沟	WCCA0000000N003B	25.63	延庆县	延庆县	永定河	妫水河					
1048	里仁堡	WCCA0000000N003C	32.13	延庆县	延庆县	永定河	妫水河					
1049	左所屯	WCCA0000000N003D	17.63	延庆县	延庆县	永定河	妫水河					
1050	八里店	WCCA0000000N003E	37.32	延庆县	延庆县	永定河	妫水河					
1051	南菜园	WCCA0000000N003F	19.80	延庆县	延庆县	永定河	妫水河					
1052	官厅水库	WCCA0000000N003H	58.78	延庆县	延庆县	永定河	妫水河					
1053	八里庄	WCCA0000000N004G	20.08	延庆县	延庆县	永定河	妫水河					
1054	榆林堡	WCCA0000000N004J	17.69	延庆县	延庆县	永定河	妫水河					
1055	水峪	WCCA0000000N004K	21.96	延庆县	延庆县	永定河	妫水河					
1056	罗家台	WCCAA000000N002A	23.99	延庆县	延庆县	永定河	妫水河	三里墩沟				
1057	清泉铺	WCCAA000000N003B	13.00	延庆县	延庆县	永定河	妫水河	三里墩沟				
1058	三里墩	WCCAA000000N003C	28.68	延庆县	延庆县	永定河	妫水河	三里墩沟				
1059	周家坟	WCCAAA00000R0010	19.63	延庆县	延庆县	永定河	妫水河	三里墩沟	周家坟沟			
1060	彭家窑	WCCAAB00000L0010	44.46	延庆县	延庆县	永定河	妫水河	三里墩沟	孔化营沟			
1061	路家河	WCCAB000000R002A	38.52	延庆县	延庆县	永定河	妫水河	古城河				

续表

序号	小流域名称	小流域编码	面积（km^2）	涉及区县	所属区县	零级流域	一级流域	二级流域	三级流域	四级流域	五级流域	六级流域
1062	龙庆峡	WCCAB000000R003B	28.32	延庆县	延庆县	永定河	妫水河	古城河				
1063	古城	WCCAB000000R003C	25.77	延庆县	延庆县	永定河	妫水河	古城河				
1064	杨树河	WCCABA00000L002A	10.30	延庆县	延庆县	永定河	妫水河	古城河	五里波沟			
1065	五里波	WCCABA00000L003B	22.15	延庆县	延庆县	永定河	妫水河	古城河	五里波沟			
1066	五里波西	WCCABAA0000R0010	10.62	延庆县	延庆县	永定河	妫水河	古城河	五里波沟	五里波西沟		
1067	下垙	WCCABB00000L002A	29.56	延庆县	延庆县	永定河	妫水河	古城河	西龙湾河			
1068	东龙湾	WCCABB00000L003B	11.77	延庆县	延庆县	永定河	妫水河	古城河	西龙湾河			
1069	东羊坊	WCCABBA0000R0010	47.95	延庆县	延庆县	永定河	妫水河	古城河	西龙湾河	西龙湾河右支一河		
1070	井家庄	WCCAC000000L0010	41.69	延庆县	延庆县	永定河	妫水河	宝林寺河				
1071	冯家庙	WCCAD000000L002A	35.34	延庆县	延庆县	永定河	妫水河	西二道河				
1072	高庙屯	WCCAD000000L003B	14.17	延庆县	延庆县	永定河	妫水河	西二道河				
1073	小泥河	WCCAE000000L0010	33.20	延庆县	延庆县	永定河	妫水河	小张家口河				
1074	黄柏寺	WCCAF000000R002A	15.76	延庆县	延庆县	永定河	妫水河	三里河				
1075	城关镇	WCCAF000000R003B	21.42	延庆县	延庆县	永定河	妫水河	三里河				
1076	东曹营	WCCAG000000L002A	32.55	延庆县	延庆县	永定河	妫水河	西拨子河				
1077	东桑园	WCCAG000000L003B	15.51	延庆县	延庆县	永定河	妫水河	西拨子河				
1078	张山营	WCCAH000000R0010	53.33	延庆县	延庆县	永定河	妫水河	蔡家河				
1079	佛峪口左支	WCCAJ000000R002A	15.08	延庆县	延庆县	永定河	妫水河	佛峪口沟				
1080	佛峪口沟头	WCCAJ000000R002B	8.06	延庆县	延庆县	永定河	妫水河	佛峪口沟				
1081	西庄科	WCCAJ000000R003C	27.43	延庆县	延庆县	永定河	妫水河	佛峪口沟				
1082	西五里营	WCCAJ000000R003D	18.97	延庆县	延庆县	永定河	妫水河	佛峪口沟				
1083	里炮	WCCAK000000L002A	37.33	延庆县	延庆县	永定河	妫水河	帮水峪河				
1084	马坊	WCCAK000000L003B	29.37	延庆县	延庆县	永定河	妫水河	帮水峪河				
1085	养鹅池河	WCCAM000000L0010	3.36	延庆县	延庆县	永定河	妫水河	养鹅池河				

附录E 流域拓扑关系表

序号	零级流域 名称/编码	一级流域 名称/编码	二级流域 名称/编码	三级流域 名称/编码	四级流域 名称/编码	五级流域 名称/编码	六级流域 名称/编码
1	北三河 WCB00000000M0000						
2	北三河 WCB00000000M0000	北运河 WCBA0000000N0000					
3	北三河 WCB00000000M0000	北运河 WCBA0000000N0000	塘猊沟 WCBAA000000N0000				
4	北三河 WCB00000000M0000	北运河 WCBA0000000N0000	塘猊沟 WCBAA000000N0000	湾子沟 WCBAAA00000R0010			
5	北三河 WCB00000000M0000	北运河 WCBA0000000N0000	塘猊沟 WCBAA000000N0000	水沟 WCBAAB00000R0010			
6	北三河 WCB00000000M0000	北运河 WCBA0000000N0000	塘猊沟 WCBAA000000N0000	兴隆口沟 WCBAAC00000R0090			
7	北三河 WCB00000000M0000	北运河 WCBA0000000N0000	凤港减河 WCBAb000000P0000				
8	北三河 WCB00000000M0000	北运河 WCBA0000000N0000	凤港减河 WCBAb000000P0000	港沟河（上段） WCBAbA00000L0050			
9	北三河 WCB00000000M0000	北运河 WCBA0000000N0000	高崖口沟 WCBAB000000R0000				
10	北三河 WCB00000000M0000	北运河 WCBA0000000N0000	高崖口沟 WCBAB000000R0000	狼儿峪东沟 WCBABA00000R0010			

续表

序号	零级流域 名称/编码	一级流域 名称/编码	二级流域 名称/编码	三级流域 名称/编码	四级流域 名称/编码	五级流域 名称/编码	六级流域 名称/编码
11	北三河 WCB00000000M0000	北运河 WCBA0000000N0000	高崖口沟 WCBAB000000R0000	高崖口沟左支一河 WCBABB00000L0010			
12	北三河 WCB00000000M0000	北运河 WCBA0000000N0000	高崖口沟 WCBAB000000R0000	漆园沟 WCBABC00000R0010			
13	北三河 WCB00000000M0000	北运河 WCBA0000000N0000	高崖口沟 WCBAB000000R0000	西峰山河 WCBABD00000L0010			
14	北三河 WCB00000000M0000	北运河 WCBA0000000N0000	高崖口沟 WCBAB000000R0000	柏峪沟 WCBABE00000L0090			
15	北三河 WCB00000000M0000	北运河 WCBA0000000N0000	辛店河 WCBAC000000L0000				
16	北三河 WCB00000000M0000	北运河 WCBA0000000N0000	辛店河 WCBAC000000L0000	烧锅峪沟 WCBACA00000L0010			
17	北三河 WCB00000000M0000	北运河 WCBA0000000N0000	凤河 WCBAc000000P0000				
18	北三河 WCB00000000M0000	北运河 WCBA0000000N0000	凤河 WCBAc000000P0000	旱河 WCBAcA00000P0000			
19	北三河 WCB00000000M0000	北运河 WCBA0000000N0000	凤河 WCBAc000000P0000	岔河 WCBAcB00000P0000			
20	北三河 WCB00000000M0000	北运河 WCBA0000000N0000	凤河 WCBAc000000P0000	官沟 WCBAcC00000L0000			
21	北三河 WCB00000000M0000	北运河 WCBA0000000N0000	凤河 WCBAc000000P0000	通大边沟 WCBAcD00000P0000			
22	北三河 WCB00000000M0000	北运河 WCBA0000000N0000	凤河 WCBAc000000P0000	通大边沟 WCBAcD00000P0000	柏凤沟 WCBAcDA0000L0000		

续表

序号	零级流域 名称/编码	一级流域 名称/编码	二级流域 名称/编码	三级流域 名称/编码	四级流域 名称/编码	五级流域 名称/编码	六级流域 名称/编码
23	北三河 WCB00000000M0000	北运河 WCBA0000000N0000	凤河 WCBAc000000P0000	港沟河 WCBAcE00000P0000			
24	北三河 WCB00000000M0000	北运河 WCBA0000000N0000	凤河 WCBAc000000P0000	港沟河 WCBAcE00000P0000	永乐河 WCBAcEA0000R0000		
25	北三河 WCB00000000M0000	北运河 WCBA0000000N0000	凤河 WCBAc000000P0000	港沟河 WCBAcE00000P0000	大梁沟 WCBAcEB0000L0050		
26	北三河 WCB00000000M0000	北运河 WCBA0000000N0000	舒畅河 WCBAD000000L0050				
27	北三河 WCB00000000M0000	北运河 WCBA0000000N0000	幸福河 WCBAE000000L0000				
28	北三河 WCB00000000M0000	北运河 WCBA0000000N0000	幸福河 WCBAE000000L0000	邓庄河 WCBAEA00000L0090			
29	北三河 WCB00000000M0000	北运河 WCBA0000000N0000	幸福河 WCBAE000000L0000	创新河 WCBAEB00000L0050			
30	北三河 WCB00000000M0000	北运河 WCBA0000000N0000	东沙河 WCBAF000000N0000				
31	北三河 WCB00000000M0000	北运河 WCBA0000000N0000	东沙河 WCBAF000000N0000	德陵沟 WCBAFA00000L0010			
32	北三河 WCB00000000M0000	北运河 WCBA0000000N0000	东沙河 WCBAF000000N0000	锥石口沟 WCBAFB00000L0000			
33	北三河 WCB00000000M0000	北运河 WCBA0000000N0000	东沙河 WCBAF000000N0000	锥石口沟 WCBAFB00000L0000	上下口沟 WCBAFBA0000L0000		
34	北三河 WCB00000000M0000	北运河 WCBA0000000N0000	东沙河 WCBAF000000N0000	老君堂沟 WCBAFC00000L0010			

续表

序号	零级流域 名称/编码	一级流域 名称/编码	二级流域 名称/编码	三级流域 名称/编码	四级流域 名称/编码	五级流域 名称/编码	六级流域 名称/编码
35	北三河 WCB00000000M0000	北运河 WCBA0000000N0000	南沙河 WCBAG000000N0000				
36	北三河 WCB00000000M0000	北运河 WCBA0000000N0000	南沙河 WCBAG000000N0000	叉河 WCBAGA00000L0090			
37	北三河 WCB00000000M0000	北运河 WCBA0000000N0000	南沙河 WCBAG000000N0000	柳林河 WCBAGB00000R0050			
38	北三河 WCB00000000M0000	北运河 WCBA0000000N0000	南沙河 WCBAG000000N0000	周家巷排洪沟 WCBAGC00000N0000			
39	北三河 WCB00000000M0000	北运河 WCBA0000000N0000	南沙河 WCBAG000000N0000	周家巷排洪沟 WCBAGC00000N0000	东埠头排洪沟 WCBAGCA0000R0000		
40	北三河 WCB00000000M0000	北运河 WCBA0000000N0000	南沙河 WCBAG000000N0000	宏丰排水渠 WCBAGD00000R0000			
41	北三河 WCB00000000M0000	北运河 WCBA0000000N0000	南沙河 WCBAG000000N0000	宏丰排水渠 WCBAGD00000R0000	团结渠 WCBAGDA0000L0000		
42	北三河 WCB00000000M0000	北运河 WCBA0000000N0000	百善西排水 WCBAH000000L0050				
43	北三河 WCB00000000M0000	北运河 WCBA0000000N0000	七白河 WCBAJ000000R0050				
44	北三河 WCB00000000M0000	北运河 WCBA0000000N0000	水都河 WCBAK000000R0050				
45	北三河 WCB00000000M0000	北运河 WCBA0000000N0000	孟祖河 WCBAM000000N0000				
46	北三河 WCB00000000M0000	北运河 WCBA0000000N0000	蔺沟 WCBAN000000N0000				

续表

序号	零级流域 名称/编码	一级流域 名称/编码	二级流域 名称/编码	三级流域 名称/编码	四级流域 名称/编码	五级流域 名称/编码	六级流域 名称/编码
47	北三河 WCB00000000M0000	北运河 WCBA0000000N0000	蔺沟 WCBAN000000N0000	葫芦河 WCBANA00000N0000			
48	北三河 WCB00000000M0000	北运河 WCBA0000000N0000	蔺沟 WCBAN000000N0000	葫芦河 WCBANA00000N0000	肖村河 WCBANAA0000L0000		
49	北三河 WCB00000000M0000	北运河 WCBA0000000N0000	蔺沟 WCBAN000000N0000	葫芦河 WCBANA00000N0000	肖村河 WCBANAA0000L0000	西峪沟 WCBANAAA000L0090	
50	北三河 WCB00000000M0000	北运河 WCBA0000000N0000	蔺沟 WCBAN000000N0000	秦屯河 WCBANB00000N0000			
51	北三河 WCB00000000M0000	北运河 WCBA0000000N0000	蔺沟 WCBAN000000N0000	秦屯河 WCBANB00000N0000	白浪河 WCBANBA0000N0000		
52	北三河 WCB00000000M0000	北运河 WCBA0000000N0000	蔺沟 WCBAN000000N0000	秦屯河 WCBANB00000N0000	白浪河 WCBANBA0000N0000	小沙河 WCBANBAA000R0090	
53	北三河 WCB00000000M0000	北运河 WCBA0000000N0000	蔺沟 WCBAN000000N0000	秦屯河 WCBANB00000N0000	牤牛河 WCBANBB0000L0000		
54	北三河 WCB00000000M0000	北运河 WCBA0000000N0000	七北河 WCBAP000000R0050				
55	北三河 WCB00000000M0000	北运河 WCBA0000000N0000	方氏渠 WCBAQ000000L0000				
56	北三河 WCB00000000M0000	北运河 WCBA0000000N0000	清河 WCBAR000000R0000				
57	北三河 WCB00000000M0000	北运河 WCBA0000000N0000	清河 WCBAR000000R0000	万泉河 WCBARA00000R0000			
58	北三河 WCB00000000M0000	北运河 WCBA0000000N0000	清河 WCBAR000000R0000	小月河 WCBARB00000R0050			

续表

序号	零级流域 名称/编码	一级流域 名称/编码	二级流域 名称/编码	三级流域 名称/编码	四级流域 名称/编码	五级流域 名称/编码	六级流域 名称/编码
59	北三河 WCB0000000M0000	北运河 WCBA0000000N0000	清河 WCBAR000000R0000	清洋河 WCBARC00000R0050			
60	北三河 WCB0000000M0000	北运河 WCBA0000000N0000	西干沟 WCBAS000000R0050				
61	北三河 WCB0000000M0000	北运河 WCBA0000000N0000	龙道河 WCBAT000000L0000				
62	北三河 WCB0000000M0000	北运河 WCBA0000000N0000	坝河 WCBAU000000R0000				
63	北三河 WCB0000000M0000	北运河 WCBA0000000N0000	坝河 WCBAU000000R0000	土城沟 WCBAUA00000L0000			
64	北三河 WCB0000000M0000	北运河 WCBA0000000N0000	坝河 WCBAU000000R0000	亮马河 WCBAUB00000R0000			
65	北三河 WCB0000000M0000	北运河 WCBA0000000N0000	坝河 WCBAU000000R0000	北小河 WCBAUC00000L0000			
66	北三河 WCB0000000M0000	北运河 WCBA0000000N0000	小场沟 WCBAⅤ000000R0000				
67	北三河 WCB0000000M0000	北运河 WCBA0000000N0000	小场沟 WCBAⅤ000000R0000	常营中心沟 WCBAⅤA00000R0050			
68	北三河 WCB0000000M0000	北运河 WCBA0000000N0000	小中河 WCBAW000000L0000				
69	北三河 WCB0000000M0000	北运河 WCBA0000000N0000	小中河 WCBAW000000L0000	中坝河 WCBAWA00000P0000			
70	北三河 WCB0000000M0000	北运河 WCBA0000000N0000	小中河 WCBAW000000L0000	中坝河 WCBAWA00000P0000	月牙河 WCBAWAA0000R0000		

续表

序号	零级流域 名称/编码	一级流域 名称/编码	二级流域 名称/编码	三级流域 名称/编码	四级流域 名称/编码	五级流域 名称/编码	六级流域 名称/编码
71	北三河 WCB00000000M0000	北运河 WCBA0000000N0000	小中河 WCBAW000000L0000	中坝河 WCBAWA00000P0000	月牙河 WCBAWAA0000R0000	月牙河右支流 WCBAWAAA000R0050	
72	北三河 WCB00000000M0000	北运河 WCBA0000000N0000	通惠河 WCBAX000000P0000				
73	北三河 WCB00000000M0000	北运河 WCBA0000000N0000	通惠河 WCBAX000000P0000	永定河引水渠 WCBAXA00000R0000			
74	北三河 WCB00000000M0000	北运河 WCBA0000000N0000	通惠河 WCBAX000000P0000	永定河引水渠 WCBAXA00000R0000	八引渠 WCBAXAA0000L0090		
75	北三河 WCB00000000M0000	北运河 WCBA0000000N0000	通惠河 WCBAX000000P0000	京密引水渠昆玉段 WCBAXB00000L0000			
76	北三河 WCB00000000M0000	北运河 WCBA0000000N0000	通惠河 WCBAX000000P0000	京密引水渠昆玉段 WCBAXB00000L0000	北长河 WCBAXBA0000R0050		
77	北三河 WCB00000000M0000	北运河 WCBA0000000N0000	通惠河 WCBAX000000P0000	京密引水渠昆玉段 WCBAXB00000L0000	金河 WCBAXBB0000R0050		
78	北三河 WCB00000000M0000	北运河 WCBA0000000N0000	通惠河 WCBAX000000P0000	西护城河 WCBAXC00000L0050			
79	北三河 WCB00000000M0000	北运河 WCBA0000000N0000	通惠河 WCBAX000000P0000	前三门护城河 WCBAXD00000L0000			
80	北三河 WCB00000000M0000	北运河 WCBA0000000N0000	通惠河 WCBAX000000P0000	前三门护城河 WCBAXD00000L0000	金水河 WCBAXDA0000L0050		
81	北三河 WCB00000000M0000	北运河 WCBA0000000N0000	通惠河 WCBAX000000P0000	南长河 WCBAXE00000L0000			
82	北三河 WCB00000000M0000	北运河 WCBA0000000N0000	通惠河 WCBAX000000P0000	南长河 WCBAXE00000L0000	双紫支渠 WCBAXEA0000R0050		

续表

序号	零级流域 名称/编码	一级流域 名称/编码	二级流域 名称/编码	三级流域 名称/编码	四级流域 名称/编码	五级流域 名称/编码	六级流域 名称/编码
83	北三河 WCB00000000M0000	北运河 WCBA0000000N0000	通惠河 WCBAX000000P0000	转河 WCBAXF00000L0050			
84	北三河 WCB00000000M0000	北运河 WCBA0000000N0000	通惠河 WCBAX000000P0000	北护城河 WCBAXG00000L0050			
85	北三河 WCB00000000M0000	北运河 WCBA0000000N0000	通惠河 WCBAX000000P0000	东护城河 WCBAXH00000L0050			
86	北三河 WCB00000000M0000	北运河 WCBA0000000N0000	通惠河 WCBAX000000P0000	二道沟 WCBAXJ00000L0050			
87	北三河 WCB00000000M0000	北运河 WCBA0000000N0000	通惠河 WCBAX000000P0000	半壁店沟 WCBAXK00000R0050			
88	北三河 WCB00000000M0000	北运河 WCBA0000000N0000	通惠河 WCBAX000000P0000	青年路沟 WCBAXM00000L0050			
89	北三河 WCB00000000M0000	北运河 WCBA0000000N0000	凉水河 WCBAY000000P0000				
90	北三河 WCB00000000M0000	北运河 WCBA0000000N0000	凉水河 WCBAY000000P0000	水衙沟 WCBAYA00000R0050			
91	北三河 WCB00000000M0000	北运河 WCBA0000000N0000	凉水河 WCBAY000000P0000	新丰草河 WCBAYB00000R0050			
92	北三河 WCB00000000M0000	北运河 WCBA0000000N0000	凉水河 WCBAY000000P0000	马草河 WCBAYD00000R0000			
93	北三河 WCB00000000M0000	北运河 WCBA0000000N0000	凉水河 WCBAY000000P0000	马草河 WCBAYD00000R0000	造玉沟 WCBAYDA0000L0050		
94	北三河 WCB00000000M0000	北运河 WCBA0000000N0000	凉水河 WCBAY000000P0000	旱河 WCBAYE00000R0050			

续表

序号	零级流域 名称/编码	一级流域 名称/编码	二级流域 名称/编码	三级流域 名称/编码	四级流域 名称/编码	五级流域 名称/编码	六级流域 名称/编码
95	北三河 WCB00000000M0000	北运河 WCBA0000000N0000	凉水河 WCBAY000000P0000	小龙河 WCBAYF00000R0050			
96	北三河 WCB00000000M0000	北运河 WCBA0000000N0000	凉水河 WCBAY000000P0000	新凤河 WCBAYG00000P0000			
97	北三河 WCB00000000M0000	北运河 WCBA0000000N0000	凉水河 WCBAY000000P0000	新凤河 WCBAYG00000P0000	老凤河 WCBAYGA0000L0000		
98	北三河 WCB00000000M0000	北运河 WCBA0000000N0000	凉水河 WCBAY000000P0000	新凤河 WCBAYG00000P0000	青年渠 WCBAYGB0000L0000		
99	北三河 WCB00000000M0000	北运河 WCBA0000000N0000	凉水河 WCBAY000000P0000	大羊坊沟 WCBAYH00000P0000			
100	北三河 WCB00000000M0000	北运河 WCBA0000000N0000	凉水河 WCBAY000000P0000	通惠排干 WCBAYJ00000P0000			
101	北三河 WCB00000000M0000	北运河 WCBA0000000N0000	凉水河 WCBAY000000P0000	通惠排干 WCBAYJ00000P0000	观音堂沟 WCBAYJA0000R0050		
102	北三河 WCB00000000M0000	北运河 WCBA0000000N0000	凉水河 WCBAY000000P0000	通惠排干 WCBAYJ00000P0000	大柳树沟 WCBAYJB0000R0050		
103	北三河 WCB00000000M0000	北运河 WCBA0000000N0000	凉水河 WCBAY000000P0000	萧太后河 WCBAYK00000P0000			
104	北三河 WCB00000000M0000	北运河 WCBA0000000N0000	凉水河 WCBAY000000P0000	萧太后河 WCBAYK00000P0000	南大沟 WCBAYKA0000L0050		
105	北三河 WCB00000000M0000	北运河 WCBA0000000N0000	凉水河 WCBAY000000P0000	萧太后河 WCBAYK00000P0000	大稿沟 WCBAYKB0000L0000		
106	北三河 WCB00000000M0000	北运河 WCBA0000000N0000	凉水河 WCBAY000000P0000	萧太后河 WCBAYK00000P0000	玉带河 WCBAYKC0000L0050		

续表

序号	零级流域 名称/编码	一级流域 名称/编码	二级流域 名称/编码	三级流域 名称/编码	四级流域 名称/编码	五级流域 名称/编码	六级流域 名称/编码
107	北三河 WCB00000000M0000	潮白河 WCBB0000000M0000					
108	北三河 WCB00000000M0000	潮白河 WCBB0000000M0000	蛇鱼川 WCBBa000000L0010				
109	北三河 WCB00000000M0000	潮白河 WCBB0000000M0000	三道沟河 WCBBA000000R0010				
110	北三河 WCB00000000M0000	潮白河 WCBB0000000M0000	小川沟 WCBBB000000L0010				
111	北三河 WCB00000000M0000	潮白河 WCBB0000000M0000	白马关河 WCBBb000000L0000				
112	北三河 WCB00000000M0000	潮白河 WCBB0000000M0000	白马关河 WCBBb000000L0000	番字牌村沟 WCBBbA00000R0010			
113	北三河 WCB00000000M0000	潮白河 WCBB0000000M0000	白马关河 WCBBb000000L0000	西口外沟 WCBBbB00000R0010			
114	北三河 WCB00000000M0000	潮白河 WCBB0000000M0000	桃条沟 WCBBC000000R0000				
115	北三河 WCB00000000M0000	潮白河 WCBB0000000M0000	桃条沟 WCBBC000000R0000	营盘沟 WCBBCA00000R0010			
116	北三河 WCB00000000M0000	潮白河 WCBB0000000M0000	九道湾 WCBBc000000R0010				
117	北三河 WCB00000000M0000	潮白河 WCBB0000000M0000	红旗甸沟 WCBBD000000L0000				
118	北三河 WCB00000000M0000	潮白河 WCBB0000000M0000	红旗甸沟 WCBBD000000L0000	东湾沟 WCBBDA00000L0010			

续表

序号	零级流域 名称/编码	一级流域 名称/编码	二级流域 名称/编码	三级流域 名称/编码	四级流域 名称/编码	五级流域 名称/编码	六级流域 名称/编码
119	北三河 WCB00000000M0000	潮白河 WCBB0000000M0000	对家河 WCBBd000000R0010				
120	北三河 WCB00000000M0000	潮白河 WCBB0000000M0000	水泉沟 WCBBE000000R0010				
121	北三河 WCB00000000M0000	潮白河 WCBB0000000M0000	黑山寺村沟 WCBBe000000R0090				
122	北三河 WCB00000000M0000	潮白河 WCBB0000000M0000	金叵罗村沟 WCBBf000000L0090				
123	北三河 WCB00000000M0000	潮白河 WCBB0000000M0000	河南沟 WCBBF000000R0010				
124	北三河 WCB00000000M0000	潮白河 WCBB0000000M0000	大半沟 WCBBG000000R0010				
125	北三河 WCB00000000M0000	潮白河 WCBB0000000M0000	潮河 WCBBg000000N0000				
126	北三河 WCB00000000M0000	潮白河 WCBB0000000M0000	潮河 WCBBg000000N0000	破城子河 WCBBgA00000R0010			
127	北三河 WCB00000000M0000	潮白河 WCBB0000000M0000	潮河 WCBBg000000N0000	古北口沟 WCBBgB00000L0010			
128	北三河 WCB00000000M0000	潮白河 WCBB0000000M0000	潮河 WCBBg000000N0000	上甸子沟 WCBBgC00000R0010			
129	北三河 WCB00000000M0000	潮白河 WCBB0000000M0000	潮河 WCBBg000000N0000	小汤河 WCBBgD00000L0010			
130	北三河 WCB00000000M0000	潮白河 WCBB0000000M0000	潮河 WCBBg000000N0000	安达木河 WCBBgE00000N0000			

续表

序号	零级流域 名称/编码	一级流域 名称/编码	二级流域 名称/编码	三级流域 名称/编码	四级流域 名称/编码	五级流域 名称/编码	六级流域 名称/编码
131	北三河 WCB00000000M0000	潮白河 WCBB0000000M0000	潮河 WCBBg000000N0000	安达木河 WCBBgE00000N0000	乱水河 WCBBgEA0000N0010		
132	北三河 WCB00000000M0000	潮白河 WCBB0000000M0000	潮河 WCBBg000000N0000	安达木河 WCBBgE00000N0000	蔡家店沟 WCBBgEB0000R0010		
133	北三河 WCB00000000M0000	潮白河 WCBB0000000M0000	潮河 WCBBg000000N0000	安达木河 WCBBgE00000N0000	云岫谷 WCBBgEC0000L0010		
134	北三河 WCB00000000M0000	潮白河 WCBB0000000M0000	潮河 WCBBg000000N0000	安达木河 WCBBgE00000N0000	坡头沟 WCBBgED0000L0010		
135	北三河 WCB00000000M0000	潮白河 WCBB0000000M0000	潮河 WCBBg000000N0000	安达木河 WCBBgE00000N0000	令公东沟 WCBBgEE0000L0010		
136	北三河 WCB00000000M0000	潮白河 WCBB0000000M0000	潮河 WCBBg000000N0000	安达木河 WCBBgE00000N0000	石门沟 WCBBgEF0000L0010		
137	北三河 WCB00000000M0000	潮白河 WCBB0000000M0000	潮河 WCBBg000000N0000	东河 WCBBgF00000R0010			
138	北三河 WCB00000000M0000	潮白河 WCBB0000000M0000	潮河 WCBBg000000N0000	龙潭沟 WCBBgG00000R0010			
139	北三河 WCB00000000M0000	潮白河 WCBB0000000M0000	潮河 WCBBg000000N0000	栗臻寨沟 WCBBgH00000R0010			
140	北三河 WCB00000000M0000	潮白河 WCBB0000000M0000	潮河 WCBBg000000N0000	牤牛河 WCBBgJ00000N0000			
141	北三河 WCB00000000M0000	潮白河 WCBB0000000M0000	潮河 WCBBg000000N0000	牤牛河 WCBBgJ00000N0000	西台子河 WCBBgJA0000L0010		
142	北三河 WCB00000000M0000	潮白河 WCBB0000000M0000	潮河 WCBBg000000N0000	牤牛河 WCBBgJ00000N0000	史庄子沟 WCBBgJB0000R0010		

续表

序号	零级流域 名称/编码	一级流域 名称/编码	二级流域 名称/编码	三级流域 名称/编码	四级流域 名称/编码	五级流域 名称/编码	六级流域 名称/编码
143	北三河 WCB00000000M0000	潮白河 WCBB0000000M0000	潮河 WCBBg000000N0000	牤牛河 WCBBgJ00000N0000	北香峪村河 WCBBgJC0000L0010		
144	北三河 WCB00000000M0000	潮白河 WCBB0000000M0000	潮河 WCBBg000000N0000	牤牛河 WCBBgJ00000N0000	边庄子沟 WCBBgJD0000R0010		
145	北三河 WCB00000000M0000	潮白河 WCBB0000000M0000	潮河 WCBBg000000N0000	清水河 WCBBgK00000N0000			
146	北三河 WCB00000000M0000	潮白河 WCBB0000000M0000	潮河 WCBBg000000N0000	清水河 WCBBgK00000N0000	大黄岩河 WCBBgKA0000N0010		
147	北三河 WCB00000000M0000	潮白河 WCBB0000000M0000	潮河 WCBBg000000N0000	清水河 WCBBgK00000N0000	大黄岩河 WCBBgKA0000N0010	小黄岩河 WCBBgKAA000L0000	
148	北三河 WCB00000000M0000	潮白河 WCBB0000000M0000	潮河 WCBBg000000N0000	清水河 WCBBgK00000N0000	坑子地河 WCBBgKB0000L0010		
149	北三河 WCB00000000M0000	潮白河 WCBB0000000M0000	潮河 WCBBg000000N0000	清水河 WCBBgK00000N0000	陡子峪东沟 WCBBgKC0000R0010		
150	北三河 WCB00000000M0000	潮白河 WCBB0000000M0000	潮河 WCBBg000000N0000	清水河 WCBBgK00000N0000	东田各庄河 WCBBgKD0000L0010		
151	北三河 WCB00000000M0000	潮白河 WCBB0000000M0000	潮河 WCBBg000000N0000	清水河 WCBBgK00000N0000	龙潭沟 WCBBgKE0000L0010		
152	北三河 WCB00000000M0000	潮白河 WCBB0000000M0000	潮河 WCBBg000000N0000	秀才峪沟 WCBBgM00000R0010			
153	北三河 WCB00000000M0000	潮白河 WCBB0000000M0000	潮河 WCBBg000000N0000	红门川 WCBBgN00000L0000			
154	北三河 WCB00000000M0000	潮白河 WCBB0000000M0000	潮河 WCBBg000000N0000	红门川 WCBBgN00000L0000	庄户峪沟 WCBBgNA0000L0010		

续表

序号	零级流域 名称/编码	一级流域 名称/编码	二级流域 名称/编码	三级流域 名称/编码	四级流域 名称/编码	五级流域 名称/编码	六级流域 名称/编码
155	北三河 WCB00000000M0000	潮白河 WCBB0000000M0000	潮河 WCBBg000000N0000	红门川 WCBBgN00000L0000	肖河峪沟 WCBBgNB0000R0010		
156	北三河 WCB00000000M0000	潮白河 WCBB0000000M0000	潮河 WCBBg000000N0000	红门川 WCBBgN00000L0000	插旗沟 WCBBgNC0000R0010		
157	北三河 WCB00000000M0000	潮白河 WCBB0000000M0000	潮河 WCBBg000000N0000	南穆峪沟 WCBBgP00000R0010			
158	北三河 WCB00000000M0000	潮白河 WCBB0000000M0000	潮河 WCBBg000000N0000	后焦家坞河 WCBBgQ00000L0000			
159	北三河 WCB00000000M0000	潮白河 WCBB0000000M0000	潮河 WCBBg000000N0000	水沙河 WCBBgR00000R0090			
160	北三河 WCB00000000M0000	潮白河 WCBB0000000M0000	大半沟 WCBBG000000R0010				
161	北三河 WCB00000000M0000	潮白河 WCBB0000000M0000	小东河 WCBBh000000N0000				
162	北三河 WCB00000000M0000	潮白河 WCBB0000000M0000	白河右支一河 WCBBH000000R0010				
163	北三河 WCB00000000M0000	潮白河 WCBB0000000M0000	黑河 WCBBJ000000L0000				
164	北三河 WCB00000000M0000	潮白河 WCBB0000000M0000	黑河 WCBBJ000000L0000	花盆沟 WCBBJA00000R0010			
165	北三河 WCB00000000M0000	潮白河 WCBB0000000M0000	怀河 WCBBj000000R0000				
166	北三河 WCB00000000M0000	潮白河 WCBB0000000M0000	怀河 WCBBj000000R0000	暖水面沟 WCBBjA00000R0010			

续表

序号	零级流域 名称/编码	一级流域 名称/编码	二级流域 名称/编码	三级流域 名称/编码	四级流域 名称/编码	五级流域 名称/编码	六级流域 名称/编码
167	北三河 WCB00000000M0000	潮白河 WCBB0000000M0000	怀河 WCBBj000000R0000	河口沟 WCBBjB00000L0010			
168	北三河 WCB00000000M0000	潮白河 WCBB0000000M0000	怀河 WCBBj000000R0000	东沟 WCBBjC00000L0000			
169	北三河 WCB00000000M0000	潮白河 WCBB0000000M0000	怀河 WCBBj000000R0000	东沟 WCBBjC00000L0000	庙上沟 WCBBjCA0000R0010		
170	北三河 WCB00000000M0000	潮白河 WCBB0000000M0000	怀河 WCBBj000000R0000	黑山寨沟 WCBBjD00000R0010			
171	北三河 WCB00000000M0000	潮白河 WCBB0000000M0000	怀河 WCBBj000000R0000	慈悲峪沟 WCBBjE00000R0010			
172	北三河 WCB00000000M0000	潮白河 WCBB0000000M0000	怀河 WCBBj000000R0000	吉寺沟 WCBBjF00000L0010			
173	北三河 WCB00000000M0000	潮白河 WCBB0000000M0000	怀河 WCBBj000000R0000	前辛庄沟 WCBBjG00000R0090			
174	北三河 WCB00000000M0000	潮白河 WCBB0000000M0000	怀河 WCBBj000000R0000	怀沙河 WCBBjH00000L0000			
175	北三河 WCB00000000M0000	潮白河 WCBB0000000M0000	怀河 WCBBj000000R0000	怀沙河 WCBBjH00000L0000	洞台沟 WCBBjHA0000R0010		
176	北三河 WCB00000000M0000	潮白河 WCBB0000000M0000	怀河 WCBBj000000R0000	怀沙河 WCBBjH00000L0000	兴隆沟 WCBBjHB0000R0010		
177	北三河 WCB00000000M0000	潮白河 WCBB0000000M0000	怀河 WCBBj000000R0000	怀沙河 WCBBjH00000L0000	龙泉沟 WCBBjHC0000L0010		
178	北三河 WCB00000000M0000	潮白河 WCBB0000000M0000	怀河 WCBBj000000R0000	怀沙河 WCBBjH00000L0000	辛营西沟 WCBBjHD0000L0010		

续表

序号	零级流域 名称/编码	一级流域 名称/编码	二级流域 名称/编码	三级流域 名称/编码	四级流域 名称/编码	五级流域 名称/编码	六级流域 名称/编码
179	北三河 WCB00000000M0000	潮白河 WCBB0000000M0000	怀河 WCBBj000000R0000	怀沙河 WCBBjH00000L0000	三渡河沟 WCBBjHE0000L0010		
180	北三河 WCB00000000M0000	潮白河 WCBB0000000M0000	怀河 WCBBj000000R0000	小泉河 WCBBjJ00000L0090			
181	北三河 WCB00000000M0000	潮白河 WCBB0000000M0000	怀河 WCBBj000000R0000	雁栖河 WCBBjK00000L0000			
182	北三河 WCB00000000M0000	潮白河 WCBB0000000M0000	怀河 WCBBj000000R0000	雁栖河 WCBBjK00000L0000	交界河北沟 WCBBjKA0000L0010		
183	北三河 WCB00000000M0000	潮白河 WCBB0000000M0000	怀河 WCBBj000000R0000	雁栖河 WCBBjK00000L0000	长园河 WCBBjKB0000R0010		
184	北三河 WCB00000000M0000	潮白河 WCBB0000000M0000	怀河 WCBBj000000R0000	雁栖河 WCBBjK00000L0000	牤牛河 WCBBjKC0000L0000		
185	北三河 WCB00000000M0000	潮白河 WCBB0000000M0000	怀河 WCBBj000000R0000	雁栖河 WCBBjK00000L0000	沙河 WCBBjKD0000L0000		
186	北三河 WCB00000000M0000	潮白河 WCBB0000000M0000	怀河 WCBBj000000R0000	雁栖河 WCBBjK00000L0000	沙河 WCBBjKD0000L0000	石匣子河 WCBBjKDA000R0000	
187	北三河 WCB00000000M0000	潮白河 WCBB0000000M0000	怀河 WCBBj000000R0000	牤牛河 WCBBjM00000L0050			
188	北三河 WCB00000000M0000	潮白河 WCBB0000000M0000	菜木沟 WCBBK000000R0010				
189	北三河 WCB00000000M0000	潮白河 WCBB0000000M0000	城北减河 WCBBk000000R0050				
190	北三河 WCB00000000M0000	潮白河 WCBB0000000M0000	六眼涵沟 WCBBm000000L0050				

续表

序号	零级流域 名称/编码	一级流域 名称/编码	二级流域 名称/编码	三级流域 名称/编码	四级流域 名称/编码	五级流域 名称/编码	六级流域 名称/编码
191	北三河 WCB00000000M0000	潮白河 WCBB0000000M0000	菜食河 WCBBM000000R0000				
192	北三河 WCB00000000M0000	潮白河 WCBB0000000M0000	菜食河 WCBBM000000R0000	天门关沟 WCBBMA00000L0000			
193	北三河 WCB00000000M0000	潮白河 WCBB0000000M0000	菜食河 WCBBM000000R0000	天门关沟 WCBBMA00000L0000	四海镇沟 WCBBMAA0000R0010		
194	北三河 WCB00000000M0000	潮白河 WCBB0000000M0000	菜食河 WCBBM000000R0000	岔石口沟 WCBBMB00000R0010			
195	北三河 WCB00000000M0000	潮白河 WCBB0000000M0000	菜食河 WCBBM000000R0000	下水沟 WCBBMC00000L0010			
196	北三河 WCB00000000M0000	潮白河 WCBB0000000M0000	菜食河 WCBBM000000R0000	八亩地沟 WCBBMD00000L0010			
197	北三河 WCB00000000M0000	潮白河 WCBB0000000M0000	菜食河 WCBBM000000R0000	古道河 WCBBME00000L0010			
198	北三河 WCB00000000M0000	潮白河 WCBB0000000M0000	天河 WCBBN000000L0000				
199	北三河 WCB00000000M0000	潮白河 WCBB0000000M0000	天河 WCBBN000000L0000	温栅子沟 WCBBNA00000R0010			
200	北三河 WCB00000000M0000	潮白河 WCBB0000000M0000	天河 WCBBN000000L0000	四窝铺北沟 WCBBNB00000L0010			
201	北三河 WCB00000000M0000	潮白河 WCBB0000000M0000	箭杆河上段 WCBBn000000N0000				
202	北三河 WCB00000000M0000	潮白河 WCBB0000000M0000	箭杆河下段 WCBBp000000N0000				

续表

序号	零级流域 名称/编码	一级流域 名称/编码	二级流域 名称/编码	三级流域 名称/编码	四级流域 名称/编码	五级流域 名称/编码	六级流域 名称/编码
203	北三河 WCB00000000M0000	潮白河 WCBB0000000M0000	箭杆河下段 WCBBp000000N0000	蔡家河 WCBBpA00000L0000			
204	北三河 WCB00000000M0000	潮白河 WCBB0000000M0000	箭杆河下段 WCBBp000000N0000	蔡家河 WCBBpA00000L0000	江南渠 WCBBpAA0000R0000		
205	北三河 WCB00000000M0000	潮白河 WCBB0000000M0000	箭杆河下段 WCBBp000000N0000	顺三排水渠 WCBBpB00000L0000			
206	北三河 WCB00000000M0000	潮白河 WCBB0000000M0000	黄木厂沟 WCBBP000000R0010				
207	北三河 WCB00000000M0000	潮白河 WCBB0000000M0000	黑柳沟 WCBBQ000000L0010				
208	北三河 WCB00000000M0000	潮白河 WCBB0000000M0000	运潮减河 WCBBq000000P0000				
209	北三河 WCB00000000M0000	潮白河 WCBB0000000M0000	庄户沟 WCBBR000000L0010				
210	北三河 WCB00000000M0000	潮白河 WCBB0000000M0000	汤河 WCBBS000000L0000				
211	北三河 WCB00000000M0000	潮白河 WCBB0000000M0000	汤河 WCBBS000000L0000	帽山沟 WCBBSA00000L0000			
212	北三河 WCB00000000M0000	潮白河 WCBB0000000M0000	汤河 WCBBS000000L0000	帽山沟 WCBBSA00000L0000	汤池子沟 WCBBSAA0000L0010		
213	北三河 WCB00000000M0000	潮白河 WCBB0000000M0000	汤河 WCBBS000000L0000	胡营沟 WCBBSB00000R0010			
214	北三河 WCB00000000M0000	潮白河 WCBB0000000M0000	汤河 WCBBS000000L0000	后喇叭沟 WCBBSC00000R0000			

续表

序号	零级流域 名称/编码	一级流域 名称/编码	二级流域 名称/编码	三级流域 名称/编码	四级流域 名称/编码	五级流域 名称/编码	六级流域 名称/编码
215	北三河 WCB00000000M0000	潮白河 WCBB0000000M0000	汤河 WCBBS000000L0000	后喇叭沟 WCBBSC00000R0000	黄甸子沟 WCBBSCA0000L0010		
216	北三河 WCB00000000M0000	潮白河 WCBB0000000M0000	汤河 WCBBS000000L0000	前喇叭沟 WCBBSD00000R0010			
217	北三河 WCB00000000M0000	潮白河 WCBB0000000M0000	汤河 WCBBS000000L0000	大甸子东沟 WCBBSE00000L0010			
218	北三河 WCB00000000M0000	潮白河 WCBB0000000M0000	汤河 WCBBS000000L0000	对角沟 WCBBSF00000R0010			
219	北三河 WCB00000000M0000	潮白河 WCBB0000000M0000	汤河 WCBBS000000L0000	八道河后沟 WCBBSG00000L0010			
220	北三河 WCB00000000M0000	潮白河 WCBB0000000M0000	汤河 WCBBS000000L0000	七道河西沟 WCBBSH00000R0010			
221	北三河 WCB00000000M0000	潮白河 WCBB0000000M0000	汤河 WCBBS000000L0000	二道河东沟 WCBBSJ00000L0010			
222	北三河 WCB00000000M0000	潮白河 WCBB0000000M0000	汤河 WCBBS000000L0000	汤河东沟 WCBBSK00000L0000			
223	北三河 WCB00000000M0000	潮白河 WCBB0000000M0000	汤河 WCBBS000000L0000	汤河东沟 WCBBSK00000L0000	东辛店沟 WCBBSKA0000R0010		
224	北三河 WCB00000000M0000	潮白河 WCBB0000000M0000	汤河 WCBBS000000L0000	汤河东沟 WCBBSK00000L0000	七道梁沟 WCBBSKB0000R0010		
225	北三河 WCB00000000M0000	潮白河 WCBB0000000M0000	汤河 WCBBS000000L0000	汤河东沟 WCBBSK00000L0000	古洞沟 WCBBSKC0000L0000		
226	北三河 WCB00000000M0000	潮白河 WCBB0000000M0000	汤河 WCBBS000000L0000	汤河东沟 WCBBSK00000L0000	古洞沟 WCBBSKC0000L0000	东石门沟 WCBBSKCA000R0010	

续表

序号	零级流域 名称/编码	一级流域 名称/编码	二级流域 名称/编码	三级流域 名称/编码	四级流域 名称/编码	五级流域 名称/编码	六级流域 名称/编码
227	北三河 WCB00000000M0000	潮白河 WCBB0000000M0000	汤河 WCBBS000000L0000	老沟 WCBBSM00000R0010			
228	北三河 WCB00000000M0000	潮白河 WCBB0000000M0000	汤河 WCBBS000000L0000	卜营沟 WCBBSN00000L0010			
229	北三河 WCB00000000M0000	潮白河 WCBB0000000M0000	汤河 WCBBS000000L0000	古石沟 WCBBSP00000R0010			
230	北三河 WCB00000000M0000	潮白河 WCBB0000000M0000	汤河 WCBBS000000L0000	大蒲池沟 WCBBSQ00000L0010			
231	北三河 WCB00000000M0000	潮白河 WCBB0000000M0000	汤河 WCBBS000000L0000	连石沟 WCBBSR00000R0010			
232	北三河 WCB00000000M0000	潮白河 WCBB0000000M0000	科汰沟 WCBBT000000L0010				
233	北三河 WCB00000000M0000	潮白河 WCBB0000000M0000	琉璃河 WCBBU000000R0000				
234	北三河 WCB00000000M0000	潮白河 WCBB0000000M0000	琉璃河 WCBBU000000R0000	杨树下南沟 WCBBUA00000R0010			
235	北三河 WCB00000000M0000	潮白河 WCBB0000000M0000	琉璃河 WCBBU000000R0000	河北沟 WCBBUB00000R0010			
236	北三河 WCB00000000M0000	潮白河 WCBB0000000M0000	琉璃河 WCBBU000000R0000	崎峰茶东沟 WCBBUC00000R0000			
237	北三河 WCB00000000M0000	潮白河 WCBB0000000M0000	琉璃河 WCBBU000000R0000	崎峰茶东沟 WCBBUC00000R0000	孙胡沟 WCBBUCA0000L0010		
238	北三河 WCB00000000M0000	潮白河 WCBB0000000M0000	琉璃河 WCBBU000000R0000	长岭沟 WCBBUD00000L0010			

续表

序号	零级流域 名称/编码	一级流域 名称/编码	二级流域 名称/编码	三级流域 名称/编码	四级流域 名称/编码	五级流域 名称/编码	六级流域 名称/编码
239	北三河 WCB00000000M0000	潮白河 WCBB0000000M0000	琉璃河 WCBBU000000R0000	琉璃庙南沟 WCBBUE00000R0000			
240	北三河 WCB00000000M0000	潮白河 WCBB0000000M0000	琉璃河 WCBBU000000R0000	琉璃庙南沟 WCBBUE00000R0000	黄泉峪沟 WCBBUEA0000L0010		
241	北三河 WCB00000000M0000	潮白河 WCBB0000000M0000	琉璃河 WCBBU000000R0000	西湾子沟 WCBBUF00000L0010			
242	北三河 WCB00000000M0000	潮白河 WCBB0000000M0000	白庙子沟 WCBBV000000L0010				
243	北三河 WCB00000000M0000	潮白河 WCBB0000000M0000	四合堂村沟 WCBBW000000L0010				
244	北三河 WCB00000000M0000	潮白河 WCBB0000000M0000	黄土梁沟 WCBBX000000R0010				
245	北三河 WCB00000000M0000	潮白河 WCBB0000000M0000	柳棵峪沟 WCBBY000000R0010				
246	北三河 WCB00000000M0000	蓟运河 WCBC0000000N0000					
247	北三河 WCB00000000M0000	蓟运河 WCBC0000000N0000	红石坎沟 WCBCA000000R0010				
248	北三河 WCB00000000M0000	蓟运河 WCBC0000000N0000	将军关石河 WCBCB000000R0000				
249	北三河 WCB00000000M0000	蓟运河 WCBC0000000N0000	将军关石河 WCBCB000000R0000	彰作河 WCBCBA00000L0010			
250	北三河 WCB00000000M0000	蓟运河 WCBC0000000N0000	土门石河 WCBCC000000R0090				

续表

序号	零级流域 名称/编码	一级流域 名称/编码	二级流域 名称/编码	三级流域 名称/编码	四级流域 名称/编码	五级流域 名称/编码	六级流域 名称/编码
251	北三河 WCB00000000M0000	蓟运河 WCBC0000000N0000	豹子峪石河 WCBCD000000L0090				
252	北三河 WCB00000000M0000	蓟运河 WCBC0000000N0000	黄松峪石河 WCBCE000000R0000				
253	北三河 WCB00000000M0000	蓟运河 WCBC0000000N0000	黄松峪石河 WCBCE000000R0000	北寨石河 WCBCEA00000R0090			
254	北三河 WCB00000000M0000	蓟运河 WCBC0000000N0000	鱼子山石河 WCBCF000000R0090				
255	北三河 WCB00000000M0000	蓟运河 WCBC0000000N0000	夏各庄石河 WCBCG000000N0000				
256	北三河 WCB00000000M0000	蓟运河 WCBC0000000N0000	夏各庄石河 WCBCG000000N0000	太务石河 WCBCGA00000R0090			
257	北三河 WCB00000000M0000	蓟运河 WCBC0000000N0000	夏各庄石河 WCBCG000000N0000	杨庄户河 WCBCGB00000L0090			
258	北三河 WCB00000000M0000	蓟运河 WCBC0000000N0000	南埝头河 WCBCH000000L0090				
259	北三河 WCB00000000M0000	蓟运河 WCBC0000000N0000	大旺务石河 WCBCJ000000L0090				
260	北三河 WCB00000000M0000	蓟运河 WCBC0000000N0000	泃河 WCBCK000000N0000				
261	北三河 WCB00000000M0000	蓟运河 WCBC0000000N0000	泃河 WCBCK000000N0000	关上东沟 WCBCKA00000R0010			
262	北三河 WCB00000000M0000	蓟运河 WCBC0000000N0000	泃河 WCBCK000000N0000	熊儿寨石河 WCBCKB00000N0000			

续表

序号	零级流域 名称/编码	一级流域 名称/编码	二级流域 名称/编码	三级流域 名称/编码	四级流域 名称/编码	五级流域 名称/编码	六级流域 名称/编码
263	北三河 WCB00000000M0000	蓟运河 WCBC0000000N0000	泇河 WCBCK000000N0000	后北宫河 WCBCKC00000L0090			
264	北三河 WCB00000000M0000	蓟运河 WCBC0000000N0000	泇河 WCBCK000000N0000	泇河右支 WCBCKD00000N0000			
265	北三河 WCB00000000M0000	蓟运河 WCBC0000000N0000	泇河 WCBCK000000N0000	泇河右支 WCBCKD00000N0000	东葫芦峪河 WCBCKDA0000R0010		
266	北三河 WCB00000000M0000	蓟运河 WCBC0000000N0000	泇河 WCBCK000000N0000	泇河右支 WCBCKD00000N0000	东邵渠河 WCBCKDB0000L0010		
267	北三河 WCB00000000M0000	蓟运河 WCBC0000000N0000	泇河 WCBCK000000N0000	泇河右支 WCBCKD00000N0000	高各庄河 WCBCKDC0000L0000		
268	北三河 WCB00000000M0000	蓟运河 WCBC0000000N0000	泇河 WCBCK000000N0000	泇河右支 WCBCKD00000N0000	高各庄河 WCBCKDC0000L0000	石峨河 WCBCKDCA000R0010	
269	北三河 WCB00000000M0000	蓟运河 WCBC0000000N0000	泇河 WCBCK000000N0000	泇河右支 WCBCKD00000N0000	前吉山河 WCBCKDD0000R0090		
270	北三河 WCB00000000M0000	蓟运河 WCBC0000000N0000	泇河 WCBCK000000N0000	泇河右支 WCBCKD00000N0000	万庄子河 WCBCKDE0000R0090		
271	北三河 WCB00000000M0000	蓟运河 WCBC0000000N0000	泇河 WCBCK000000N0000	小辛寨石河 WCBCKE00000N0000			
272	北三河 WCB00000000M0000	蓟运河 WCBC0000000N0000	泇河 WCBCK000000N0000	小辛寨石河 WCBCKE00000N0000	北太平庄河 WCBCKEA0000R0090		
273	北三河 WCB00000000M0000	蓟运河 WCBC0000000N0000	泇河 WCBCK000000N0000	小辛寨石河 WCBCKE00000N0000	中罗庄河 WCBCKEB0000L0090		
274	北三河 WCB00000000M0000	蓟运河 WCBC0000000N0000	泇河 WCBCK000000N0000	东石桥河 WCBCKF00000R0050			

续表

序号	零级流域 名称/编码	一级流域 名称/编码	二级流域 名称/编码	三级流域 名称/编码	四级流域 名称/编码	五级流域 名称/编码	六级流域 名称/编码
275	北三河 WCB00000000M0000	蓟运河 WCBC0000000N0000	龙河 WCBCM000000N0000				
276	北三河 WCB00000000M0000	蓟运河 WCBC0000000N0000	龙河 WCBCM000000N0000	无名河 WCBCMA00000N0000			
277	北三河 WCB00000000M0000	蓟运河 WCBC0000000N0000	龙河 WCBCM000000N0000	无名河 WCBCMA00000N0000	王各庄河 WCBCMAA0000R0050		
278	北三河 WCB00000000M0000	蓟运河 WCBC0000000N0000	金鸡河 WCBCN000000R0000				
279	北三河 WCB00000000M0000	蓟运河 WCBC0000000N0000	金鸡河 WCBCN000000R0000	麻河 WCBCNA00000R0000			
280	北三河 WCB00000000M0000	蓟运河 WCBC0000000N0000	金鸡河 WCBCN000000R0000	冉家河 WCBCNB00000R0050			
281	北三河 WCB00000000M0000	蓟运河 WCBC0000000N0000	碱沟 WCBCP000000R0050				
282	北三河 WCB00000000M0000	蓟运河 WCBC0000000N0000	马坊南干渠 WCBCQ000000R0050				
283	北三河 WCB00000000M0000	蓟运河 WCBC0000000N0000	曹家庄河 WCBCR000000L0050				
284	北三河 WCB00000000M0000	蓟运河 WCBC0000000N0000	红娘港一支 WCBCS000000P0050				
285	北三河 WCB00000000M0000	蓟运河 WCBC0000000N0000	鲍丘河 WCBCT000000P0000				
286	北三河 WCB00000000M0000	蓟运河 WCBC0000000N0000	鲍丘河 WCBCT000000P0000	程官营河 WCBCTA00000L0050			

续表

序号	零级流域 名称/编码	一级流域 名称/编码	二级流域 名称/编码	三级流域 名称/编码	四级流域 名称/编码	五级流域 名称/编码	六级流域 名称/编码
287	北三河 WCB00000000M0000	蓟运河 WCBC0000000N0000	鲍丘河 WCBCT000000P0000	鲍丘河老道 WCBCTB00000R0050			
288	永定河 WCC00000000N0000						
289	永定河 WCC00000000N0000	妫水河 WCCA0000000N0000					
290	永定河 WCC00000000N0000	妫水河 WCCA0000000N0000	三里墩沟 WCCAA000000N0000				
291	永定河 WCC00000000N0000	妫水河 WCCA0000000N0000	三里墩沟 WCCAA000000N0000	周家坟沟 WCCAAA00000R0010			
292	永定河 WCC00000000N0000	妫水河 WCCA0000000N0000	三里墩沟 WCCAA000000N0000	孔化营沟 WCCAAB00000L0010			
293	永定河 WCC00000000N0000	妫水河 WCCA0000000N0000	古城河 WCCAB000000R0000				
294	永定河 WCC00000000N0000	妫水河 WCCA0000000N0000	古城河 WCCAB000000R0000	五里波沟 WCCABA00000L0000			
295	永定河 WCC00000000N0000	妫水河 WCCA0000000N0000	古城河 WCCAB000000R0000	五里波沟 WCCABA00000L0000	五里波西沟 WCCABAA0000R0010		
296	永定河 WCC00000000N0000	妫水河 WCCA0000000N0000	古城河 WCCAB000000R0000	西龙湾河 WCCABB00000L0000			
297	永定河 WCC00000000N0000	妫水河 WCCA0000000N0000	古城河 WCCAB000000R0000	西龙湾河 WCCABB00000L0000	西龙湾河右支一河 WCCABBA0000R0010		
298	永定河 WCC00000000N0000	妫水河 WCCA0000000N0000	宝林寺河 WCCAC000000L0010				

续表

序号	零级流域 名称/编码	一级流域 名称/编码	二级流域 名称/编码	三级流域 名称/编码	四级流域 名称/编码	五级流域 名称/编码	六级流域 名称/编码
299	永定河 WCC00000000N0000	妫水河 WCCA0000000N0000	西二道河 WCCAD000000L0000				
300	永定河 WCC00000000N0000	妫水河 WCCA0000000N0000	小张家口河 WCCAE000000L0010				
301	永定河 WCC00000000N0000	妫水河 WCCA0000000N0000	三里河 WCCAF000000R0000				
302	永定河 WCC00000000N0000	妫水河 WCCA0000000N0000	西拨子河 WCCAG000000L0000				
303	永定河 WCC00000000N0000	妫水河 WCCA0000000N0000	蔡家河 WCCAH000000R0010				
304	永定河 WCC00000000N0000	妫水河 WCCA0000000N0000	佛峪口沟 WCCAJ000000R0000				
305	永定河 WCC00000000N0000	妫水河 WCCA0000000N0000	帮水峪河 WCCAK000000L0000				
306	永定河 WCC00000000N0000	妫水河 WCCA0000000N0000	养鹅池河 WCCAM000000L0010				
307	永定河 WCC00000000N0000	沿河城沟 WCCB0000000R0000					
308	永定河 WCC00000000N0000	沿河城沟 WCCB0000000R0000	龙门沟 WCCBA000000R0000				
309	永定河 WCC00000000N0000	沿河城沟 WCCB0000000R0000	龙门沟 WCCBA000000R0000	刘家峪沟 WCCBAA00000R0010			
310	永定河 WCC00000000N0000	沿河城沟 WCCB0000000R0000	林子台沟 WCCBB000000R0010				

续表

序号	零级流域 名称/编码	一级流域 名称/编码	二级流域 名称/编码	三级流域 名称/编码	四级流域 名称/编码	五级流域 名称/编码	六级流域 名称/编码
311	永定河 WCC00000000N0000	湫河 WCCC0000000L0000					
312	永定河 WCC00000000N0000	湫河 WCCC0000000L0000	老峪沟 WCCCA000000L0000				
313	永定河 WCC00000000N0000	湫河 WCCC0000000L0000	老峪沟 WCCCA000000L0000	长井沟 WCCCAA00000L0010			
314	永定河 WCC00000000N0000	湫河 WCCC0000000L0000	南石羊沟 WCCCB000000R0010				
315	永定河 WCC00000000N0000	清水河 WCCD0000000R0000					
316	永定河 WCC00000000N0000	清水河 WCCD0000000R0000	瓦窑沟 WCCDA000000L0010				
317	永定河 WCC00000000N0000	清水河 WCCD0000000R0000	小龙门沟 WCCDB000000R0010				
318	永定河 WCC00000000N0000	清水河 WCCD0000000R0000	大南沟 WCCDC000000R0010				
319	永定河 WCC00000000N0000	清水河 WCCD0000000R0000	田寺沟 WCCDD000000R0010				
320	永定河 WCC00000000N0000	清水河 WCCD0000000R0000	大北沟 WCCDE000000L0000				
321	永定河 WCC00000000N0000	清水河 WCCD0000000R0000	大北沟 WCCDE000000L0000	西龙门涧 WCCDEA00000R0010			
322	永定河 WCC00000000N0000	清水河 WCCD0000000R0000	大北沟 WCCDE000000L0000	煤窑涧沟 WCCDEB00000R0010			

续表

序号	零级流域 名称/编码	一级流域 名称/编码	二级流域 名称/编码	三级流域 名称/编码	四级流域 名称/编码	五级流域 名称/编码	六级流域 名称/编码
323	永定河 WCC00000000N0000	清水河 WCCD0000000R0000	达摩沟 WCCDF000000R0000				
324	永定河 WCC00000000N0000	清水河 WCCD0000000R0000	达摩沟 WCCDF000000R0000	西达摩沟 WCCDFA00000L0010			
325	永定河 WCC00000000N0000	清水河 WCCD0000000R0000	大三里沟 WCCDG000000R0010				
326	永定河 WCC00000000N0000	清水河 WCCD0000000R0000	青龙涧沟 WCCDH000000L0010				
327	永定河 WCC00000000N0000	清水河 WCCD0000000R0000	马栏沟 WCCDJ000000R0010				
328	永定河 WCC00000000N0000	清水河 WCCD0000000R0000	北山沟 WCCDK000000L0010				
329	永定河 WCC00000000N0000	清水河 WCCD0000000R0000	白虎头沟 WCCDM000000L0010				
330	永定河 WCC00000000N0000	清水河 WCCD0000000R0000	火村沟 WCCDN000000R0010				
331	永定河 WCC00000000N0000	清水河 WCCD0000000R0000	西麻涧沟 WCCDP000000R0010				
332	永定河 WCC00000000N0000	清水河 WCCD0000000R0000	七里沟 WCCDQ000000R0000				
333	永定河 WCC00000000N0000	清水河 WCCD0000000R0000	七里沟 WCCDQ000000R0000	鳌鱼沟 WCCDQA00000L0010			
334	永定河 WCC00000000N0000	清水河 WCCD0000000R0000	灵水沟 WCCDR000000L0000				
335	永定河 WCC00000000N0000	清水河 WCCD0000000R0000	法城沟 WCCDS000000R0010				

续表

序号	零级流域 名称/编码	一级流域 名称/编码	二级流域 名称/编码	三级流域 名称/编码	四级流域 名称/编码	五级流域 名称/编码	六级流域 名称/编码
336	永定河 WCC00000000N0000	清水河 WCCD0000000R0000	水泉子沟 WCCDT000000L0010				
337	永定河 WCC00000000N0000	黄崖沟 WCCE0000000R0010					
338	永定河 WCC00000000N0000	观涧台沟 WCCF0000000R0010					
339	永定河 WCC00000000N0000	下马岭沟 WCCG0000000L0010					
340	永定河 WCC00000000N0000	清水涧沟 WCCH0000000R0000					
341	永定河 WCC00000000N0000	清水涧沟 WCCH0000000R0000	双道岔沟 WCCHA000000R0010				
342	永定河 WCC00000000N0000	王平村沟 WCCJ0000000R0010					
343	永定河 WCC00000000N0000	南涧沟 WCCK0000000R0010					
344	永定河 WCC00000000N0000	苇甸沟 WCCM0000000L0010					
345	永定河 WCC00000000N0000	樱桃沟 WCCN0000000L0010					
346	永定河 WCC00000000N0000	军庄沟 WCCP0000000L0010					
347	永定河 WCC00000000N0000	琉璃渠沟 WCCQ0000000R0000					
348	永定河 WCC00000000N0000	城子沟 WCCR0000000R0000					

续表

序号	零级流域 名称/编码	一级流域 名称/编码	二级流域 名称/编码	三级流域 名称/编码	四级流域 名称/编码	五级流域 名称/编码	六级流域 名称/编码
349	永定河 WCC00000000N0000	门头沟 WCCS0000000R0010					
350	永定河 WCC00000000N0000	高井沟 WCCT0000000L0000					
351	永定河 WCC00000000N0000	高井沟 WCCT0000000L0000	油库沟 WCCTA000000R0000				
352	永定河 WCC00000000N0000	高井沟 WCCT0000000L0000	黑石头沟 WCCTB000000L0010				
353	永定河 WCC00000000N0000	中门寺沟 WCCU0000000R0090					
354	永定河 WCC00000000N0000	冯村沟 WCCV0000000R0000					
355	永定河 WCC00000000N0000	冯村沟 WCCV0000000R0000	西峰寺沟 WCCVA000000R0090				
356	永定河 WCC00000000N0000	天堂河 WCCW0000000P0000					
357	永定河 WCC00000000N0000	天堂河 WCCW0000000P0000	大狼垡排沟 WCCWA000000P0000				
358	永定河 WCC00000000N0000	龙河 WCCX0000000P0000					
359	永定河 WCC00000000N0000	龙河 WCCX0000000P0000	小龙河 WCCXA000000P0000				
360	永定河 WCC00000000N0000	龙河 WCCX0000000P0000	永北干渠 WCCXB000000P0000				
361	永定河 WCC00000000N0000	龙河 WCCX0000000P0000	永北干渠 WCCXB000000P0000	田营排沟 WCCXBA00000P0000			

续表

序号	零级流域 名称/编码	一级流域 名称/编码	二级流域 名称/编码	三级流域 名称/编码	四级流域 名称/编码	五级流域 名称/编码	六级流域 名称/编码
362	永定河 WCC00000000N0000	龙河 WCCX0000000P0000	永北干渠 WCCXB000000P0000	田营排沟 WCCXBA00000P0000	礼贤排沟 WCCXBAA0000P0050		
363	永定河 WCC00000000N0000	龙河 WCCX0000000P0000	老天堂河 WCCXC000000P0050				
364	大清河 WCD00000000M0000	龙河 WCCX0000000P0000					
365	大清河 WCD00000000M0000	拒马河 WCDB0000000M0000					
366	大清河 WCD00000000M0000	拒马河 WCDB0000000M0000	紫石口沟 WCDBA000000L0000				
367	大清河 WCD00000000M0000	拒马河 WCDB0000000M0000	紫石口沟 WCDBA000000L0000	芦子水沟 WCDBAA00000L0010			
368	大清河 WCD00000000M0000	拒马河 WCDB0000000M0000	森水沟 WCDBB000000L0010				
369	大清河 WCD00000000M0000	拒马河 WCDB0000000M0000	平峪沟 WCDBC000000L0010				
370	大清河 WCD00000000M0000	拒马河 WCDB0000000M0000	马鞍沟 WCDBD000000L0000				
371	大清河 WCD00000000M0000	拒马河 WCDB0000000M0000	马鞍沟 WCDBD000000L0000	栗树旮旯沟 WCDBDA00000R0010			
372	大清河 WCD00000000M0000	拒马河 WCDB0000000M0000	马鞍沟 WCDBD000000L0000	太平沟 WCDBDB00000L0010			
373	大清河 WCD00000000M0000	拒马河 WCDB0000000M0000	马鞍沟 WCDBD000000L0000	六合沟 WCDBDC00000L0010			
374	大清河 WCD00000000M0000	拒马河 WCDB0000000M0000	万景仙沟 WCDBE000000R0010				

续表

序号	零级流域 名称/编码	一级流域 名称/编码	二级流域 名称/编码	三级流域 名称/编码	四级流域 名称/编码	五级流域 名称/编码	六级流域 名称/编码
375	大清河 WCD00000000M0000	拒马河 WCDB0000000M0000	五合沟 WCDBF000000L0010				
376	大清河 WCD00000000M0000	拒马河 WCDB0000000M0000	仙栖沟 WCDBG000000L0000				
377	大清河 WCD00000000M0000	拒马河 WCDB0000000M0000	仙栖沟 WCDBG000000L0000	黑牛水沟 WCDBGA00000L0010			
378	大清河 WCD00000000M0000	拒马河 WCDB0000000M0000	仙栖沟 WCDBG000000L0000	千河口北沟 WCDBGB00000R0010			
379	大清河 WCD00000000M0000	拒马河 WCDB0000000M0000	北拒马河 WCDBH000000P0000				
380	大清河 WCD00000000M0000	拒马河 WCDB0000000M0000	北拒马河 WCDBH000000P0000	大峪沟 WCDBHA00000L0090			
381	大清河 WCD00000000M0000	拒马河 WCDB0000000M0000	北拒马河 WCDBH000000P0000	胡良河 WCDBHB00000L0000			
382	大清河 WCD00000000M0000	拒马河 WCDB0000000M0000	北拒马河 WCDBH000000P0000	胡良河 WCDBHB00000L0000	下庄沟 WCDBHBA0000L0010		
383	大清河 WCD00000000M0000	拒马河 WCDB0000000M0000	北拒马河 WCDBH000000P0000	胡良河 WCDBHB00000L0000	北泉水河 WCDBHBB0000L0090		
384	大清河 WCD00000000M0000	拒马河 WCDB0000000M0000	北拒马河 WCDBH000000P0000	琉璃河 WCDBHC00000N0000			
385	大清河 WCD00000000M0000	拒马河 WCDB0000000M0000	北拒马河 WCDBH000000P0000	琉璃河 WCDBHC00000N0000	四马台沟 WCDBHCA0000L0010		
386	大清河 WCD00000000M0000	拒马河 WCDB0000000M0000	北拒马河 WCDBH000000P0000	琉璃河 WCDBHC00000N0000	南坡沟 WCDBHCB0000R0010		
387	大清河 WCD00000000M0000	拒马河 WCDB0000000M0000	北拒马河 WCDBH000000P0000	琉璃河 WCDBHC00000N0000	峪子沟 WCDBHCC0000L0010		

续表

序号	零级流域 名称/编码	一级流域 名称/编码	二级流域 名称/编码	三级流域 名称/编码	四级流域 名称/编码	五级流域 名称/编码	六级流域 名称/编码
388	大清河 WCD00000000M0000	拒马河 WCDB0000000M0000	北拒马河 WCDBH000000P0000	琉璃河 WCDBHC00000N0000	史家营沟 WCDBHCD0000L0000		
389	大清河 WCD00000000M0000	拒马河 WCDB0000000M0000	北拒马河 WCDBH000000P0000	琉璃河 WCDBHC00000N0000	史家营沟 WCDBHCD0000L0000	青林台沟 WCDBHCDA000L0010	
390	大清河 WCD00000000M0000	拒马河 WCDB0000000M0000	北拒马河 WCDBH000000P0000	琉璃河 WCDBHC00000N0000	史家营沟 WCDBHCD0000L0000	金鸡台沟 WCDBHCDB000L0010	
391	大清河 WCD00000000M0000	拒马河 WCDB0000000M0000	北拒马河 WCDBH000000P0000	琉璃河 WCDBHC00000N0000	史家营沟 WCDBHCD0000L0000	杨林水沟 WCDBHCDC000R0010	
392	大清河 WCD00000000M0000	拒马河 WCDB0000000M0000	北拒马河 WCDBH000000P0000	琉璃河 WCDBHC00000N0000	九道河沟 WCDBHCE0000L0010		
393	大清河 WCD00000000M0000	拒马河 WCDB0000000M0000	北拒马河 WCDBH000000P0000	琉璃河 WCDBHC00000N0000	大安山沟 WCDBHCF0000L0000		
394	大清河 WCD00000000M0000	拒马河 WCDB0000000M0000	北拒马河 WCDBH000000P0000	琉璃河 WCDBHC00000N0000	大安山沟 WCDBHCF0000L0000	瞧煤涧沟 WCDBHCFA000L0010	
395	大清河 WCD00000000M0000	拒马河 WCDB0000000M0000	北拒马河 WCDBH000000P0000	琉璃河 WCDBHC00000N0000	大安山沟 WCDBHCF0000L0000	桑树园沟 WCDBHCFB000L0010	
396	大清河 WCD00000000M0000	拒马河 WCDB0000000M0000	北拒马河 WCDBH000000P0000	琉璃河 WCDBHC00000N0000	南窖沟 WCDBHCG0000R0000		
397	大清河 WCD00000000M0000	拒马河 WCDB0000000M0000	北拒马河 WCDBH000000P0000	琉璃河 WCDBHC00000N0000	沙塘沟 WCDBHCH0000L0010		
398	大清河 WCD00000000M0000	拒马河 WCDB0000000M0000	北拒马河 WCDBH000000P0000	琉璃河 WCDBHC00000N0000	白石沟 WCDBHCJ0000L0000		
399	大清河 WCD00000000M0000	拒马河 WCDB0000000M0000	北拒马河 WCDBH000000P0000	琉璃河 WCDBHC00000N0000	白石沟 WCDBHCJ0000L0000	东港西沟 WCDBHCJA000R0010	
400	大清河 WCD00000000M0000	拒马河 WCDB0000000M0000	北拒马河 WCDBH000000P0000	琉璃河 WCDBHC00000N0000	白石沟 WCDBHCJ0000L0000	三十亩地沟 WCDBHCJB000R0010	

续表

序号	零级流域 名称/编码	一级流域 名称/编码	二级流域 名称/编码	三级流域 名称/编码	四级流域 名称/编码	五级流域 名称/编码	六级流域 名称/编码
401	大清河 WCD00000000M0000	拒马河 WCDB0000000M0000	北拒马河 WCDBH000000P0000	琉璃河 WCDBHC00000N0000	丁家洼河 WCDBHCK0000R0000		
402	大清河 WCD00000000M0000	拒马河 WCDB0000000M0000	北拒马河 WCDBH000000P0000	琉璃河 WCDBHC00000N0000	丁家洼河 WCDBHCK0000R0000	双泉河 WCDBHCKA000R0090	
403	大清河 WCD00000000M0000	拒马河 WCDB0000000M0000	北拒马河 WCDBH000000P0000	琉璃河 WCDBHC00000N0000	东沙河 WCDBHCM0000R0090		
404	大清河 WCD00000000M0000	拒马河 WCDB0000000M0000	北拒马河 WCDBH000000P0000	琉璃河 WCDBHC00000N0000	周口店河 WCDBHCN0000R0000		
405	大清河 WCD00000000M0000	拒马河 WCDB0000000M0000	北拒马河 WCDBH000000P0000	琉璃河 WCDBHC00000N0000	周口店河 WCDBHCN0000R0000	金陵沟 WCDBHCNA000L0010	
406	大清河 WCD00000000M0000	拒马河 WCDB0000000M0000	北拒马河 WCDBH000000P0000	琉璃河 WCDBHC00000N0000	周口店河 WCDBHCN0000R0000	马刨泉河 WCDBHCNB000L0000	
407	大清河 WCD00000000M0000	拒马河 WCDB0000000M0000	北拒马河 WCDBH000000P0000	琉璃河 WCDBHC00000N0000	周口店河 WCDBHCN0000R0000	马刨泉河 WCDBHCNB000L0000	西沙河 WCDBHCNBA00L0090
408	大清河 WCD00000000M0000	拒马河 WCDB0000000M0000	北拒马河 WCDBH000000P0000	琉璃河 WCDBHC00000N0000	窦店沟 WCDBHCP0000L0000		
409	大清河 WCD00000000M0000	拒马河 WCDB0000000M0000	北拒马河 WCDBH000000P0000	琉璃河 WCDBHC00000N0000	夹括河 WCDBHCQ0000N0000		
410	大清河 WCD00000000M0000	拒马河 WCDB0000000M0000	北拒马河 WCDBH000000P0000	琉璃河 WCDBHC00000N0000	夹括河 WCDBHCQ0000N0000	宝金山沟 WCDBHCQA000R0010	
411	大清河 WCD00000000M0000	拒马河 WCDB0000000M0000	北拒马河 WCDBH000000P0000	琉璃河 WCDBHC00000N0000	夹括河 WCDBHCQ0000N0000	黄院沟 WCDBHCQB000L0090	
412	大清河 WCD00000000M0000	拒马河 WCDB0000000M0000	北拒马河 WCDBH000000P0000	琉璃河 WCDBHC00000N0000	夹括河 WCDBHCQ0000N0000	牤牛河 WCDBHCQC000N0090	
413	大清河 WCD00000000M0000	拒马河 WCDB0000000M0000	北拒马河 WCDBH000000P0000	琉璃河 WCDBHC00000N0000	六股道沟 WCDBHCR0000N0000		

续表

序号	零级流域 名称/编码	一级流域 名称/编码	二级流域 名称/编码	三级流域 名称/编码	四级流域 名称/编码	五级流域 名称/编码	六级流域 名称/编码
414	大清河 WCD00000000M0000	拒马河 WCDB0000000M0000	北拒马河 WCDBH000000P0000	琉璃河 WCDBHC00000N0000	六股道沟 WCDBHCR0000N0000	兴隆庄沟 WCDBHCRA000L0050	
415	大清河 WCD00000000M0000	拒马河 WCDB0000000M0000	北拒马河 WCDBH000000P0000	小清河 WCDBHD00000N0000			
416	大清河 WCD00000000M0000	拒马河 WCDB0000000M0000	北拒马河 WCDBH000000P0000	小清河 WCDBHD00000N0000	九子河 WCDBHDA0000R0050		
417	大清河 WCD00000000M0000	拒马河 WCDB0000000M0000	北拒马河 WCDBH000000P0000	小清河 WCDBHD00000N0000	蟒牛河 WCDBHDB0000R0090		
418	大清河 WCD00000000M0000	拒马河 WCDB0000000M0000	北拒马河 WCDBH000000P0000	小清河 WCDBHD00000N0000	哑叭河 WCDBHDC0000R0000		
419	大清河 WCD00000000M0000	拒马河 WCDB0000000M0000	北拒马河 WCDBH000000P0000	小清河 WCDBHD00000N0000	哑叭河 WCDBHDC0000R0000	牤牛河 WCDBHDCA000R0090	
420	大清河 WCD00000000M0000	拒马河 WCDB0000000M0000	北拒马河 WCDBH000000P0000	小清河 WCDBHD00000N0000	哑叭河 WCDBHDC0000R0000	佃起河 WCDBHDCB000L0090	
421	大清河 WCD00000000M0000	拒马河 WCDB0000000M0000	北拒马河 WCDBH000000P0000	小清河 WCDBHD00000N0000	吴店河 WCDBHDD0000R0050		
422	大清河 WCD00000000M0000	拒马河 WCDB0000000M0000	北拒马河 WCDBH000000P0000	小清河 WCDBHD00000N0000	刺猬河 WCDBHDE0000N0000		
423	大清河 WCD00000000M0000	拒马河 WCDB0000000M0000	北拒马河 WCDBH000000P0000	小清河 WCDBHD00000N0000	刺猬河 WCDBHDE0000N0000	吕玉沟 WCDBHDEA000R0000	
424	大清河 WCD00000000M0000	拒马河 WCDB0000000M0000	北拒马河 WCDBH000000P0000	小清河 WCDBHD00000N0000	刺猬河 WCDBHDE0000N0000	北刘庄沟 WCDBHDEB000L0050	
425	大清河 WCD00000000M0000	拒马河 WCDB0000000M0000	北拒马河 WCDBH000000P0000	小清河 WCDBHD00000N0000	刺猬河 WCDBHDE0000N0000	南上岗沟 WCDBHDEC000R0090	